一天一堂
情商提升课

赵望锋◎著

中国纺织出版社

内 容 提 要

现代社会，我们不仅工作中需要与人相处，生活中更是时时处处都要与人相处。假如没有高情商，则夫妻关系的经营和维护都会成为难题，更别说是职场上的人际关系。因而，我们每个人都应该努力提高自身的情商，从而为自己的人生提升品质。

本书以心理学知识为基础，告诉人们在不同的生活情境下，或者在面对诸多人生中的坎坷困境时，应该采取怎样的方式化解和渡过危机，尤其告诉人们高情商者应该具备的品质，为每个人提高情商指出了明确的方向。

图书在版编目（CIP）数据

一天一堂情商提升课 / 赵望锋著.—北京：中国纺织出版社，2017.11（2023.1重印）
ISBN978-7-5180-3925-8

Ⅰ.①一… Ⅱ.①赵… Ⅲ.①情商-通俗读物 Ⅳ.①B842.6-49

中国版本图书馆CIP数据核字（2017）第206297号

责任编辑：闫 星　　特约编辑：李 杨　　责任印制：储志伟

中国纺织出版社出版发行
地址：北京市朝阳区百子湾东里A407号楼　邮政编码：100124
销售电话：010－67004422　传真：010－87155801
http：//www.c-textilep.com
E-mail：faxing@c-textilep.com
中国纺织出版社天猫旗舰店
官方微博http：//weibo.com/2119887771
佳兴达印刷（天津）有限公司印刷　各地新华书店经销
2017年11月第1版　2023年1月第4次印刷
开本：710×1000　1/16　印张：16
字数：212千字　定价：48.00元

前言

情商，在近年来被频繁提起，也得到越来越多的专家学者的认可。难道情商真的那么神奇吗？竟然有人说得情商者得天下，显然已经把情商提高到远远高于智商的地位。在这本书里，不如就让我们揭开情商的神秘面纱，看看情商到底是如何帮助人们获得成功，成就辉煌的！

曾经有人说，情商在人成功的因素中起到80%的作用，只有剩下的20%才是智商决定的。由此可见看出，情商的提出对于人类社会的进步有着重要的作用，情商不仅仅是一种情绪智力，也与创造创新密切相关，还是每个人充分发掘自身潜力的必备素质。

当然，情商并非都是天生的，这也给很多情商低的人带来了福音。既然情商是可以后天培养和提高的，我们何不注重对自己情商的培养呢！所谓“世事洞明皆学问，人情练达即文章”，只要我们在生活中处处留心，有意识地培养和提高自己的情商，情商的水平就一定会得到突飞猛进的发展。当然，高情商并非纯粹为了给那些与我们密切相关的人以更好的相处体验，更是为了提升我们自身的综合素质和素养，帮助我们更加快速地接近成功。最重要的是，高情商者不仅能够挖掘出自身的潜力，也能够广结人缘，为自己建立良好的人脉关系。如此一来，成功会不期而至，我们的人生也会变得更加飞黄腾达。

在美国，甚至有人提出情商高而智商不高者，足以从事管理工作。由此不难看出，情商在现代职场上至关重要、无可取代的地位。纵观历史长河，古今中外那些有所成就的人，无一不是高情商者。如果林肯情商不高，就不会在坎坷的人生境遇中始终保持昂扬奋进的状态，最终成为美国总统；如果史泰龙情商不高，也许至今依然是在贫民窟混日子的小混混；如果罗斯福情商不高，就不会在身残之后依然保持坚强的意志，以残疾之躯成为美国历史上唯一连任四届的美国总统……总而言之，这些在历史长河中留下浓墨重彩的人，全都具有很高的情商，所以才能在人生遭遇困厄的时候，依然不自弃，勇敢地创造出属于自己的辉煌成就。

朋友们，每个人都有属于自己的成功，也许我们未必成为历史伟人，但是只要我们提高自身的情商，就能够帮助自己离人生目标更近一步，也离属于自己的成功更进一步。所谓处处留心皆学问，从现在开始，就让我们努力提高自身的情商吧！唯有如此，我们才能让自己的人生绽放异彩！

编著者

2017年4月

目录

上篇　认知情商，了解情商真面目

中篇 提升情商

下篇　运用情商

//上 篇

认知情商，了解情商真面目

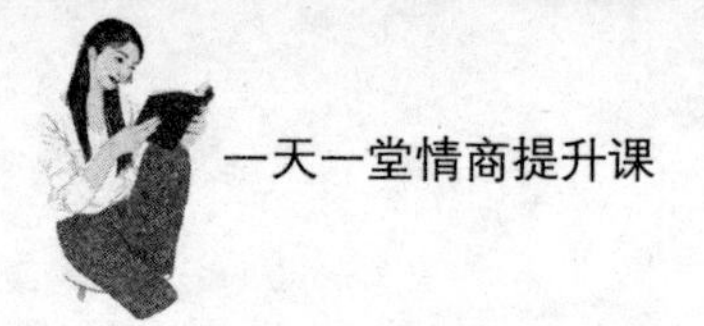

第1章 修炼高超的情商，获得幸福的人生

情商就是一种情感智力，就是能够通过对他人以及我们自身情感的理解，指引我们在人生中做出正确的决定，从而帮助我们采取卓有成效的行动，也使我们与他人的相处过程变得更加和谐融洽。有心理学家经过研究证实，对于成功的人生而言，拥有高情商是比拥有高智商更为重要的。高智商的人也许并不能很好地控制自己的情绪，但是拥有高情商的人则能很好地控制自我，支配自己的情感，从而成为自己真正的主宰。也因为待人处事的圆滑周到，高情商的人往往能够获得幸福的人生。

情商也是一种智力

现代社会，情商已经被作为一种新的能力指标，高情商的人不管是在生活中还是在职场上，往往比他人更加如鱼得水，游刃有余。最重要的是，高情商的人因为能够处理好人际关系，工作上也能够更加顺畅的合作，从而使自己得道多助，事业节节高升。

所谓情商，其实是对情绪智力商数的简称，通常人们用情商的高低来衡量一个人情绪智力水平的高低。毋庸置疑，情绪智力是与智力密切相关的，它与智商一样也是智力概念之一。作为首次提出情商理论的创立者，美国耶鲁大学的彼得·萨洛伟教授对情商进行了划定。首先，要认识和了解自身的情绪；其次，要善于管理自我的情绪；再次，还要能够进行自我记录，然后，还要学会认知和了解他人的情绪；最后，以前面这四步为基础，进行人际关系的管理，建立良好的人际关系。归根结底，情商很多方面的内容，诸如自知、自制、热情、友好等，不但与传统的学历毫不相干，而且也与传统的智商牵扯不上关

系。所以，它们都被划分为情商的内容。现实生活中，很多能力很强、学历很高的人未必都能够获得成功，反而是那些看似平淡无奇的人，最终成就了辉煌的人生。归根结底，就是因为，他们虽然智商平平，但是情商却很高，因而能够让自己得道多助，得到更多人的协助，从而让自己的能力尽量发挥出来，也能把别人的优点和长处为自己所用。毕竟一个人即使能力再强，也无法面面俱到。尤其是现代社会，人与人之间的合作变得尤为重要，因而也决定了我们必须处理好人际关系，才能得到更多人的协助和配合，事业发展才能更加顺利。

作为90后的年轻经理，小草虽然年纪轻轻，但是情商却很高。其实小草手下的很多职员都是80后，都比小草的年纪大，他们之中还有很多人比小草更早地进入公司，工作经验也很丰富，资历比小草更老。那么，小草是如何管理这些老前辈的呢？这都得益于她的高情商。

前段时间，小草手下的一个中年职员因为孩子骨折，请假一个多月没能正常上班。恰巧这位中年大姐恢复正常工作时，是七夕节。小草让一个年轻的下属去花店买了一束花，在开晨会的时候专门献给这位大姐。大姐感动得热泪盈眶，说自己已经很久都没有在情人节收到鲜花了。可想而知，虽然这位大姐刚刚上班还有些心神涣散，惦记着家里还未完全康复的孩子，但是她却能做到努力工作，不浪费在岗时的一分一秒，为小草给全体职员做出了表率。每当小草想要激励其他职员时，总是说："你们啊都是年轻，没有家庭的负累，正是干事业的时候，看看张大姐都如此努力，一边操持家务一边认真工作，你们还有什么理由不加油呢！"所以，每当小草这么说的时候，那些偷懒的年轻职员听了，都会万分惭愧，马上像张大姐一样打电话联系客户，在工作中，谁也不好意思偷懒了。

小草之所以能够把员工们管理得服服帖帖，就是因为她明白首先抓住老员工的心，才能让老员工在工作中以身示范，起到表率作用。假如小草没有管理好老员工，年轻员工在看到老员工偷懒懈怠之后，也必然会跟着老员工学，导致全体上下根本不可能齐心协力地努力工作。七夕节小草虽然付出了一束鲜花，代价微小，但是她的收获却很大。因此不得不说，小草的情商非常高。

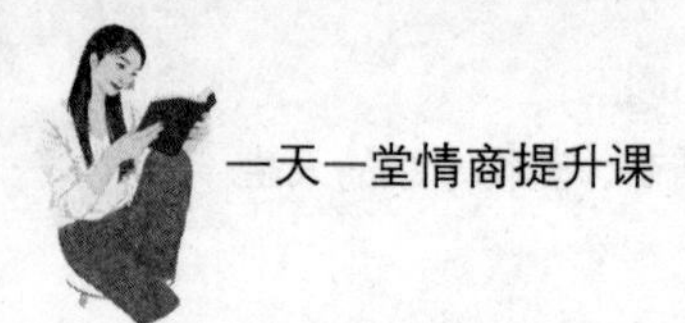

情商作为近年来提出的智力新概念，对于管理者而言尤为重要，是必不可少的工作技能和能力之一。对于管理者来说，一定要认真细致地体谅下属，拥有高情商才能彻底征服下属的心，即使智商平平，也能让下属对你忠心耿耿，无怨无悔地追随你。

情商影响命运，高情商有好运

人需要靠两条腿，才能把路走好。人生同样也需要两条腿，才能飞黄腾达。在各行各业都需要密切合作的现代社会，一个人要成功，仅仅拥有高智商是远远不够的，所谓独木难支，一个人即使能力再强，也不可能仅凭一己之力就获得成功。聪明的人不但依靠自己的能力获得成功，他也会借助于他人的力量，甚至还会借助敌人的力量为自己所用。由此可见，聪明人的力量绝不仅仅限于自身，而是善于团结一切可以团结的力量，从而最大限度地增强自己的实力，让自己变得更加强大。

一个成功的人不但有着超强的能力，不仅仅得道多助，最重要的是还能够控制自己，驾驭自己。有些人虽然能力很强，但是往往容易冲动，动辄就会歇斯底里，甚至失去控制，这样的人无论如何也无法获得成功。纵观古今中外，大凡有所成就的人，尤其是那些气度非凡的领导者，无一不是淡定从容、泰山崩于前而色不变的人。作为国家的首领、军队的统帅，或者是实验室里的主宰，假如他们遇到一点情况就惊慌失措，也就无法成为一个合格的领导者。由此可见，虽然我们只是普普通通的人，也没有多么出奇的能力或者天赋，但是为了主宰自己的命运，我们依然应该努力控制自己的情绪，成为自己命运的主宰。

通常情况下，一个人要想主宰自己的情绪，首先应该拥有自觉性和主动性，对于自己的情绪时刻保持敏感的状态。其次，还要拥有深刻的洞察力和超

强的理解力。只有知道情绪的来源，知道情绪问题的根源所在，我们才能更好地解决情绪问题。再次，从本质上来说，情绪实际上是人生的一种推动力，我们唯有合理利用情绪的推动力，才能使其对人生起到积极正向的作用。最后，我们还要拥有能够从情绪中跳出来的能力，也就是情绪的摆脱力。尤其是在遭遇负面情绪的时候，如果能够及时摆脱负面情绪，恢复积极主动乐观的心态，则无异于成功止损。总而言之，能否主宰情绪对于人生的影响是深远的。任何情况下，我们都要努力成为情绪的主人，而不要任由情绪摆布。

有一天，担任陆军部长的斯坦顿满脸怒气地来到林肯的办公室告状："气死我了，我觉得我是非常公正的，但是那些可恶的家伙却说我徇私情，故意包庇一些人……"看到斯坦顿怒气冲冲的样子，林肯说："你何不现在就坐下来写一封呢，你可以在信里狠狠地反击那些诬陷你的家伙，让他们尝尝你的厉害。你甚至可以狠狠地骂他们一顿，让他们知道你可不是好欺负的！"斯坦顿接受了林肯的建议，马上坐下来在林肯的办公室里写了一封措辞激烈的信，并且把它交给林肯过目。

林肯一边看信，一边大声叫好："太好了，太好了，你说得好极了。我们就是要这样，以牙还牙，以眼还眼，看看谁以后还敢诬陷你。你写得激情昂扬，简直太绝了。"看到林肯对信赞不绝口，斯坦顿马上找出信封，准备把信装好寄出去。不想，林肯却问："你准备干什么？"斯坦顿一头雾水，说："当然是把信寄出去啊！"林肯马上严肃地说："不要这么做。你这封信是正在气头上写的，言辞激烈，对于事情的好转一定毫无好处。大凡是怒气冲冲时写的信，我通常会把它们扔进壁炉里烧掉。你也不要把这封信发出去，其实你在写信的过程中义愤填膺，已经消除了怒气。现在就把它烧掉吧，马上开始写第二封回信，你一定会心平气和很多。"

对于斯坦顿的怒气，林肯为他找到了一个很好的发泄口，但是他却并不支持斯坦顿把这封怒气冲冲时写的缺乏理智的信寄出去，以免事态更加恶化。这就是林肯的高明之处，也是他作为总统日理万机却始终能够保持情绪平和、理智平静的原因。

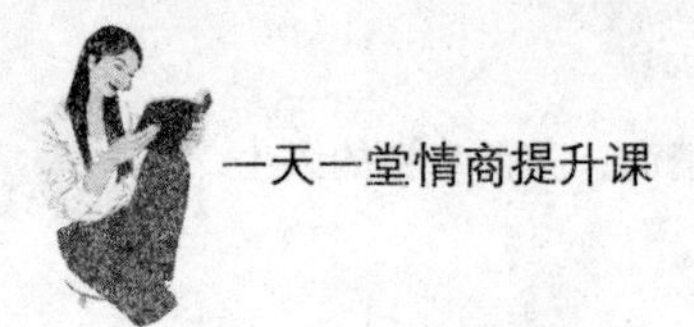

朋友们，你们在生活中也一定会有歇斯底里、被愤怒冲昏头脑的时候吧。不妨也采取林肯的方法，找一个合理的宣泄渠道发泄自己的怒气。等到心平气和之后，再来着手处理问题，也许才是最好的选择。如果我们始终能够控制情绪，就一定能够少一些误解和矛盾，多一些宽容和谅解，我们的人生也会因此而更加精彩！

向左还是向右，情商说了算

人生在很多情况下，就像面对红绿灯，面临向左还是向右的选择。在我们内心深处，情商控制着红绿灯，带给我们理智的选择。这就像是开车行驶在路上一样，假如遇到红灯，你却偏偏要闯红灯而过，那么就难免会因此而导致交通事故会发生；与此相反，假如一路绿灯，你当然可以畅行无阻。一般情况下，我们会尊重自己发自内心的选择。生活是很琐碎的，常常有很多小事需要我们处理，但大多数情况下我们只是凭着本能做出选择。而事情一旦关乎到其他人，或涉及复杂的人际关系，我们就必须具备高情商，才能处理得面面俱到，不至于因为想法偏颇、片面处理而影响人际关系，影响自己的生活和事业。

很多时候，情商也是直觉的反应。假如情商给你亮起了红灯，告诉你这件事情不妥，你可千万不要一意孤行，而应该停下来，冷静理智地思考，以做出更好的选择。如果对此有疑虑，也可以综合各个方面的情况进行深入思考，从而避免自己在仓促做出决定之后再后悔，到那时就于事无补了。当感觉模棱两可的时候，这就像是情商亮起了黄灯，我们必须警醒，保持警惕和清醒的状态。不但要瞻前顾后，更要考虑他人的感受，才能避免得不偿失。当然，假如是绿灯，也就意味着我们有十拿九稳的把握，对于事情的利弊有了清楚的衡量，就可以无所顾忌地勇往直前。从本质上来说，当人生处于十字路口时，向

左还是向右，实际上是由情商说了算的。

自从结婚之后，艾米和婆婆的关系一直不是很好。因为艾米在和男朋友谈恋爱时，婆婆就因为艾米身材娇小而瞧不上她。不过爱情的力量是伟大的，最终艾米还是与男友如愿以偿地走进了婚姻的殿堂。结婚之后，他们在大城市生活，婆婆则在几百公里外的老家，因而平日里很少相见，倒也平安无事。这个周末，婆婆要过生日，艾米和老公要回家一趟，给婆婆庆祝生日。艾米早早就给婆婆买了金戒指，还定了个超大的蛋糕。原本，艾米以为婆婆会很满意，不想婆婆对她依然不冷不热的。不过看在老公对自己百般疼爱的份上，艾米也就不打算和婆婆计较了。

当天晚上，给婆婆庆祝完生日之后，艾米坐在沙发上看电视，突然觉得有点口渴，因而想让老公为自己榨杯橙汁。她用胳膊肘碰了碰老公，正准备说出自己的请求，突然心里觉得不妥。虽然哪里不妥她并不知道，但是看了看坐在一旁的婆婆，她决定自己去榨汁，也给婆婆和老公端一杯过来。果然，当艾米把橙汁端给婆婆和老公时，婆婆的脸上终于露出了些许微笑。艾米不由暗暗感叹：幸好我及时去榨汁，不然要是像在自己的家里一样让老公去榨汁，估计婆婆的脸色一定会很难看吧！

在这个事例中，艾米的情商给她亮起了黄灯，使她意识到当着婆婆的面“使唤”老公有些不妥。毕竟，每个婆婆都希望自己的儿子能够得到媳妇的悉心照顾，而不是让儿子去伺候媳妇。很多高情商的媳妇之所以能够哄得婆婆开心，就是因为她们不管私底下如何接受老公的宠爱，当着婆婆的面一定是个贤惠全能的媳妇，把老公伺候得舒舒服服的。

朋友们，我们一定要更加敏锐地觉察内心的红绿灯。只要调控好自己的情绪，让自己理智地接受红绿灯的指挥，我们才能做出正确的选择，不至于因为过于粗心，惹出不必要的麻烦。尤其是在情绪冲动的时候，更要保持淡定平和，才能克服情绪的波动，冷静理智地面对生活中的种种考验。

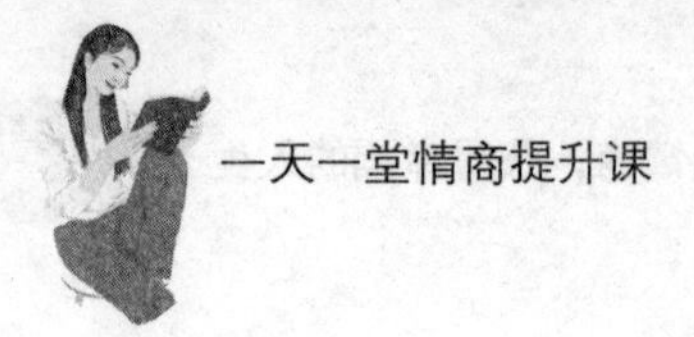

情商高的人，离成功更近

情商高的人，在生活中更容易受到他人的欢迎和喜爱。情商高的人，在工作中也会如鱼得水，从而更顺利地发展事业。其实，学术界对于情商的作用还是有很大争议的，而且判断一个人情商的水平高低也并没有具体准确的规定，只是人们根据生活中的各种表现作出粗略的判断和评价而已。虽然情商具有的先天因素起到一定作用，但是后天的成长过程和社会以及生活环境的影响，对于情商的作用更大。对于任何人而言，只要处处留心，情商的培养和改变都是完全有可能的。尤其是在父母教育孩子的时候，一定要注重培养孩子的情商。倘若孩子从小就情商低下，长大之后就会因为情商低吃很多苦头，甚至影响到整个人生；相反，倘若孩子从小情商就高，则人生也会变得更加顺遂。尤其是青年朋友，如果觉得自己情商低，就要努力培养自身的情商，生活中处处留心，让自己变得更加受人欢迎。

尤其在职场上，人际关系越来越复杂，很多人都因为情商太低，无形中冒犯上司、得罪下属，导致工作无法顺利开展下去。即便是普通同事之间，因为现代职场分工越来越细，我们也应该与同事搞好关系，才能得到他们的积极配合，为自己的职业生涯铺平道路。

当然情商对于职场上不同职位的影响也是完全不同的。假如一个人从事偏重于技术性的岗位，例如技术工作、财务工作、艺术工作等，则受到情商的影响相对较小。相反，假如一个人从事的是与人打交道的工作，例如，销售工作、教师、管理岗位等，则主要的工作就是与人打交道，受到情商的影响相对较大。因而，职场人士也应该分析自己的岗位情况，有的放矢地提高情商。财务工作的从业人员情商低影响不大，当然，情商高对工作的开展更好，但是从事销售工作的人则必须提高自己的情商，否则导致无法开展好工作。

作为一名销售人员，小雅之所以业绩在公司始终名列前茅，和她情商高是有密切关系的。前段时间，小雅接待了一个特别难缠的客户，对于她推荐的每

一款车子，客户都是看看就走了，根本没有下文。一个偶然的机会，小雅听到客户说他的妻子是富家千金，因而猛然意识到也许症结就在于此。

客户再次带着妻子来看新款车型时，小雅不再对客户介绍车子，而是开始与客户的妻子套近乎。果然，这次看完车子之后，客户妻子没过几天就主动打电话给小雅，让小雅帮他们预定这款紧俏车型。原来，客户的妻子是富二代，客户的工作则很普通。他们之所以看这么贵的豪华车，也就是因为客户的老丈人能给他们一些赞助和支持。为此，小雅之前每次向客户介绍车子的性能其实都是——瞎子点灯白费蜡。作为一名销售人员，必须抓住最有效的客户需求，才能最大限度地帮助自己成功销售。为此，小雅这次主要向客户的妻子进行介绍、提供建议，算是找准了决策人，所以才能事半功倍。

作为汽车销售员，小雅的销售策略是销售行业的通用法则。在向客户推销的时候，一定要找准决策人，才能使推销工作进展顺利，事半功倍。一般来说，既然是买东西，当然谁攥着钱谁更有决策权。不过也需要注意，即使是男性客户拿着钱包，女性销售员也不能一味地盯着男性客户，否则同来的女性客户就会为此心生不悦，甚至还会打翻了醋坛子，导致原本进展顺利的销售工作无疾而终。

每一个人都希望自己在事业上获得成功，要想如愿以偿，就应该努力提高自己的情商，从而使事业发展顺利，使人生更加辉煌。

用好情商，你才能成为人生的艺术家

一个人在社会上从能有一个立足之地，到最终获得成功，实际上并非完全取决于智商，而是与情商有着密不可分的联系。一个人要想获得成功，只有智商是远远不够的，还必须有高情商，才能在社会生活中如鱼得水，也才能如愿以偿地获得成功。

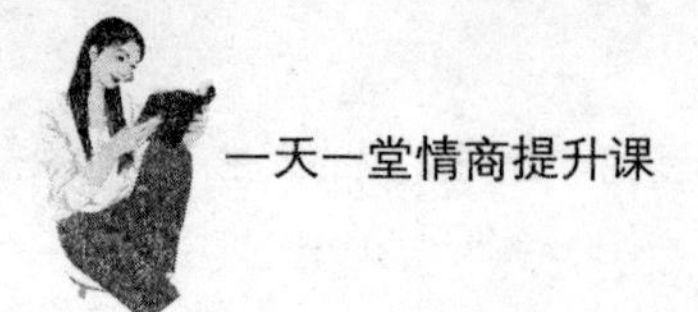

生活中，常常有人抱怨人际关系复杂。实际上，人际关系并非我们所想象的那样，只要我们提升自己的情商，在与他人交往时表现出高情商，人际交往中出现的难题就会迎刃而解。

泰瑞是一名美国人，在二十世纪二十年代中叶，他孤身一人去了日本学习气功。一天下午，泰瑞结束学习乘坐地铁回家，突然看到地铁里走来一个身强体壮的醉酒男子，看起来来者不善的样子。只见那个男人带着满身酒气在地铁里横冲直撞，先是撞得一个抱孩子的妇女踉踉跄跄，跌倒在附近的一对老妇人身上，接着又与地铁车厢中起支柱作用的柱子较劲，很不得不把柱子连根拔起。看到他的样子，整个车厢的人都吓坏了。泰瑞见状，既想伸张正义，也想借此机会小试身手。所以他缓缓站起身来，慢慢地朝着醉酒男子身边走去。这时，一个身材矮小的老人看出端倪，突然以洪亮的声音喊道："嗨，朋友！"醉酒男子回头看去，只见老人正笑容可掬地看着他，向他招手。他满怀戒备地问："你要干什么？"老人笑着说："朋友，你喜欢喝什么酒？"醉酒男子依然不配合，以僵硬的口吻说："关你什么事呢？"老人依然态度和蔼，说："我喜欢喝清酒，不知道你喜欢吗？我每天晚上都喝一壶清酒，最好是温温的，喝着很养胃。我还会拿着酒壶和太太去花园里散步，你知道，夜晚月光如水，景色是非常秀美的。假如你也在夜晚边喝清酒边散步，你一定也会爱上这样的感觉。你知道的，花园里还有一棵夜来香，总是在暗夜里散发香气……我想，你也可以和你太太一起踏着月色喝酒，那感觉真好……"没想到，醉酒男子听到这里，突然间哽咽起来，泣不成声地说："我的太太……她……她去年过世了，再也不会与我一起喝酒了……"男子说着说着，开始痛哭起来。老人走过去，友善地拍了拍男子的背，说："这真让人遗憾，但是一切都会过去的……"在倾诉之中，男子渐渐恢复平静，最后居然靠在老人的肩膀上睡着了。

在剑拔弩张、一触即发的危急关头，老人及时制止了一场争斗的发生，而且还成功地让醉汉说出了心中的苦楚。很多时候，人们往往会因为太压抑，而导致心理扭曲，只要能够及时给予他们宣泄的通道，情绪就会恢复平静。老人

没有采取以恶制恶的方式惩治醉汉，反而以宽容的话语打开了他的心扉，使其情绪得到舒缓，让他恢复了内心的平静。可以说，这是一场绝佳的情商课，为我们每个人展示了情商的巨大魔力。

我们要记住的是，情商与智商不是彼此对立的。现实生活中，很多朋友以为自己智商高，总是唯我独尊，处处只考虑自己的感受，却忽视别人的感触。实际上，智商再高也同样需要高情商，倘若智商和情商都很高，人生未来一定会非常美好。尤其是对于那些擅于运用情商生活和工作的人而言，他们就像是知晓了一门艺术，掌握了一条充满艺术之美的世界的途径。

高情商，让你的人生长出翅膀

当看到雄鹰在苍茫的天空中翱翔，你的心是不是也随之起伏不定，心潮澎湃呢？的确，每个人都梦想着长出翅膀，让自己的人生变得无拘无束，随心所欲地到达任何想去的地方。毋庸置疑，成功的人生就像是长出了翅膀，金钱和权势给人生打开更广阔的空间，成功的经验和经历也使我们的目光更加犀利，心智更加健全。由此可见，渴望成功的人生，离不开飞翔的翅膀。那么，如何才能拥有翅膀呢？

很多人从影视剧里看到扮演律师的演员们在法庭上唇枪舌战，或者看到那些扮演警察的演员们身手矫捷，或者看到那些扮演舞者的演员们身姿袅娜，都会心生羡慕。的确，这些影视剧塑造出来的完美角色，也都像是长出了翅膀一样变得随心所欲，无所不能，让作为观众的我们看过后不免心驰神往：假如我们也如此优秀，在各种场合如鱼得水，那该多好啊！尤其是那些侃侃而谈的律师，会征服了所有人的心，甚至会把现实生活中的律师也定义为这样的角色。其实，要想让人生长出翅膀，除了需要超强的业务能力之外，更需要超高的情商。不管是在生活中，还是在职场上，随着社会的发展和各种竞争的日趋

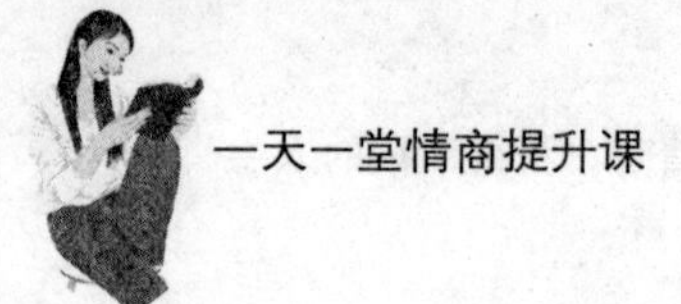

激烈，人与人之间勾心斗角的事情会很常见。在这种情况下，那些所谓的书呆子，或者高分低能者，都无法顺利适应社会的要求。

在读初中的时候，丝丝就因为在学习上积极主动，得到了所有老师的交口称赞。尤其是在初三复习阶段，很多同学因为老师布置的作业过于繁重而导致拖拖拉拉，经常不能按时完成作业。唯独丝丝，不但对老师布置的繁重作业毫无怨言，还会经常提前完成老师的作业。有一次，老师布置作业时看到丝丝早已认真地完成了作业，因而特别给予丝丝特权："以后，丝丝可以自由决定完成多少作业。如果觉得自己应该抄写五遍，那就抄写五遍，不用管老师让抄写八遍还是十遍。如果丝丝觉得自己已经完全掌握了，就可以一遍也不抄写。这是丝丝的特权。"听到老师的宣布，同学们简直都惊呆了，教室里一片唏嘘声。后来，丝丝非但没有少做任何作业，反而更加积极主动地完成作业，自主复习，最终考取了好成绩。

后来大学毕业走上工作岗位后，在大学里学到了真才实学的丝丝依然不改英雄本色。她在工作中肯钻研，不管遇到什么难题都会主动解决，很少把问题搁置起来。进入公司一段时间之后，丝丝发现公司因为业务往来的关系，经常需要找翻译公司翻译资料。为此，她想到自己大学时英语还不错，因而也开始试着为公司翻译资料。有一次领导特别着急翻译一份文件，当天晚上就需要用，临时找翻译公司肯定来不及了，所以丝丝自告奋勇："领导，把这份文件交给我翻译吧。"领导有些迟疑："这，行吗？"丝丝笑了，说："其实，上次您交给我的文件也是我负责翻译的，并没有找翻译公司，不信你可以去财务室问，我没有报销最后一次的翻译费用。您就放心吧！"听到丝丝这么说，领导就像抓住了救命稻草一般，说："那可太好了，太好了。真没想到，丝丝居然如此有才呢，看来必须委以重任！"当天晚上，丝丝早早地就把文件翻译好交给了领导。后来，领导考虑到找翻译公司不方便，索性把所有的翻译工作都交给丝丝处理，随着公司的发展，在公司成立外联部门的时候，丝丝理所当然成为主管。

在这个事例中，丝丝无疑是个高情商的职场人士。她敏感地意识到公司长

期需要翻译，因而主动提升自己，从而使自己在雪中送炭的情况下得到领导的赏识和重用，这可比平日的工作中给领导锦上添花效果好多了。也正是如此，她的职业生涯一帆风顺，她也很快因为公司业务拓展，成为外联部门的主管。

朋友们，高情商表现在很多方面，通常情况下，高情商的人往往能够先人一步，想得更多更长远，也因为未雨绸缪，所以遇到事情能够表现出更深的谋虑，不会因为事发突然而惊慌失措。如果我们时时留心，处处留意，提高自己的情商，人生也就会像是长上了翅膀，变得更加顺遂。

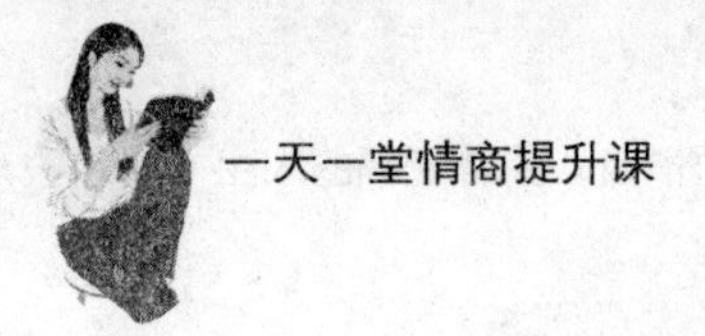

第2章 洞悉情商的内涵，唤醒内心的潜能

情商是人的情绪智力，是开启人们心智的钥匙。如果一个人具有良好的情商，不但能够激发出自身的无限潜能，也会像一面镜子一样激励人们进行深刻自我反省，帮助人们在生活和工作中成为强者，最终获得成功。其实情商给予人们的成功动力，恰恰是帮助人们实现良好的自控。一个情商很高的人，往往不会歇斯底里，更不会利令智昏。良好的情商让人拥有良好的修养，不管在什么情况下都能保持理智和冷静，能最大限度地控制自己，让自己表现得完美，无懈可击。

高情商唤醒内心巨人，发挥无限潜能

长期以来，人们成功的原因都被归结于高智商。正因如此，现代社会的教育，往往更加注重智力的培养和开发，而很少关注情商。实际上，那些成功者并非单纯因为智力因素而获得成功，相反，他们之中的相当一部分人也许智力平平，在情商方面却有着突出的表现。其实，中国自古以来对人的非智力因素就有着一定的了解和探讨。诸如坚韧不拔的毅力、自信心、平和的心境等，历来被作为智者的突出表现而得以颂扬。随着时代的发展，心理学的相关支流也在不断发展。所以，现代社会的人们已经深刻意识到人们对于高情商的认可。尤其在职场上，很多人虽然智商不高，但是却足以胜任工作，就是因为他们的情商很高，因而能够从容应付各种复杂的情况，也能够协调好职场上错综复杂的人际关系。从现在开始，我们也必须更多地关注非智力因素对于人生的长远影响，这对于我们的人生发展是很有好处的。

愤怒的情绪，对于人们的心理和能力的发挥往往会产生深远的影响。曾

经有科学家经过研究，发现在愤怒的情绪之中，人们丧失理智，智商为零。因而，我们必须学会控制自己的情绪，才能真正主宰自身，也才能唤醒内心深处的巨人，发挥自己的无限潜能。现代心理学经过研究证实，一个人的成功高达80%都依赖于非智力因素，只有20%与智力因素相关。由此可见，倘若我们能够成为情绪的主人，成为命运的主宰，那么我们也许就能够激发自身的潜能，得到巨大的发展。尤其是人们对于自身情绪的体察和理解，往往在很大程度上决定了人自我潜能的发挥。无论在任何情况下，良好的情绪、和谐的人际关系、融洽的生存氛围，都能给予人们无尽的希望和无穷的动力。

1981年，美国的心理学家为了研究情商与智商之间的关系，从伊利诺伊州某中学精心挑选了81位优秀的毕业演说代表，进行追踪调查。在毕业之初，这些毕业演说代表的平均智商在全校范围内处于领先水平。的确，他们在进入大学后也表现得非常突出，是学校中的佼佼者。然而，在毕业之后步入工作岗位，他们之中七成以上的人表现都非常平淡无奇。如果从中学毕业之后开始计算时间，也就是说，他们之中只有不到三成的人表现出远远超过同龄人的水平。相比之下，大部分人的表现甚至不如普通的同学。

当时，波士顿大学著名的教授凯伦·阿诺也进行了此项研究。对于最终的结果，他如是评价："对于一位毕业演说代表，你只能确定他的考试成绩很好，即便你确定了他是一位高智商者，你也只能知道他在回答由心理学家编制的智力测验题时取得了良好的成就。然而，我们却无从知晓他的人生究竟会如何。"从这段话中我们不难得出一个结论，即只有高智商是远远不够的，还必须有高情商，才能帮助人们激发自身的潜能，做出伟大的贡献，创造辉煌的成就。

假如你在校期间曾经是非常优秀的大学生，千万别骄傲，因为若干年前中国的一个调研报告显示，很多在学习阶段出类拔萃的学生，毕业之后反而没有突出的表现。相反，有些学生虽然学习成绩不好，但是最终却能通过自身的拼搏，证实自己的能力，实现人生伟大的理想。毋庸置疑，他们都是高情商的人。

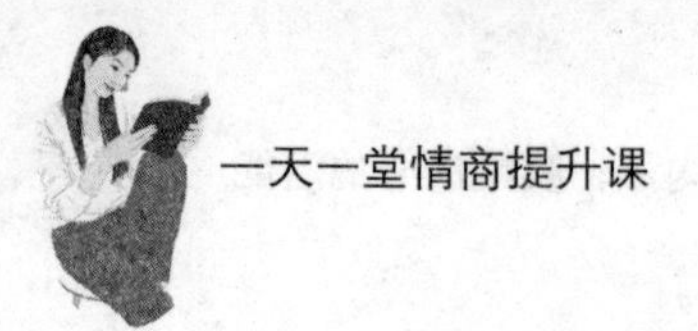

人的潜能是无限的，不管运用怎样的方式方法，如果能够激发出自身的潜能，就一定会让自己迅速进步，甚至会创造让人难以想象的辉煌人生。

提高情商指数，人生如鱼得水

尽管智商决定我们是否具备成功的潜力，而情商却决定我们是否能够最大限度地发挥自己的智商，以更快地获得成功。由此看来，一个人即使智商不高，也可以用情商来弥补；但是假如一个人智商很高，但是情商却很低，那么就无法保证智商能够最大限度地发挥出来。无数活生生的事例表明，情商对于任何人都有着深远的影响。当然，高情商的表现之一就是能够合理控制自己的情绪。这种自我控制的能力越高，人们就越容易把自己从悲观、沮丧、绝望的情绪中解脱出来，从而让自己保持平静的心态，始终能够积极乐观、热情开朗地面对生活。

心理医学研究证实，人的神经中枢只有在积极的情绪之中，才能保持最佳的功能状态。这个时候，人不但生理上精力充沛，心理上也平静舒缓，能够保持清醒和理智。总而言之，人如果长期处于消极负面的情绪之中，就会导致身体出现病变，甚至酿成恶疾。唯有享受高情商带来的畅意人生，人生才能如鱼得水，游刃有余。

从某种意义上说，成功总是与高情商分不开的。例如，情商中的自我激励，往往能够为我们提供充足的动力，面对人生中的坎坷挫折，因为如此坚定不移地相信自己一定能够获得成功，所以才会更加积极主动地迎接生命的挑战。诸如每个人面对苦难时的态度，是积极乐观，还是消极悲观，其实也在情商的范畴内。尤其是在遇到看似绝境的时候，如果没有积极的心态和顽强的毅力，人们很容易就会放弃。众所周知，失败是成功之母。人只要能从失败中汲取经验和教训，才能帮助自己最终获得成功。就像爱迪生发明电灯，他试验

了成千上万次，尝试了几千种灯丝材料，最终才成功研制出灯泡，为整个世界带来光明。假如没有信心，没有对科学的热情，没有永不放弃的信念，他根本无法获得成功。总而言之，要想获得成功，提高情商是必不可少的必经之路。

在这次演讲比赛中，原本十拿九稳要夺冠的黄超，因为一个失误，导致与成功失之交臂。同学们原本都以为他一定会受到沉重的打击，甚至无法继续充满信心地参加演讲的社团活动。不想，黄超并非大家所想的那样脆弱，他笑着说："没关系，只是一次失败，恰恰暴露了我的缺点。只要有的放矢，取长补短，就一定会在下次比赛中取得进步。"

果不其然，黄超一如往常地参加社团的演讲活动，而且还经常欢迎同学们为他批评指正。在一次又一次的自我弥补之中，黄超进步神速，等到年末的演讲比赛即将开赛时，他的水平已经提高了一大截。看着黄超在演讲比赛上激情四射地演讲，大家都佩服不已，老师们也暗暗为黄超竖起了大拇指。

现代社会的很多孩子从小被父母娇惯着，根本不知道挫折为何物。一旦受到小小的挫折，他们马上就会自暴自弃，信心全无。其实，这对于未来的人生是有百害而无一利的。试想，谁的人生能够一帆风顺呢？我们只有坦然地接受人生的风雨，才能从温室里走出来，为自己的天高海阔的梦想而奋力拼搏。

在家庭教育中，父母一定要重视启蒙孩子的情商教育。对于任何孩子而言，德智体全面发展已经不足以应付现代社会的需要，还必须拥有高情商，保证心理健康，才能更加坦然地面对人生。当然，即便是成人，也可以通过各种各样的方式提高自己的情商能力，诸如控制情绪，诸如提升自我认知能力。这些都是切实可行的好方法，我们必须时时刻刻把提高情商挂在心上，才能收到立竿见影的效果。

向歇斯底里说拜拜，让自己处处受欢迎

人与人之间的相处，的确是个让人头疼的问题。首先，我们与大多数人之间并没有血缘关系，也就无所谓血浓于水。其次，别说是陌生人之间了，就算是与父母或者兄弟姐妹之间，我们也不能做到完全了解，从而导致误解总在发生，沟通始终达不到完美畅通。最后，我们的情绪还常常有很大的波动，就像五月的天一样反复无常。在这种情况下，我们就难免在与他人交往的过程中变得无所适从，甚至遭遇困境。

所谓的人际关系，既包括人与人交流时倾听与表达的能力，也包括理解和尊重他人的能力，在人际关系遭遇困境时处理问题的能力，说服和影响他人的能力等。有些人天生就是首领，他们富有无穷的魅力，不管在什么场合出现，总是能够成为众人瞩目的焦点。毫无疑问，这样的人根本不必为人际交往感到烦恼。与他们恰恰相反，有些人则无论怎么努力，都无法让自己的人际关系得到改善。他们很害怕与人交流，因为既担心受到他人的言语中伤，也害怕自己的笨嘴拙舌会给自己惹来麻烦。这样的人在走出校园，走上工作岗位之后，依然会因为人际关系感到困扰，严重的还会影响他们的生活和工作。还有种人则是神经质，他们总是时而冷漠，时而又如同一团火一般过分热情。不得不说，这种歇斯底里的人总是让人感受到冰火两重天，这是让人最难以忍受的。要想让人际关系变得平稳，告别歇斯底里是完全有必要的。

作为一个歇斯底里型人格者，高飞简直让人既爱又恨。在情绪平稳的时候，高飞是一个非常热情的大男孩，他总是乐于助人，待人友好，纯真善良。然而，他的情绪却很容易波动，他常常会因为别人一句无心的话或者无心的过失，就马上晴转多云，甚至电闪雷鸣、狂风暴雨。比如说在宿舍里吧，有的时候几个同学正在兴高采烈地聊天，高飞也加入了大家的队伍。但是说着说着，有个同学突然说："高飞，我觉得你才是真正的娘炮……"原本，这只是舍友之间无心的调侃，但是高飞马上不顾情面地说："我怎么是娘炮啦，你才是娘

炮呢！看看你们这些人，自以为多么有男子汉气概，其实你们都是娘炮……”得了，就这么一句话，不但反驳了那位同学，把全宿舍的同学都得罪了。

在这个事例中，高飞就是典型的歇斯底里型人格者。通常情况下，这种类型的人情绪都很极端，他们或者热情得像一把火，又或者冷冰冰的，就像是极地寒冰。和这种人交往中，人们难免感到心惊胆战，因为他们不知道对方何时就会因为莫名其妙的原因爆发。人们会觉得自己像是在和一颗定时炸弹交往，怀着深切的不安全感和忐忑感。相信没有人会喜欢这样的感觉，因而人们总是离歇斯底里的人敬而远之。

情商高的人，总是轻而易举地就能解开人际交往的枷锁，帮助自己以游刃有余的姿态，在人际的社会中更加巧妙灵活地迎合周转，从而得到他人的认可和尊重。毋庸置疑，社会需要更加和谐融洽的人际关系，因为这不但有助于推动社会的发展，对于整个人类的文明和进步也有莫大的好处。

好情绪助你赢得生机

轻易感到悲观绝望的人，往往很难坚持不放弃，为自己赢得生机。他们总是在遭遇困难和挫折的时候就放弃，也因而导致无法坚持到最后时刻。喜欢看好莱坞大片的人都会发现，那些男女主角，不管遭遇多么坎坷，甚至是身陷绝望之中，也从不放弃，而是一直努力，努力，再努力！生活中，假如我们每个人都能这样积极乐观地面对人生的馈赠，那么也一定能够勇往直前，无所畏惧。当然，我们也能因此赢得出现奇迹的机会，带给自己更多的生机。

1939年，波兰首都华沙沦陷，德国大军开进了华沙。此时此刻，正在与未婚妻蒂娜筹备婚礼的卡亚，也难以逃脱厄运，和大多数犹太人一样被残暴地抓进了集中营。从此之后，他在集中营里度日如年，再加上对未婚妻的思念和对家人的担忧，使他几乎精神崩溃。

看到卡亚痛苦不堪的样子，和卡亚关在一起的一位老人说："孩子，只有活着，才有希望。你一定要活下去，记住，任何时候都不要放弃！"老人的话使卡亚恢复平静，的确如果生命不复存在，那么一切希望和憧憬也都将不复存在。卡亚下定决心，无论在集中营里的日子多么难熬，他都要坚强乐观地活下去，绝不失去生的希望和勇气。由于食物紧缺，每天的一碗汤和一块面包根本无法维持一个成年人基本的生理需求。饥饿的人们又遭受严酷的刑罚，很多人都无法忍受这种折磨，失去了宝贵的生命。卡亚始终牢记着老人的话，不停告诉自己：我要活着，我必须活着！他虽然和其他人一样瘦骨嶙峋，但是精神还算清醒。就这样，在经历五年的非人折磨后，集中营里的人从四千人，到只剩下不足十分之一。在天寒地冻的季节，仅剩的这些人被手镣脚铐串联起来，被驱赶着去往另一个监狱。又有很多人因为饥寒交迫，死在了千里冰封的原野上。然而，卡亚活下来了，尽管他的生命之光很微弱，却从未停止跳动。直到1945年集中营被攻破，卡亚才与那些尚存的同胞们离开监狱。很多年过去了，卡亚依然牢记着老人当时的叮咛，他在自己的书里写道："假如没有老伯的忠告，我一定会被恐惧、绝望打败，根本不可能活着出来。"

卡亚之所以能够在如同人间炼狱般的集中营里活下来，这一切都取决于他坚定不移的求生意志和积极乐观的心态。今天的我们难以想象，人的生命竟然那般坚强，居然能够忍受重重折磨，也绝不放弃。

和卡亚相比，今天的我们简直太幸福了，生活安定，世界和平，但是依然有很多人抱怨命运，抱怨人生。他们自以为付出了很多，却没有得到应有的回报，实际上是他们索求的太多。心，如果不知足，是不会感到幸福的；心，如果不坚定，是不可能等到奇迹出现的。我们理应调整自己的情绪，让自己变得积极乐观，这样才能给自己带来无限生机！

情绪具有超强的感染力，会蔓延

当你看到身边的某个人打呵欠，你也很快会呵欠连天，因为呵欠是会传染的。这尽管看起来很神奇，使人觉得难以置信，但是事实的确如此。和呵欠一样，人的情绪也是会传染的。例如在一个团队之中，假如有一个人能够意气风发、斗志昂扬，那么整个团队的氛围都会变得热烈起来。与此相反，假如有一个人心神涣散、毫无斗志，其他人也会受到这个人的影响，变得信心全无。这也是军中为什么一直对于扰乱军心者严惩不贷的原因。

同样地，积极乐观的情绪也会感染他人。细心的朋友会有这样的体验，即在心情低落的时候，如果假装哈哈大笑，让自己伪装快乐，那么很快也许真的就会情绪好转，变得快乐起来。这就是自己用快乐情绪感染自己。由此可以证明，情绪的感染力非常强大，甚至无处不在。有的时候，我们可以因为特殊情况的需要主动承担起感染源的角色，有的时候，我们也会于无形中被他人的情绪感染。往往是等到我们意识到自己的情绪发生变化时，感染已经不可避免地发生了。既然感染的作用如此神奇，我们何不多多利用情绪的感染作用，令其为我们的生活和工作带来便利呢？

这次生日聚会，小娜本来并不开心，虽然朋友们都聚集到一起为她庆祝生日，但是她却因为男朋友提出分手，对任何事情都提不起兴致来。但是闺蜜们不愿意她一个人待在家里闷闷不乐地过生日，因而连拖带拽地把她弄到酒吧。看着朋友们精心准备的大蛋糕，小娜心里暖暖的。看着朋友们一个个兴高采烈的样子，她也很想嗨起来，但是却始终意兴阑珊。

酒过三巡之后，朋友们开始行酒令。小娜也被强迫参加，想不到，和朋友们行了几圈酒令又被罚酒三杯之后，小娜突然感觉到了久违的快乐。她忿忿地想："哼，把我甩了有什么关系呢，我难道还怕找不着男朋友嘛！姐相信，一定还有更优秀的男人在前面等着我！"想到这里，小娜自从分手以来一直郁结于心的忧郁完全消除了。她尽情地和朋友们享受欢乐，再也不为分手的事情烦

忧了。

因为被朋友们拖到酒吧，小娜才能够消除自从和男朋友分手以来一直困扰着她的负面情绪。其实，小娜原本是郁郁寡欢的，最终却被朋友的热情所感染，也被朋友们的情绪传染了，居然变得发自内心地豁达和快乐起来。

心理学家经过研究发现，很多人都会情不自禁地被他人的情绪感染，甚至还会模仿他人在情绪的驱动下做出的肢体语言、表情手势等。这样一来，他们才能更好地体察对方的情绪，也同时在不知不觉中改变了自己的情绪。通常情况下，那些表情丰富的人更容易成为情绪的传染源，而看起来比较漠然的那一方则更容易被传染，无形之中情绪也被调动起来。通常情况下，容易受到情绪感染的人是非常善良敏感的，而且他们很有同情心和同理心，往往能够主动为他人着想。朋友们，我们不管是在生活中还是在工作中，也常常需要调动起他人的情绪，诸如演员需要调动观众的情绪，演讲者需要调动听众的情绪，即使作为普通人的我们要想说服他人，也最好能够调动他人的情绪，以情动人。由此可见，如果能够好好地利用情绪的感染作用，很多生活中的难题也就会迎刃而解。怎么样，你既然又了解了情绪的一个特质，还不赶快行动起来吗？！

第3章　了解情商的定律，把控自己的心智

任何事情都是有规律的，情商也是如此。要想更加深入地了解情商，我们首先应该了解情商定律，从而根据情商定律更好地把握自己。人，只有成为自己的主人，才能控制自己的情绪，主宰自己的命运。

意志力的强大作用，超乎你的想象

爱德华·墨菲在美国爱德华兹空军基地担任上尉工程师。为了测定人类对加速度的承受能力有多强，美国空军于1949年开始进行火箭减速超重实验，这个实验的代号是MX981。当时，墨菲和上司也参加了这个实验。当时，有一个实验项目是在受试者上方放置十六个火箭加速度计，虽然有两种方法可供选择，但是却依然有人把十六个加速度计全部放错。对于这种现象的发生，墨菲提出了著名的墨菲定律：即做一件事情时至少两种或者两种以上的选择时，那么就必然有人会选择那种导致灾难的方式。乍听起来这似乎不可思议，现实情况却是，假如糟糕的事情有可能发生，那么它就一定会发生。举个最简单的例子，假如你不小心把一片涂有果酱的面包掉到地毯上，你很担心有果酱的那一面着地，则有果酱的那一面极有可能掉在地毯上。

墨菲定律告诉我们，任何事情都不像我们所想象的那么简单，而且如果你担心某件事情会发生，那么它发生的可能性就会更大。当然，在一件事情有可能出错的情况下，出错几乎成为必然。尤其是在技术界，可能的错误也许会导致一场突如其来的灾难。从心理学的角度来看，墨菲定律也为我们揭示了意念的强大作用。因而在现实生活中，我们最好不要过于杞人忧天。否则当我们的意念作用过于强大时，事情发生的可能性就会大大增加。比如一个人怀里揣

着一万元钱乘坐公交车，他很担心自己遭到小偷行窃，因而不停地摸自己赚钱的口袋。等待下车的时候，他突然发现口袋瘪了，原来小偷从他胆战心惊的动作中，意识到他的口袋里一定装着贵重物品，导致引起小偷注意，把他锁定为最佳偷窃对象。从这个角度来看，是因为过分警惕引起了他人注意，也因为自身精神紧张导致错误百出，从而加大了事情出错的概率。实际上，墨菲定律为我们揭示了一种必然性，也告诉我们意念是可以对结果产生深远影响的。因而，我们每个人都应该最大限度地发挥意念的积极作用，也就是现代社会中人尽皆知的正能量，这样才能让事情朝着我们满意的方向发展，最终得到理想的结果。

在面试之前，因为进入这家公司是张旭梦寐以求的，所以原本坦然镇定的她非常紧张。原本，她的心理素质是很好的，不管参加什么考试或者面试都能镇定自若。偏偏这次，她担心自己到时候因为紧张而结巴，反而就在面试的过程中发生了。

那天，张旭带着紧张的心情走进面试的办公室，当抬眼看到并排坐着四个面色严肃的主考官时，张旭突然脑袋发蒙，在结结巴巴地进行自我介绍之后，对于一个考官提出的“你为什么选择我们公司”，她居然一时语结，思忖良久才说：“贵公司规模很大，有晋升的空间，据说福利待遇也很好。所以……”这个回答显然太过普通了，张旭看到面试官不易觉察地摇摇头。就这样，张旭在面试中的表现一点儿也不好，居然错过了自己最看好的公司。

在这个事例中，张旭正因为面试之前就万分担心自己会紧张，所以居然在面试过程中发生了。不得不说，这是意念的强大作用暗示了张旭，使她无法正常发挥水平。也因为紧张，张旭的确出现思维短路的情况，原本准备好的完美回答都不知道跑到哪里去了。

其实，现实生活中墨菲定律几乎无处不在。例如你第一次尝试做一道新菜，一直很担心会做得不好吃，结果就是菜做出来之后的确难以下咽。还有的人呢，担心自己考试考不好，因为过于担心，耽误了时间复习，最终考试的确砸了。这就是偶然之中的必然性，与紧张等情绪也是密切相关的。现实生活

中，我们一定要学会控制自己的情绪，保持平心静气，这样才能发挥自己的正常水平，得到最好的结果。

让你的温暖融化他人的心吧

有一天，南风和北风互相争论，都说自己的力量最强大，最终爆发了激烈的争吵。他们争来争去，却始终没有定论，最后北风首先提议："这样吧，我们比一比，谁输了谁就认输！"南风说："比就比，我可不怕你！"北风继续说："看到那边穿棉袄的老先生了吗？谁能先让他把大衣脱下来，谁就算赢了。"南风点点头，北风先发制人，马上开始鼓起呼呼大风，朝着老先生吹过去。不想，北风越是吹得起劲，老先生冻得瑟瑟发抖，就越是紧紧地裹着棉袄。北风越吹越起劲，老先生居然把帽子、围巾和手套也拿出来穿戴上了，还把棉袄的衣领子也竖了起来，抵挡寒风。北风累了，只得放弃。这时，轮到南风上场了。只见南风温柔地吹着，吹着吹着，吹走了乌云，让太阳公公从天空中露出脸来，太阳发出强烈的阳光，很快，地面就变得非常温暖，行人们也渐渐开始解开棉袄的扣子，老先生也觉得热了，先是拿下帽子、围巾和手套，接着又把棉袄扣子解开来。等到冰雪在阳光的照耀下渐渐消融，他居然把棉袄脱掉放在胳膊上，步履轻盈地走开了。这时，南风得意地对北风说："怎么样，我的温暖比你带来的寒冷更有效吧！"

北风让人感觉到寒冷无比，南风使人觉得春风拂面。很多情况下，严寒并不能使人屈服，脱掉棉服，反而温暖更有效，它能够融化人们心头的坚冰，使人们敞开心扉，接纳一切。这就是南风效应的起源。其实，生活中有很多符合南风效应的事例。诸如很多父母在教育孩子的时候，动辄非打则骂，很少采取温和的教育方法。殊不知，一味地打骂和声色俱厉，只会让孩子们的心里也结上坚冰，最终导致孩子们非常排斥和抵触父母的教育。倘若父母能够以平和的

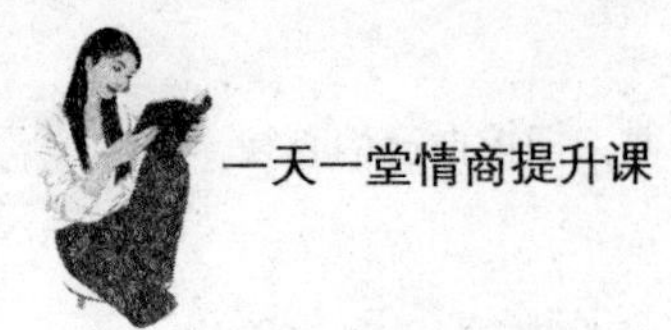

方式引导孩子，对孩子的言行举止表示理解和体谅，则孩子们也许会发自内心地感动，从而愿意主动改正错误。此外，南风法则还可以用于与人相处之中，也能起到事半功倍的效果。

小敏和李杜刚刚结婚不久，正处于蜜月期。有一天，李杜和哥们出去聚餐，回家时喝得醉醺醺的，简直都不认识小敏是谁了。他还把床上地上吐得脏兮兮的，自己却浑然不知。小敏气坏了，刚开始时暗暗下决心等到李杜醒来之后，一定要狠狠地教训他。然而，当小敏半夜三更地清洗完床和地面时，又突然改变主意了，她决定上演一出苦情戏。她一夜未眠，趴在床边守护着李杜，这样李杜次日清晨刚刚醒来，就发现通宵守护着他、熊猫眼、脸色晦暗的小敏。李杜赶紧喊小敏："敏儿，你怎么趴在这里睡呢？怎么不上床睡觉啊？"小敏马上红了眼眶，万分委屈地说："你昨天晚上醉得不省人事，吐得到处都是，我收拾完床和地面都已经凌晨了，又怕你因为口渴要水喝，所以索性就不睡了，没想到太困了，还是趴在床边睡着了。"李杜心疼地看着小敏，说："敏儿，太对不住了，我向你保证，我以后再也不会这样没有限度地喝酒了。"

小敏一句责备的话也没说，就得到了李杜心甘情愿的保证。假如她看到李杜醒来就歇斯底里，大发脾气，也许不但会和李杜吵一架，最终还会破坏夫妻间的感情。或者即使她如愿以偿地强迫李杜做出保证，那也远远不如李杜心甘情愿的保证效果更好。这就是南风效应在生活中的运用。

朋友们，没有任何人愿意被他人强迫或者喝令，与其声色俱厉地伤害自己与他人之间的感情，不如采取温和的方式从内心打动他人，从而使他人心甘情愿地做出改变。这样发自内心的改变和妥协，往往才效率更高，效果更好。

你的热情，就像一把火燃烧了沙漠

作为美国的自然科学家和著名作家，杜利奥为人们提出了杜利奥定律，即

能够使人感到垂垂老矣的，只有失去热忱；人生一旦精神状态低迷，一切都会陷入低迷。的确，人与人之间先天的差距其实很小，大多数人都处于相差无几的水平线上，但是偏偏有的人一生风生水起，而有的人则总是与失败纠缠。归根结底，这巨大的差异并非是因为人们彼此之间的微小差异导致的，而是因为人们的心态完全不同。

即便生活在完全相同的环境里，也有的人整日乐呵呵的，但是有的人却成天愁眉不展。究其原因，就是因为他们的心态不同而导致待人处事，看待外界事物的眼光也变得完全不同。正如一位名人所说，这个世界上并不缺少美，缺少的只是发现美的眼睛。当一个人目之所及看到的都是低沉萧索、悲观绝望时，就应该反思自身，从自己身上找一找生活黯淡无光的原因。否则，为什么你身边的人一个个精神抖擞，满怀希望呢！

很久以前，为了陪伴在丈夫身边，爱情驱使塞尔玛也陪着丈夫一起来到了沙漠腹地的陆军基地。因为丈夫常常接到命令去沙漠中进行实操演习，所以赛尔玛就经常独自留在陆军基地又低又矮的铁皮房中。沙漠正午的天气简直炎热得让人难以忍受，铁皮房经过太阳的炙烤，温度更是直线上升。即使在巨大仙人掌的阴影下，温度也高达125华氏摄氏度。为此，赛尔玛郁闷极了，她身边都是墨西哥印第安人，他们既听不懂英语，也不会说英语，就这样，赛尔玛变成了沙漠里的聋子和瞎子。她伤心不已，常常陷入绝望之中。为此，她写信给父母："爸爸妈妈，我不愿意继续留在沙漠里生活，也不愿意为了爱情让自己变成聋子和瞎子，悲哀地度过人生中最美好的年华。"父亲的回信很快就到了，赛尔玛满怀热切地打开信封，却发现一张信纸上赫然只有短短的两句话：两个人一起坐牢，一个人从铁窗看到了泥土，一个人却从铁窗看到了闪烁的群星。塞尔玛把这两句话翻来覆去地读，最终领悟到父亲的用意，因而决定：我一定要在沙漠里找到闪烁的群星！

塞尔玛不再把自己封闭起来，而是尝试着和当地人交往。她很喜欢当地人的陶器、编织物，那些善良的当地人就把心爱的，甚至把舍不得高价卖给游客的陶器、编织物，慷慨大方地送给她。她还走进沙漠了解以仙人掌为代表的各

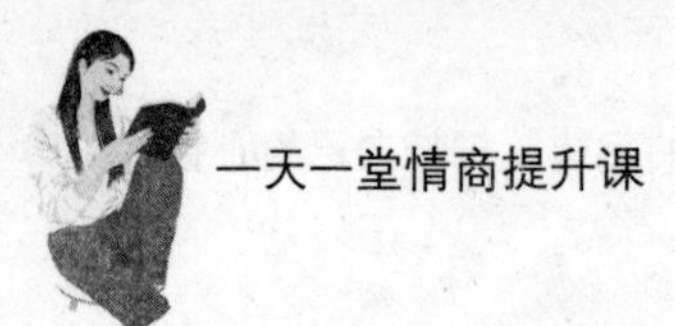

种沙漠植物；她还遇到了土拨鼠，因而开始了解土拨鼠；她从沙漠里找到海螺壳，才知道这些海螺壳都已经有几百万年的历史了，那时候这片沙漠曾经是海洋……总而言之，她感受到了沙漠无穷无尽的魅力，原本对她而言枯燥乏味的沙漠，如今处处都充满了新鲜的感受。她在沙漠里流连忘返，她真的找到了沙漠里闪烁的群星！

不管赛尔玛是感到忧愁苦闷，还是新鲜好奇，沙漠始终未曾改变过，当然她身边的那些沙漠土著也未曾改变过。归根结底，赛尔玛之所以对沙漠的印象有了大转弯，就是因为父亲的那两句话的回信，让她意识到问题的症结所在。从对沙漠的排斥和抗拒，到对沙漠充满好奇和热情，赛尔玛整个人生都在沙漠里改变了。后来，她还因为了解沙漠而写了一本名为《快乐城堡》的书，把沙漠介绍给更多的人去了解，去认识。

细心的人就会发现，我们身边那些活得精彩和兴致盎然的人，无一不怀着热情、积极的人生态度，他们自信、乐观，从不抱怨生活的艰难坎坷，而是积极面对人生的一切馈赠，不管是好的，还是坏的。正是因为如此，他们才能战胜生活的磨难，从容应对生活的挑战，从而帮助自己以发现的眼光看待周围的世界，也使自己的人生变得更加精彩。

阿Q精神未必毫不足取

一只狐狸从果园外路过时，看到高高的葡萄架上挂着一串又一串紫葡萄，那些葡萄圆圆大大的，看起来就像要滴出水来，非常新鲜。狐狸馋极了，口水都快流出来了。它不停地往上跳跃，想要摘一串葡萄吃。然而，葡萄架实在太高了，狐狸几经努力，都没有吃到葡萄。最终，徒劳无功的它不得不放弃努力，自言自语道："这些葡萄只是看起来好吃，但是也许吃起来却很酸呢！"这是《伊索寓言》中酸葡萄的故事，旨在告诉人们一个道理，即大家对于自己

得不到的东西总觉得不好，实际上只是自我安慰罢了。实际上，中国也有与此类似的精神，那就是阿Q精神。作为鲁迅笔下的经典形象，阿Q无疑有着强大的内心，所以才能在遇到各种人生不如意的时候自我安慰。从本质上来看，阿Q精神比面对酸葡萄的狐狸更强大，因为狐狸的精神只针对于自己渴望却得不到东西，阿Q精神则能够辐射到生活中的方方面面。即使遭遇其他的不如意，也能以此来平衡自己的内心，虽然看起来有些自欺欺人的意味，但是效果却很不错。

著名的思想家艾默生曾说，一切的勇气皆存在于自我恢复的能力之中。这句话告诉我们，假如一个人没有自我恢复的能力，也就无所谓勇气。的确，对于一个一旦跌倒了就无法爬起来继续前行的人而言，是无所谓美好的前途的。所以我们也应该给阿Q精神正名，也许在压力倍增的现代社会，阿Q精神反而能够很好地帮助我们鼓起勇气，勇往直前呢！

和美国绝大多数民众一样，美国前总统克林顿也是麦当劳的忠实粉丝，最喜欢吃麦当劳的汉堡、炸鸡、薯条等油炸食品。因此，和美国大多数民众一样，克林顿的身体频频亮起红灯给他警示。自从身体健康出现危机之后，克林顿深受困扰，但始终保持顽强的毅力，与心脏病进行了长久的斗争。2004年，克林顿接受了四条冠状心脏搭桥手术，但是这依然没能改变他坚强乐观的性格。他虽然重视疾病，重视健康饮食，但是却也能够谈笑风生，以自己的健康状况自嘲，让人感到无比轻松。2010年他参加“烤架俱乐部”的宴会时，曾有人问克林顿最喜欢哪款鸡尾酒，他笑着说：“加冰的立普妥，这是我的最爱。”听者无不开怀大笑，因为立普妥并非是什么鸡尾酒，而是能够降低胆固醇的药物。

对于克林顿而言，他和所有的普通人一样也会遭遇健康危机，也会为自己的健康状况担忧。但是他却能够保持积极的心态，甚至还会以自己的健康状况自嘲打趣，给自己放松心情，也给他人带来快乐。如此的阿Q 精神，对于克林顿的精神状况和健康情况其实也是有好处的。曾经有医学家说，很多癌症病人都是被吓死的，而极少数能够让癌症奇迹般康复的人，则都是心态非常乐观的

人。通常情况下，人们一旦得知自己身患不治之症，就会非常悲观绝望，也因此对生活信心全无。别说是病患者了，即便是正常人如果每天提心吊胆，担惊受怕，只怕身体健康也会受到很大的影响。由此可见，好心情才是治愈疾病的良药。

也许有人对阿Q精神不以为然，殊不知，生活不会总一帆风顺，几乎可以断言，任何人在一生之中都难免会遭遇坎坷挫折。在这种情况下，我们是一味地悲观后悔，还是能够自我娱乐和调侃，然后再次鼓足勇气奋勇向前呢？当然，后者的选择才是明智的。要想提高情商，我们就必须像阿Q一样，更加善于自嘲，不管遇到什么情况都能自我平衡，自得其乐。

你是谁，取决于你的内心

生活中，有很多人都会感到自卑。他们总是相信别人眼中的自己，而根本不了解也不认识自己，更缺乏必要的自信。例如，有的人一旦被指责自私，他就真的觉得自己很自私，而丝毫没有想到那个人也完全是站在自私的角度，所以才会指责别人自私。其实，每个人在考虑问题的时候都会从自己的主观意图出发，尤其是在彼此利益对立的时候，人们自私的本性就会发挥得更加淋漓尽致。也许你明明已经做出了很大的让步，却因为对方的一句自私，变得万分沮丧。你应该相信自己并不自私，也可以理智衡量自己曾经为了他人做出的努力。总而言之，你是谁，应该取决于你的内心，而并非他人的口舌判断。

不乏有人对于他人的评价总是从利己的角度出发，而且往往不假思索，缺乏公正性和客观性，却不知道自己的无心言语给他人带来了深深的伤害。现代教育界提倡避免给孩子下定论，或者贴标签，也是从这个角度出发进行考虑的。孩子年纪还小，不知道如何正确评价自己，因而他们总是依据父母、老师、同学等身边人的话来认知自我。在这种情况下，假如父母轻而易举地说孩

子很“淘气”，或者老师不负责任地因为孩子一次考试没考好就说孩子“笨蛋”，这些听上去轻飘飘的话也许父母、老师说完之后就忘记了，但是孩子们却会牢记于心。当他们以为自己真的很淘气，或者是个不折不扣的笨蛋，至少这会在相当长一段时间内影响他们的自我认知和判断，甚至对他们的人生也产生不可预估的影响。由此可见，我们每个人都应该学会谨言慎行，千万不要轻易就给他人带来不好的感受和体验。

近来，因为工作上频频出错，黄伟被领导批评了好几次：“你呀你，能力简直太差了，这么简单的工作也能出错，我还怎么放心再把事情交给你办呢！”几次三番之后，原本还有点儿自信的黄伟真的对自己产生了怀疑，他不断地扪心自问：我是否应该辞职呢？继续做下去，也许我还会不停地闯祸、被批评吧！

就这样，经过思考之后，黄伟突然就决定辞职了。看到黄伟的辞职报告，领导有些莫名其妙：“你干得好好的，为什么要辞职呢？”黄伟羞愧地说：“我在工作中接连出错，实在无颜面对您。另外，我也没有信心继续干下去了，怕再犯错误。我想这个职位可能已经超出了我的能力所及，我应该找一份简单些的工作去做。”听了黄伟的话，领导啼笑皆非，说：“你这个人可真逗，我就说了你几句，你居然当真啦！其实，我还是很看好你的，对你要求严格，也是为了栽培你啊！”黄伟一头雾水：“可是，难道我真的能够胜任这份工作吗？”领导笑了，说：“当然啊，你看看你，名牌大学毕业，能力也很强，工作上也勤奋肯干，怎么心理承受能力这么弱呢，淡淡如水地说你两句，你居然就要辞职了！”听到领导对自己的赏识，黄伟不由得转忧为喜，说：“谢谢您，领导，我一定会更加努力的，不给您惹麻烦！”

在这个事例中，黄伟轻而易举地就相信了领导对自己的否定之词，因而信心全无，甚至决定辞职。直到领导把心中隐藏着的对他的肯定之词说出来，黄伟才转忧为喜，重新找回自信。不得不说，职场上这样的现象是很常见的，遗憾的是，因此而辞职，失去工作，是懦夫的所为。哪个新入职场的人没有被领导批评和否定过呢？但是既然公司愿意付出代价作为学费，给新员工学习的时

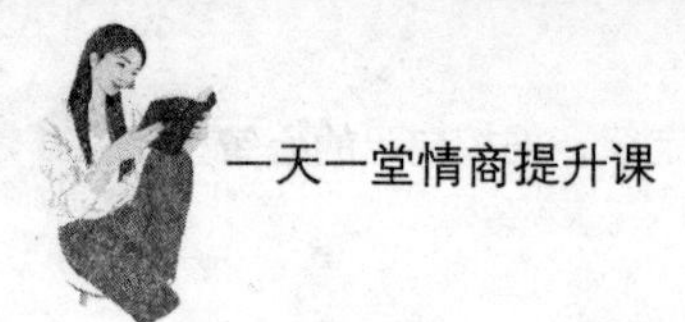

间和机会，就说明他们还是认可新员工的。何况，很多老员工也未必能保证自己凡事都做到最好，犯错误对于每个人而言都是难以避免的，我们必须对自己做出正确的衡量。

生活中的这些类似现象，可以归纳为巴纳姆效应。1948年，心理学家伯特伦·福勒通过心理实验证实，每个人都总是轻而易举地相信他人对自己做出的一般性和笼统的人格描述，哪怕他自己不是这种人，或者他人描述得很空洞，也不能改变他的相信。后来，福勒以杂技师巴纳姆的名字为这个定律命名，称其为巴纳姆效应。巴纳姆效应给人们带来很多困扰，尤其是那些不够自信，也对自我缺乏认知和判断的人，常常因为他人的随意评价，导致自身陷入困顿之中。

要想摆脱巴纳姆效应的负面影响，我们首先应该提高自己的情商，更加准确理性地认知自己，而且在任何情况下都要成为自己的主人，成为自己命运的主宰。不过遗憾的是，自己认识自己似乎总比从他人口中认识自己更难，因为人避重就轻的本性，使大多数人依然愿意从他人口中认识自己，这一点也是尤其要注意的。迷失自我的人是最可悲的，我们必须坚定不移地相信自己，才能拥有精彩的人生。

歇斯底里不但于事无补，反而更糟糕

生活中，我们常常见到有些人遇到事情时惊慌失措，而且在受到任何伤害或者不如意时歇斯底里。一个人如果控住不住自己的情绪，任坏情绪就像脱缰野马一样肆意奔腾，后果将会很严重。通常情况下，人们在日常生活中并不会随意发脾气，大多人之所以发脾气，一定是遇到了突发的事情。殊不知，越是遇到事情需要解决或处理，就越应该控制好自己的情绪。唯有如此，才能保持心态的淡定和理智的清醒，否则，非但于事无补，还会使事情变得越来越糟糕。

人之所以能够成为人，主要是因为人是有感情、有理智的。人首先要能主宰自己，才能主宰万事万物。而人一旦情绪失控，就会失去自制力，做出歇斯底里的事情来，导致事情更加无法控制。这就像是一匹野马，在发狂之后四处奔跑，谁也不知道结果将会如何。在非洲草原上，强壮的野马会被一种很小的吸血蝙蝠杀死。究其原因，就是因为野马被蝙蝠激怒，结果不顾一切地在草原上狂奔，最终精疲力竭，倒地而亡。原来，小小的吸血蝙蝠一旦附在野马的腿上吸血，就会牢牢吸附住，不管野马怎么奔腾跳跃，企图把它们甩下来，它们都不为所动。野马暴怒不已，狂躁不安，最终在无奈中耗尽力气而亡。当然，一只小小的吸血蝙蝠是不可能把野马全身的血液吸光的，动物学家们经过研究证实，野马并非因为血液流逝而失去生命，真正置它们于死地的，是它们狂躁不安的奔跑。显而易见，野马真正的死因是情绪失控。现实生活中，人们因为情绪失控被气死的事例也时有发生，这是因为人在愤怒时会分泌一种毒素，也会导致人的全身都发生相应反应，和野马被蝙蝠气死的事例相似。

从野马身上，聪明的人一定会得出一个结论，即对于来自外界的刺激，我们必须非常谨慎地控制自己的情绪，千万不要让情绪成为脱缰的野马，导致我们的身体健康受到严重损害，心情也变得无法平静。尤其是遇到生活中琐碎的小事时，生气无外乎是用别人的错误惩罚自己。所以，唯有保持心平气和，我们才能合理解决问题，从而也避免更多的冲突。

小张和小王两家是邻居，然而，如今两家人都陷入悲痛之中无法自拔，起因其实很简单，就是因为张爸爸朝门外泼水，不小心泼到了王爸爸的身上。为此，王爸爸和张爸爸发生了口角，当然谁也没赚到便宜。等到小王回家时，王爸爸添油加醋地把事情说了一遍，血气方刚的小王马上拿起棍棒去了张爸爸家，把张爸爸打了一顿。等到小张回家，一看到爸爸头上起了个大包，也当即提起砍刀去了小王家里。由此一来，血案发生了，小张无意间伤到了小王的要害部位，小王一命呜呼了。小张呢，也被判处了死刑。就这样，两个家庭因为微不足道的小事，都失去了各自的孩子，不得不说是莫大的悲哀，两个爸爸也追悔莫及。

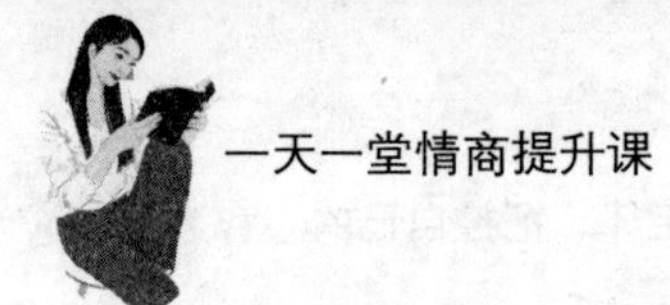

假如爸爸们能够把火气压一压，也就不至于因为泼水这件微不足道的小事产生纷争，更不会缺少衡量地在各自的儿子面前添油加醋，最终这件小小的纠纷引发血案，酿成了两个家庭的悲剧，让人不胜感慨唏嘘。退一步而言，如果小张和小王能够在事发之后保持清醒和理智，不要让情绪的野马肆意狂奔，也许小王就不会去殴打一位老人，小张也就不会一气之下砍死小王。从这件事情不难看出，事情的恶化是环环相扣的。正因为每个人都无法很好地控制自己的情绪，事态最终才发展到了无法挽回的程度。

朋友们，假如你们不想落得和脱缰的野马一样的下场，那就赶快检讨自己吧！假如你也经常因为芝麻绿豆大的小事情导致自己情绪失控，那么一定要警惕，一定要悬崖勒马才行！

第4章　熟谙情商的效应，补齐身上的短板

这个世界上，没有十全十美的人。每个人既有优点，也有缺点，要想得到平衡的发展，按照木桶理论，就要补全身上的短板，这样才能在最短的时间内提升自己的能力，帮助自己变得强大起来。一个人的发展，仅靠某个方面的突出是不可能的，不说面面俱到，但至少基础的能力都要具备，才能让自己的人生之路更加顺遂如意。

冤家宜解不宜结，不要冤冤相报

在希腊神话中，大力士海格力斯的脾气很不好，他很容易生气，而且常常陷入暴怒之中。有一天，他在路上走着走着，突然看到路中间有个鼓鼓囊囊的袋子，因而他走上前去，照着袋子就踢了一脚。不想，袋子非但没有瘪下去，反而更加鼓起来。为此，海格力斯非常生气，居然从地上抄起一根棍子，歇斯底里地朝着袋子打下去。随着海格力斯的棍棒不停地落在袋子上，袋子越来越胀大，最后居然把整条路都堵住了。后来，有个人告诉海格力斯："你所面对的并非普通的袋子，而是传说中的仇恨袋。假如你绕道而行，这个袋子不会妨碍你走路。但是你偏偏走上去踢了几脚，后来还对它棍棒相加，所以才会导致仇恨袋越长越大，并且坚决与你作对到底。"

这个希腊神话中的仇恨袋，其实与我们现实生活中的以牙还牙、以眼还眼很相似。总是有些人对于他人的伤害，不管是有心的还是无意的，都会牢记于心。还有些人，总是与他人冤冤相报，如此导致人际关系越来越恶化，人际关系陷入恶性循环之中，不但给他人造成严重影响，给我们自身也带来很坏的影响。古人云，冤家宜解不宜结，我们只有打开心胸，做到包容和宽容他人，才

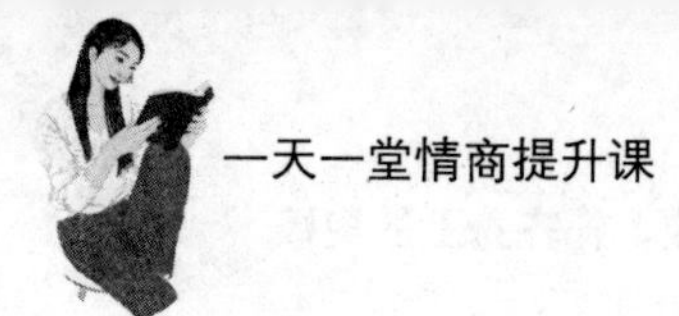

能避免冤冤相报事情的发生。

在古时候，魏国与楚国相邻。在两国的边境地区，两国的百姓都很喜欢种瓜。有一年春末夏初，正是瓜的生长季节，但是却遭遇大旱。为此，魏国的百姓每天都清晨起床，去很远的地方挑水浇地。眼看着别人地里的瓜长势喜人，楚国的百姓不由得心生嫉妒。他们趁着魏国百姓不在的时候，就会故意踩坏魏国地里的瓜苗。得知真相后，魏国的百姓非常气愤。他们向县令报告了此事，并且也准备结伴去踩楚国的瓜苗。县令知道他们的打算后，连连摇头，说："冤冤相报何时了啊！现在你们去践踏他们的瓜地，等到他们发现之后，又被变本加厉地来践踏你们的瓜地，如此陷入恶性循环之中，谁也收获不到成熟的瓜。我觉得，你们如果能够趁着晚上的时间去给他们浇地，也许此事会有完美的解决。"

在县令的启发下，魏国百姓果然趁着夜深人静的时候给楚国的瓜地浇水，楚国百姓次日看到瓜地里湿漉漉的，感动不已。如此几次三番之后，楚国的百姓再也不嫉妒魏国百姓的瓜地长得好了，而是与楚国的百姓一起想办法，抗旱救瓜。

很多时候，以怨报怨只会使事情更加恶化。假如魏国的百姓也践踏楚国的瓜地，那么魏国和楚国的百姓之间的关系最终一定会变得水火不容。相反，魏国的百姓以德报怨，非但没有侵犯楚国的瓜地，反而还主动挑水帮助楚国百姓浇地，由此，两国人民之间的恩怨彻底化解，从此得以友好相处。

毋庸置疑，以德报怨才能够彻底消除怨恨。不过，以德报怨是需要宽广的胸怀的。朋友们，生活原本多艰，与其让仇恨侵占我们的心灵，不如从现在开始让自己变得更加宽容和友善，这样才能帮助他人消除心中的怨恨，从而改善与他人之间的关系，与他人建立良好的交往。更重要的是，当你以德报怨消除了他人心中的怨恨，你自己也会因为放下了仇恨，变得无比轻松。

小欲望的诱惑，恰恰让你更加坚定

在现实生活中，很多人之所以犯错，或者是因为无知，或者是因为邪恶，不过还有相当一部分犯错只是因为控制不住自己的欲望，遭受了小小的诱惑。虽然诱惑很小，但是一旦被欲望驱使着做出错误的事情，也还是会对我们的人生造成一定的影响。很多人都说，只有能够控制欲望的人才能成为真正的强者，我们也要说，真正的强者不但能够控制住大的欲望，也能控制住自己的小小欲望。如果一个人能够坚持拒绝小欲望的诱惑，那么他就会在一次又一次的坚定之中变得意志如钢，也就不容易再被小欲望降服了。

婴儿从呱呱坠地开始，只有母亲的乳房对他而言才是诱惑。然而随着年岁增长，婴儿渐渐长大，面对的诱惑也越来越多。喜欢甜味是人的本性使然，所以很多孩子都对于糖果的诱惑毫无抵抗力。曾经有一位心理学家用糖果来考验孩子们对于诱惑的抵制能力，结果有很多孩子都没有经受住诱惑，拆开了糖果。其实，别说了孩子了，有相当多的成年人也对甜食情有独钟。然而，糖虽然能够给我们提供能量和热量，一旦饮食过量，也会给我们的身体健康带来损害。诸如摄入糖分过多，就会导致发胖，甚至导致糖尿病等，给我们的生活带来困扰。

在七八十年代，人们的精神生活匮乏，很多人都爱好集邮。在邮局工作的华民也喜欢集邮，他还曾经用自己一个月的工资买了几本非常好的集邮册呢！不过，只靠自己的书信往来，显然难以集到更多的邮票。为此，华民经常向同学、邻居、同事、朋友、亲戚等身边一切能攀上关系的人讨要邮票。当然，前提是那些人不集邮，才会把邮票送给华民。

一个偶然的机会，华民突然看到自己负责派发的一封信上有一张非常珍稀的邮票。刚开始时，他以为自己看错了，后来才发现这的确是一张珍稀邮票。华民怦然心动，要知道这枚邮票非但价值不菲，而且市面上根本没有，哪怕花钱也买不到呢！想到这里，他居然狠心撕下了邮票，然后把信放到收件人的信

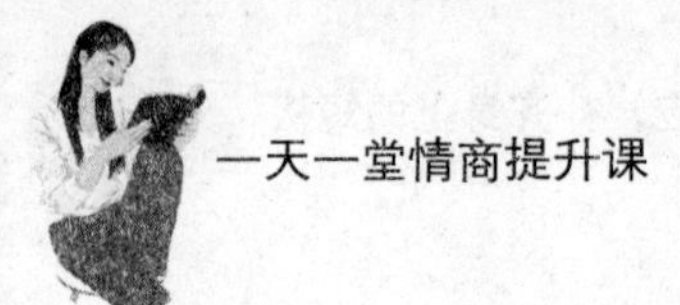

箱里，就仓皇而逃了。毋庸置疑，没有人会把那样一张珍贵的邮票随便当成普通邮票贴在信封上寄出去，实际上那是发件人寄给未婚妻的珍贵礼物，通过以这样的方式带给未婚妻惊喜。果然，当天下午，收件人就到邮局来找上门了，华民眼看搪塞不过去，所以只得把邮票交出来。当然，这件事情也给华民带来了很负面的影响。从这件事为他敲响警钟，让他恪守职业道德，不能因为兴趣爱好而犯错误。后来，华民果然变得非常恪尽职守，从未再因为类似的原因犯过错误。

因为喜欢收集邮票，在邮局工作的华民居然私自撕下了他人信封上的邮票据为己有，还被收件人找上门来。其实，生活中这样的诱惑很多，几乎随处可见。例如，有些人很喜欢喝酒，迷恋醉酒微醺的感觉，为此他们总是没事就小酌几杯，渐渐便有了酒瘾，最终饮酒贪杯耽误了正事，也影响了正常生活。在这种情况下，他必须时刻控制自己，才能杜绝再次喝酒。如果这个人能够迈过这道坎，对于很多诱惑的抵抗力都会大大增强。生活中面对诱惑是正常的，尤其是很多诱惑都以糖衣炮弹的形式出现，就更容易让人麻痹。在这种情况下，我们一定要坚决成为欲望的主人，不受欲望的驱使，从而让自己在诱惑面前变得更加坚定不移。

人生漫漫，有快乐和幸福，也会有小小欲望的叨扰。虽然人长大后不会再迷恋糖果的小小诱惑，但是人生中也会有其他的很多诱惑存在，尤其是很多时候生活中会出现糖衣炮弹，迷惑我们的眼睛，扰乱我们的心智。所以需时刻保持警惕，才能远离糖衣炮弹的攻击。而只有高情商恰恰能够帮助我们保持情绪的稳定和头脑的清醒，也能提高我们的自律和自控能力。

以己度人，只会让你误解他人

以己度人，顾名思义，就是用自己的想法去揣度他人。日常生活中，为了

更多地了解和理解他人，我们要尽量做到设身处地，即站在他人的角度考虑问题，从而更加深入地体察他人的内心世界，最终对他人宽容、理解和尊重。相反，如果我们不是设身处地考虑问题，而是以自己的想法猜测别人。如果说前者对于人际交往起到的是积极的正面作用，那么后者对于人际交往则只会起到消极的负面作用。通常情况下，以己度人均指带有恶意的揣测，即用自己的阴暗思想思量别人，以为别人也和自己一样想法晦暗。俗话说，以小人之心度君子之腹，也正是这个意思。由此可见，以己度人除了带来误解之外，对于人际交往没有任何好处。

人与人相处的基础是真诚和理解。以己度人恰恰与此背道而驰。一个人一旦以己度人，就会以自己的恶意强加于人，误解也因此而生。这无疑是人际交往的大忌。原本，人与人之间相处的时候就会产生误解，倘若不能敞开心扉交流，误解就会加深，倘若非但不沟通，还擅自以恶意揣测他人，结果就可想而知了。

近来，豆豆正在准备结婚的相关事宜。结婚可真是个让人头疼的事情，不但要买房子、装修，还要买各种各样的家具和电器，最重要的是很多事情还需要与婆家协商呢！毕竟，面对自己的准婆婆，豆豆还是尽量争取留下好印象。

原本，豆豆想要结婚之后蜜月旅行，而且已经想好了要去马尔代夫。这个周末，她正好要与婆婆一起选购家具，因而顺便就和婆婆一起先去把旅行的合同签约了。不想，婆婆百般阻挠，不让豆豆着急签订旅游合同。豆豆不解，暗暗想道：你不就是看到今天与我一起，怕我让你埋单吧！想到这里，豆豆有些不高兴地说："妈，您放心，旅行我来理单，我早就想去马尔代夫了，正好借此机会去度蜜月。不会让您掏钱的，放心吧，您就算想掏钱，我也不让您掏。"婆婆看到豆豆误解自己了，不由得面红耳赤，难堪地解释说："豆豆，妈妈不是心疼钱。你知道么，我们老家那边有风俗习惯，结婚一个月之内，喜房不能空着，喜床也不能没人住。只有热热闹闹地度过新婚之后的这个月，婚姻才会幸福、甜蜜、长久。我想，要是你的假期能后延，要是你愿意的话，能不能等到满月之后再去度蜜月呢，我当然愿意你们四处走走看看，也愿意给你

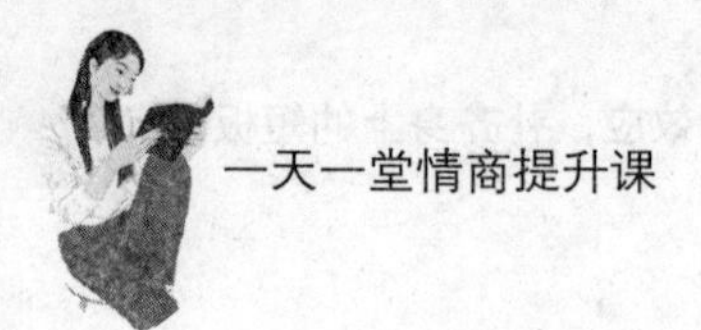

们埋单呢！”豆豆这才领悟到婆婆的良苦用心，不好意思地说：“对不起啊，妈妈，你怎么早不说呢！我还以为……还以为……”婆婆笑了，说：“我原本准备找个合适的机会跟你说的，只是怕你不高兴。”豆豆马上答应了，说：“妈，你都是为我们好，我怎么会不同意呢！既然家里有这个风俗，咱们就按照风俗来，这样你和爸爸也放心！”

豆豆显然是以己度人，误解了婆婆的好意，因而言辞之间马上表现出不悦。幸好婆婆及时解释，才消除误会，也让豆豆领会到她的苦心。倘若婆婆不是直爽的婆婆，也许会把这份误解导致的难堪和尴尬放在心里，时间长了必然引起更深的误解，甚至导致婆媳关系恶化。

朋友们，你们是否也曾经以己度人呢！其实，凡事只要说开了，哪怕是恶意，也并不可怕。最怕的就是明明是好心，最终却因为没有直言沟通导致办了坏事。如此一来，岂不是得不偿失么！记住，我们谁也不是他人肚子里的蛔虫，因此不要自以为了解他人的想法和态度，更不要把自己的恶意强行加在别人头上！只要人人都能做到尊重、理解和信任他人，人与人之间的关系就会变得更加和谐、融洽、美好！

不要让失败成为一种理所当然的习惯

当失败成为一种习惯，当你因为频繁出现的失败而承认自己的无能，你的人生几乎已经注定了无成功无缘。习惯失败是一件很可怕的事情，塞利格曼效应告诉我们，不管是人还是动物，如果长期陷于挫败之中，就会变得悲观绝望，信心全无，甚至还会感到非常无助。简单地说，这是人们在长期无法得到成功的激励，不管做什么事情都难逃失败厄运的情况下，产生的严重挫败感，最终导致人们斗志全无，放弃努力。

1967年，塞利格曼进行了一项实验。他把一只狗关在笼子里锁住，然后再

用预先在笼子里安装好的电击装置给狗施加安全范围内的电击。作为安全范围内的电击，指的是电流的强度能够引起狗的痛苦，但却不至于死亡。结果，他发现这只狗在最初遭到电击时，迫不及待地想要逃出笼子，后来却发现自己根本不可能逃出去，因而也渐渐放弃了挣扎。后来，塞利格曼又把这只遭到电击的狗锁进另一个笼子。这个笼子和此前的那个笼子有些不同，这个笼子被隔板隔开，变成两部分。一部分有电击，另一部分则没有，且狗能够轻易跳过隔板的高度。结果，这只狗在被电击之后只是绝望地挣扎了不到一分钟的时间，就颓然倒在地上，逆来顺受地接受电击的折磨，根本没有尝试跳跃隔板。后来，塞利格曼又把未曾接受过电击的狗直接放进有隔板的笼子里，结果这些狗在被电击之后，第一时间就跳跃隔板，逃到笼子里的安全地带。由此可见，动物对于失败也是有深刻记忆的，在接连遭受失败之后，他们就像失去信心的人一样，也会放弃希望，再无信心可言。失败的习惯就这样轻而易举地养成了，如果人们习惯了失败，就会彻底地与成功绝缘，再无成功的可能。因为任何人一旦放弃努力，都是不可能获得成功的，成功也从来不是天上掉馅饼的好事情。

接连几次策划项目，小雨都失败了，面对客户的质疑和指责，他刚开始时还能据理力争，后来就有些破罐子破摔了。此如这次给客户设计广告方案，面对客户提出的质疑，明明小雨是有话可说的，但是他却一言不发，任由客户发飙。看到小雨的状况，主管很担忧。

为了提振小雨的信心，主管很快又分配了一个重要的案子给他。但是当看到小雨漫不经心的样子时，主管不由得有些生气："小雨，每一个广告方案被客户挑剔都是正常的，你为何要这么沮丧呢？也许客户的每一次否定，都会成为你进步的阶梯，你这样的工作态度才是最致命的。"小雨不以为然地说："我觉得我根本就没有策划的天赋。否则，怎么可能接连被客户否决呢！就算是刚刚进入公司的新人，也不可能在工作方面这样糟糕啊！"小雨的话让主管也沮丧起来，甚至对小雨失去了信心。

不管是初入职场的新人，还是混迹职场的老人，都有可能在工作中发生失误，甚至犯错误。假如小雨能够改变心态，积极面对坎坷和挫折，怀着乐观的

态度积累经验，吸取教训，那么也许就能够更好地处理工作上面临的问题，从而得到主管的刮目相看。事实却恰恰相反，他如今这种破罐子破摔的态度，只会让主管对他失望，甚至连机会都不愿意再给他了。

生活中，惯性思维很常见，但是无论如何都不要养成失败的习惯。在人一生中，都会面临各种挫折和坎坷，但千万不要轻易放弃。哪怕失败了，也要勇敢地站起来，继续努力，再接再厉。唯有直到最后一刻也不放弃希望和努力的人，才能争取到一丝一毫可能的机会，让自己成为那个笑到最后的人。

当勤奋成为习惯，不要忘记时刻保持方向

法国心理学家约翰·法布尔曾经进行过一项实验，即把很多条毛毛虫放在花盆边缘，使它们首尾相连成一圈。为了吸引毛毛虫或许存在的注意力，法布尔还在距离花盆的不远处洒了很多松叶，这可是毛毛虫最美味的食物啊！不想，奇怪的现象发生了，只见这些毛毛虫首尾相连，一只接着一只不停地爬啊爬啊，根本没有注意到不远处的美食，一味地绕着花盘爬行。它们爬了一个小时、两个小时……一天、两天……它们整整爬了七天七夜，最终，居然被活活饿死了。它们没有吃到近在咫尺的美味食物，就可悲地饿死了。从毛毛虫的身上，科学家们得出一个深刻的结论，即盲目的跟随会导致必然的失败。

生活中，也有人就像毛毛虫一样只顾着跟随他人，从不间断地辛勤付出。最终，他们并没有获得成功，而是在精疲力竭之后却依旧默默无闻。大家都知道南辕北辙的故事，说的是如果方向错误，那么很多的有利条件都会变成不利条件，导致事与愿违。虽然毛毛虫并没有犯南辕北辙的错误，但是它们却在辛勤付出的过程中始终忽略了方向的重要性。这也就使得他们的付出变成了无用功，根本无法得到应得的回报。人群之中，随大流的人并不少见，他们人云亦云，小到买车子买房子，大到对于人生方向的把握，都缺乏自己的思考，总是

盲目地跟随他人。在这种情况下，他们必然距离成功越来越远，甚至与成功失之交臂。从另一个方面来说，可怕的毛毛虫思维还会让人们只能看到眼前的方寸之地，而失去长远的眼光和清醒理智的思维。如果人生只能像一叶扁舟在海面上起起伏伏，随波逐流，还如何能够到达目的地呢？

在单位里，老黄就像是一只勤勤恳恳的老黄牛，始终埋头苦干。他对上司忠心耿耿，上司指哪儿他就打哪儿，简直就像是上司的一杆枪一样。有段时间，老黄的上司和新来的老总产生了分歧，经常为了一些无关紧要的问题争执不休。不过，老黄就像是一个两耳不闻窗外事、一心只读圣贤书的书生一样，并不管上司之间的事情，只顾着埋头苦干。当遇到需要表态的时候，他几乎不假思索地就站在上司这边，丝毫不管上司和老总之间的关系如何。

两个月之后，老黄的上司突然辞职了，原来，与他相处不和的那个老总很有背景。老黄因此受到牵连，也被辞退，因为老总根本不可能留一个上司的心腹在身边。至此，老黄懊悔不已，因为他一直以来的努力都付诸东流了。

对于一个勤勤恳恳的下属，本来所有的领导都应该喜欢和赏识才对。遗憾的是，老黄一直埋头苦干，却就忘记了自己应该保持正确的方向。虽然我们并不提倡一个人在职场上见风使舵，但是认清楚形势还是很有必要的。毕竟对于自己苦心经营的工作和多年来积累的资历，没有人愿意轻易放弃，重头再来。人生最宝贵的只有短暂的青春时光，如果能够认准方向在一家公司扎根很深，则无疑是值得庆幸的事情。所以朋友们，千万不要犯和老黄一样的错误。当勤奋和忠诚已经成为习惯，也不要忘记擦亮自己的眼睛，做出正确的判断。

人，当然需要勤奋踏实，才能立足于社会和职场。但是一味地埋头苦干却会使人迷失自我，失去方向，更无法及时修正方向。所谓眼观六路，耳听八方，对于现代人而言也是完全有必要的。毕竟现代社会各种情势瞬息万变，所以我们必须顺应潮流和形势，顺势而为，才能为自己的人生奠定基础，使得自己的努力得到应有的回报。

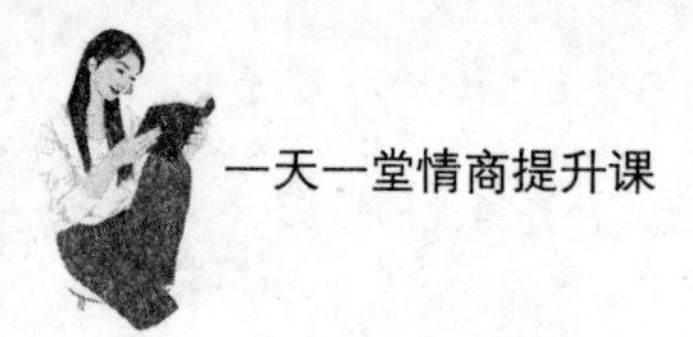

积极暗示自己，也许终有一天会美梦成真

没有人会拒绝他人的赞美。因为渴望得到他人的尊重和认可，是人性最深切的渴望。几乎每个人都希望得到他人的肯定，就算是在他人赞赏自己时嘴上连声推辞的人，心里也一定是美滋滋的，喜不自胜。所以，如果我们想要亲近一个人，完全可以以赞美的方式达成，这样才能得到他人由衷的喜爱。记得曾经有人说，如果你想要一个人变成你所期望的样子，不如就按照那个样子去赞美他吧。假以时日，你就会惊喜地发现你如愿以偿了。这就是赞美的力量，它比批评、鞭策、激励和督促，效果都更加显著。那么如果我们想改变的人是自己呢？赞美也能够产生显著的效果吗？当然。

赞美自己，从本质上来说，其实是对自己的积极暗示。例如，如果你不苟言笑，想要让自己变得更加和颜悦色，笑容满面，那么不如每天都提醒自己："我很爱笑，我很爱笑！"等到你暗示自己的次数多了，就会质变引起量变，你会发现镜子里的自己居然真的爱笑了。假如你总是很自卑，缺乏自信，你不妨每天都告诉自己："我很棒，我很棒，我很棒！"也许有些朋友并不喜欢这样的形式主义，觉得是在自欺欺人。其实，你所不知道的是，这样的形式主义的确效果显著。只要你坚持每天都这样激励和鞭策自己，你就会在若干天之后发现自己真的变得信心百倍，整个人的精神面貌也完全不同了。总而言之，积极的心理暗示对于每个人而言都是有效的，重在坚持，重在自信。

1960年，为了验证积极的心理暗示对人们的影响，哈佛大学的罗森塔尔博士来到位于加州的一所学校，进行了一项实验。当时正值新学期开始，罗森塔尔博士示意校长找来两位老师，并且让校长对这两位老师说："从你们进入学校以来的工作表现上看，我认为你们是全校最优秀的老师。为了不辱没你们的才华，今天学校经过研究决定，从全校学生中进行筛选，把最聪明的学生都交给你们来培养。这些学生智商特别高，远远超出同龄人，相信再加上你们的优秀，一定会使他们出类拔萃。"说完这些话之后，校长还在罗森塔尔博士的授

意下，叮嘱老师们千万不要走漏风声，而是要像平常一样对待学生们。看得出来，两位老师都特别高兴，一则是因为得到了校长的认可，二则也是因为得知自己的学生是智商远高于普通学生的优秀学生。为此，他们全身心地投入到教学中去，想让事实给自己的脸上增添光彩。

在充实而又忙碌的学习生活中，一年过去了。果然，这两位老师教授的班级学生成绩在全校数一数二，而且远远比其他班级的学生更加优秀。后来，校长告诉老师真相："你们并非全校最优秀的老师，你们所教授的学生也并非出类拔萃，只是因为你们自身受到积极的暗示，所以在教学方面表现出巨大的潜能而已。"

这就是皮格马利翁效应，即积极的心理暗示会对人们产生一定的影响。哪怕暗示来自于人们自身，属于自我暗示，也依然会对自身产生影响。在上述事例中，老师只是普通而又平凡的老师，学生也是普普通通的学生，只因为罗森塔尔博士的授意，校长才给他们冠以优秀、高智商的特点，最终老师们受到积极的心理暗示，因而把自己变得真正优秀，也把学生变得真正出类拔萃。

其实，每个人对于自己的人生都有所期盼。但是现实是残酷的，生活总是不能让人如意，面对生活的坎坷和挫折，人们很容易变得沮丧绝望。在这种情况下，假如人人都能给予自己积极的心理暗示，不停地告诉自己"我很棒""我是最优秀的""我非常努力"等，那么一定能够改变自己的心态，让自己满腔热情，变成自己所期待的模样。

被瞩目的感觉，让你更加努力

为了改善工作条件与外部环境等，也为了提升工厂的管理水平，在哈佛大学心理学家梅奥的带领下，心理学研究小组进驻霍桑工厂。这次心理学研究的目的是找到提高工作效率的有效途径。为此，研究小组随机抽取了六名女工作为观察对象。在整个实验过程中，研究人员相继改变工资、作息时间、工作环境等诸多与工作密切相关的因素，但是最终却遗憾地发现，这些因素和生产效率之间并没有必然的联系。尽管传统理论认为上述这些都是与生产效率密切相关的因素，但是实验结果不容辩驳。无奈之下，工厂只好请来各种专家，当然也包括心理学专家。这些专家在两年的时间里不停地与工人进行约谈，总计超过两万多人次。他们耐心地听取工人诉说对工厂的不满，或者是对管理层的意见，总而言之，工人想说什么他们就听什么，由此工人不满的情绪得到了尽情的宣泄。结果出人意料，霍桑工厂的生产效率大幅度提高。最终，专家们把这种现象称为“霍桑效应”。又经过长时间的研究，专家们最终得出结论，即人不但会受到外界因素的激励，主观上也会产生一定的激励效果。简言之，当人们意识到自己正在被他人关注或者观察的时候，就会主动地改变自己的言行举止。

实际上，霍桑效应在生活中是很常见的。在课堂，如果一位学生得到老师的提名表扬，他至少会在几天的时间里保持亢奋的状态，因为他自以为老师还在关注他，所以他表现得非常好。很多时候，这种自主激励能够持续很长的时间，因而对于这样的学生，老师只需要时不时地给予其表扬或者关注，就可以很好地激励他。即使对于成人，霍桑效应也依然非常明显。上文提到的霍桑工厂的实验，就是有力的证据。现代职场上，很多管理者都会利用霍桑效应来激励下属，效果通常很好。

需要注意的是，霍桑效应中得到的关注也许是众人的瞩目，也许只是某个我们特别在乎的人的关注。例如，台湾著名女作家三毛就曾说过，她活着一生中并非为了得到全世界的赞许，而只是为了得到父亲的欣赏。由此可见，三毛非常尊重和在乎自己的父亲，一旦得到父亲的认可，哪怕是只言片语，她也会感到无比的欣慰。

进入公司之后，作为新人，小马似乎一直默默无闻，毕竟他的工作经验有限，很多重要的项目都无力承担。有一天，小马在等电梯的时候遇到了老总，老总看到小马西服上的司徽，认出他是自己公司的职员，因而笑着说：“小伙

子，你很早啊！好好干，一定会前途无量的！”

老总这句话也许只是一句客套和寒暄，为了显得平易近人，或者只是对所有下属都会说的一句话。但是，小马听到这句话之后却非常激动，他暗暗想道：我来得早，连老总都注意到了，居然还得到了老总的表扬。以后我一定要来得更早一些，努力工作，给老总留下好印象，才能得到提拔和晋升。想到这里，他觉得自己浑身都充满了力量。果然，在接下来的一年多时间里，小马几乎每天都风雨无阻地早早去公司，比同事们更早地开始工作，这样一来，他的工作表现非常突出，居然被评选为优秀员工在年会上发言。要知道，这可是要面对所有的领导和同事的发言啊，从此以后，他就真的进入了老总的视野，老总始终不忘自己的公司里有这么一位年轻有为的人才。年会之后，小马很快就得到提拔，成为了管理者。

在这个事例中，老总原本只是与小马寒暄而已，但是小马却以为是老总对他的赏识和关注，从而在长达一年的时间里始终保持工作的积极和热情，最终成为优秀员工在年会上发表演讲。这样一来，他真正开启了自己平步青云的事业生涯，真正得到了老总的赏识和认可。这就是霍桑效应的强大力量。这种被关注的能量甚至会不断地释放出来，激励我们主动鞭策自己，努力改变自己的人生，使我们永不停歇地奔着成功而去。

对于管理者而言，霍桑效应是尤其重要的。现代企业提倡人性化管理，不赞同把人当机器一样摆弄。霍桑效应的合理运用，恰恰能够帮助管理者找到人性化的管理模式，使管理成为一门艺术，而不是僵化的教条主义。

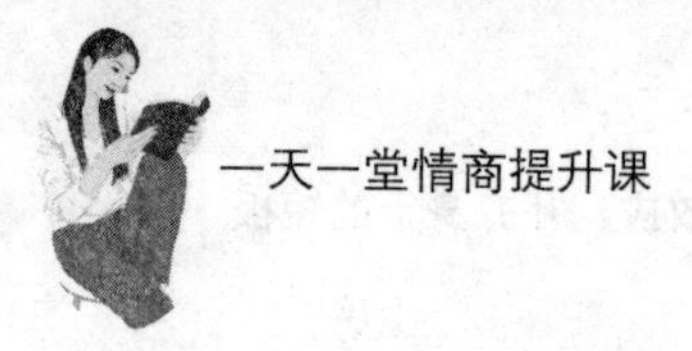

第5章 情商与智商相加，方是人生大智慧

在智商平平的情况下，如果情商很高，人生也不会太过艰难；倘若一个人智商很高，但是情商却处于低下水平，那么在这个时时处处都需要与人打交道的年代，当事者一定会生活得无比艰辛。在讲究情商的现代社会，没有情商则寸步难行。当然，一个人最大的幸运，就是既有高智商，也有高情商，唯有把智商与情商结合起来，才是人生的大智慧。

高智商就一定是高情商吗

智商高的人，情商就一定也高吗？答案是否定的。一个人即使智商很高，情商也未必能够达到正常水平，很多所谓的“天才”，尤其是那些在某个领域有独特天赋的人，在情商方面就显得很平常，甚至是处于比较低的水平。诸如大画家梵高，一生之中颠沛流离，唯独与弟弟能够合得来，在短暂的学校生活里，与同学们相处甚差，最终不得不退学。后来，梵高也是倚靠弟弟的不断接济，才能勉强为生，过着捉襟见肘的画家生活。由此可见，人的智商和情商之间没有完全必然的联系。有些人也许智商很高，在科学、艺术等某个领域造诣颇深，但是情商却很低，甚至无法做到与身边的人友好相处。这也给很多自以为高智商的朋友们提了个醒：千万不要因为觉得自己智商高，就不把他人放在眼里，对他人不以为然，因为也许他人的情商高得足以当你的老师呢！

从概念的角度进行解析，智商是人的智力指数。智商高的人，不但能够认识客观事物，并且能够运用自己已经掌握的知识解决问题。相比之下，情商则是人的情绪智力，关系到人的情绪和情感方面的诸多表现。对于任何人而言，只有智商或者只有情商都是远远不够的，只有智商和情商兼备，才能更好地发

展自我。不过，智商和情商也并非是完全对立的。数十年前，人们重智商而轻情商，直到近年来，情商才被提升到前所未有的高度。实际上割裂智商和情商的做法并不明智，唯有把二者结合起来，才能最大限度地发挥它们的作用。

作为单位里的首席设计师，琳达设计的很多建筑作品都很有灵气，看起来就像是妙手偶得的天工之作。为此，领导很看重琳达，想把她提拔上来，当项目负责人。然而，琳达对此却没有自己的主见，她觉得只要能够让她随心所欲地设计建筑作品就好，至于名利权势，她根本不放心上。

琳达越是这样的态度，领导反而越是赏识她，因而很快就把她提拔为项目负责人了。从此之后，琳达还需要对手下的七八名设计师负责，带着他们一起创造辉煌。然而，新官上任三把火还没烧起来，琳达就得罪了七七八八的下属。原来，下属们看到新领导上任，都等着新领导请客呢，因为公司惯例历来如此，几乎每位新官上任都会请下属们好好吃一顿，乐呵乐呵，加深感情，也有利于未来工作的展开。不想，当助理委婉提醒琳达应该请客时，琳达不以为然地说："为什么要请客？我还没有看到他们的工作表现呢，难道就要先行奖励？"助理尴尬地笑了，说："不是奖励，就是庆祝您新官上任，也顺便和大家加深感情。"琳达继续油盐不进，说："哦，那就不必了。因为我完全没有必要收买他们的心，我的工作能力会告诉他们我值得他们追随……"听到这里，助理无话可说了，只好简单地向等着好好吃一顿的设计师们传达了琳达的意思。次日琳达开会时，设计师们个个无精打采。当然，是否吃饭并非最重要的，最重要的是他们嗅到了琳达难以相处的气息。

只是一顿饭，琳达却很较真，她就是典型的智商高、情商低的职场女强人。这种人很适合做技术人才，但是未必适合成为团队管理者。假如琳达能够想到一顿饭导致的距离，也许不等到助理提醒，自己就会主动请大家胡吃海喝一顿了。生活中有很多高级知识分子都像琳达一样，在技术技能、专业领域内，都表现得出类拔萃。但是他们的生活能力却很差，尤其是与他人相处的能力，往往更弱。这直接导致他们的人际关系一般，有些高智商的人甚至需要依靠家人的照顾，才能正常生活，否则就会把生活搞得一团糟。

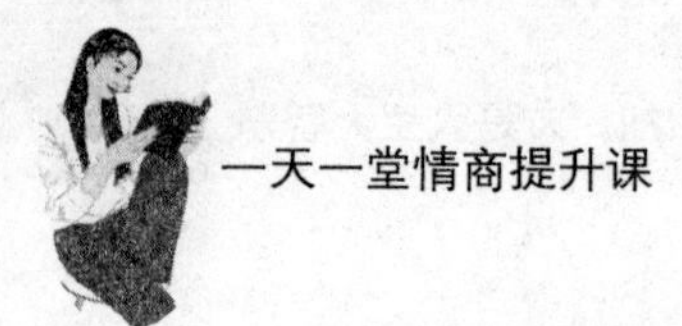

总而言之，智商与情商虽然是各自独立的，但是并不彼此对立。作为普通人，我们既然没有天才那样的天赋，就应该努力培养自己的情商。这样，智商和情商才能互相弥补，为我们的成功奠定基础。

天才和白痴之间，到底差别在哪里

对于那些独具天赋的天才，每个人都会很羡慕，因为天才的特殊才华使得他们几乎在某个领域得心应手，甚至不需要付出特别的努力，他们就能在该领域出类拔萃，引人注目。现代社会生存压力如此之大，每个人都梦想着自己具有某个方面的特殊才华，却最终发现自己资质平平，毫无成为天才的天赋。和天才相比，白痴无疑非常可怜。一提起白痴，人们就会想起白痴的模样，那样活灵活现地浮现在眼前。无疑，谁也不想成为白痴，人人都想成为天才。

的确，社会发展到今天，天才的才华给予社会各个方面以巨大的推动力。例如，贝多芬的音乐才华，爱迪生发明的独特能力，莱特兄弟对于飞行的热爱，还有各个国家出类拔萃的领袖和统帅等，他们无一都是有着特殊能力的天才。假如没有他们，整个社会的发展都会相对滞后。不过，这些人并非都是十全十美的，他们之中既有高智商高情商的一呼百应者，也有高智商低情商的书呆子。如果说高智商高情商者是天才，高智商低情商者则是生活中的白痴。从这里不难看出，天才和白痴的距离很小，在智商处于相同水平的情况下，只在于情商的高低之分。

在美国热播后又风靡全球的《生活大爆炸》中，有四个“天才白痴”。其中，谢尔顿无疑是四个人中智商最高的，他的智商值高达187。谢尔顿因为智力突出，因而按部就班的学校教育已经不能满足他的需求。所以，他在11岁的时候就开始读大学，只有15岁就已经成为客座教授。和他的高智商形成鲜明对比的是，他的情商简直低到了尘埃里。他特别自以为是，自认为是全世界最聪明

的人，而且觉得自己无所不能。为此，他坚信自己永远是对的，对于他人的任何质疑都不以为然，还会经常毫不掩饰地说出自己的想法，同时又还不客气更不留情面指责他人的错误。他还很喜欢强迫别人都听从他的安排，自己却从不在乎他人的想法，一味地按照自己的意愿行事，从不考虑和顾及他人的感受。虽然他在电视节目中给无数的观众带来了欢笑，但是他在剧中的同伴却对他难以忍受。倘若把这样的一个谢尔顿放到我们之中的任何一个人身边，相信也没有人会愿意吧！

现实生活和喜剧效果之间是有距离的，当我们坐在电视机前因为“谢尔顿”笑得前仰后合时，却根本无法接受他成为我们现实生活中的同伴。因为这样的一个同伴意味着无数的麻烦和烦恼，也意味着数不清的尴尬和难堪。尽管人们通常把智商高的人成为天才，但是真正的天才是智商和情商双修的。假如一个人有着超高的智商，情商方面却极其低下，那么我们不妨称其为“白痴天才”，这个称呼是很贴合他的实际情况的。由此可见，天才和白痴仅仅一字之差。尽管“白痴天才”也是“天才”，但是永远也不可能得到天才的光环。因而，朋友们，正因为我们不是天才，就更应该努力提高自己的情商，千万不要让自己与“白痴”二字扯上任何关系。

情商与智商相辅相成，才算大智慧

现代社会，智商低的人往往无法获得生存的技能，或者说技能低下。如果他的情商还比较高，那么至少在为人处世方面能够得心应手，也可以做管理、行政等工作。与此恰恰相反，假如一个人智商很高，有着高学历，知识渊博，技能高超，在工作上总是出类拔萃，但是偏偏情商很低，也就导致他虽然专业技能很强，但是为人处世的能力薄弱，他在现代人际关系复杂的职场上就玩不转，最终导致无法得到长足的发展。这就是低情商对人的限制作用。所以，现

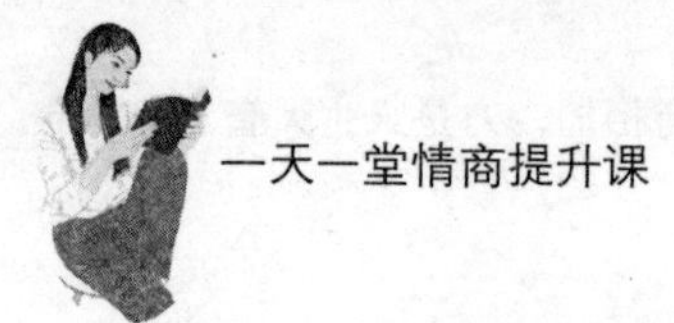

代社会不管是智商还是情商，都缺一不可。一个人只有把智商和情商相提并重，才能算是真正有智慧的人，也才能做到在生活和工作中两条腿走路，互不耽误。

现代社会，竞争越来越激烈，这就像是在奥运会的竞技场上，一个真正优秀的运动选手，不但要为自己赢得冠军，而且要不遗余力地表现，尽自己的一份力量，争取为团体赢得冠军。生活也是如此要求我们每个人的，遗憾的是，往往聪明的人多，拥有大智慧的人却少之又少。那些喜欢要小聪明的人总是插科打诨，油嘴滑舌，根本不懂得智慧为何物。所谓真正的大智慧，指的是人们遇到重大事情，尤其是突发紧急情况时，能够沉着应对，冷静处理，从容不迫。毋庸置疑，大呼小叫是一种低劣的能力，只有时刻保持镇定自若，才算是真正的大智慧。

很久以前有个老奶奶，她的智商很高，虽然已经六十多岁了，但是经常帮助两个儿子做生意出谋划策。老奶奶的大儿子是卖伞的，每当阴雨天气，大儿子的店里很忙碌，老奶奶总是赶过去帮忙。老奶奶的二儿子是染布的，众所周知，布需要阳光的晾晒，因而每到天气晴朗的日子，老奶奶就去帮助二儿子晒布。有的时候，老奶奶想出来的花色还非常受欢迎呢！不管是晴天还是雨天，老奶奶忙忙碌碌的，然而，总是很忧愁的样子。有一天正在下雨，大儿子又看到老奶奶闷闷不乐的模样，纳闷地问："妈妈，你是有什么心事吗？为什么如此闷闷不乐呢？"老奶奶忧愁地说："虽然下雨天你的生意很好，但是你弟弟的染坊就得关门了。"大儿子有些误解了老奶奶的意思，说："难道你天天盼着晴天，那我的雨伞还卖给谁呀？"老奶奶赶紧说："当然不是啦。每当天气晴朗的日子，虽然你弟弟那里开工方便，但是你这里的雨伞又滞销了，我照样很担心啊！"大儿子这才了解了老奶奶的心思，因而笑着说："妈妈呀妈妈，你这样天天闷闷不乐，为什么不换个思路考虑问题呢！你想想啊，你的两个儿子，一个在晴天挣钱，一个在雨天挣钱，这说明咱们家里不管是晴天还是雨天都有钱挣啊，这多好啊，没有一天没钱挣，这还不值得你高兴吗？"大儿子的话似乎也有些道理，老奶奶仔细思量之后，不由得笑了。从此，她由担忧转为

开心了。

事例中的老奶奶非常能干，六十多岁的年纪还整日奔波为儿子们的生意忙碌，然而她的心情却很低落，原来每到阴雨天她就惦记二儿子的染坊，每当晴天又惦记大儿子的雨伞生意，因而每天都郁郁寡欢，闷闷不乐。实际上，只要改变一下思路，从积极的方面看待问题，就像大儿子说的那样去思考，心情马上就会好转起来。归根结底，人生不可能处处都如意，我们要学会安慰和平衡自己。

如果空有高智商，遇到事情的时候不能开导自己，导致心情低落，忧郁悲伤，人生就一定不会得到快乐和幸福。所谓人生不如意十之八九，我们唯有打开心胸，更加豁达宽容地接纳生活赐予的一切，才会成为真正有大智慧的人。

情商是天生的，还是后天养成的

曾经，人们以为智商是天生的，是由遗传因素决定的，根本不可能改变。最终，科学研究证实与智商相关的很多因素都是可以经过后天的培养不断提升的，诸如记忆力、观察力、理解力等，由此证明了智商也是可以提高的。一个人是否聪明，并非取决于出生的那一刻，而有一部分是天生的，除此之外，还有很大的发展和发挥空间。面对这样的情况，只要不是真正的智力低下者，每个人都应该努力提升自己，提高自己的智商，给予自己更大的发展空间。人们常说只要是用钱能够解决的问题就都不是问题，其实只要是勤奋努力能够解决的问题，在我们的人生之中也应该不是问题。

既然智商可以提高，作为智商的好兄弟、姐妹花，情商当然也是可以提高的。现实生活中，很多人都张嘴就得罪人，遇到芝麻绿豆大的小事就如同火药桶子般炸起来，还有些人表情阴郁让人觉得难以接近，或者好心办坏事，出钱出力还不落好……诸如此类的种种，都是情商不高的表现。细心的人会发现，这些表现并非都是与天生有关的，诸如语言能力、待人处事的能力、与人相处的能力，实际上都是与后天的培养密切相关的。就算是脾气不好，情绪暴躁易怒，也可以通过后天锻炼不断地控制自己，循序渐进地改变自己，最终使暴脾气得以改善。由此可见，情商虽然也有部分是天生的，诸如有些人天生心思细腻，总是很会照顾他人，常常得到他人的认可和赞赏，但是也有相当一部分行为表现都是后天逐渐养成的。朋友们，假如你们觉得自己情商不高，千万不要沮丧，或者破罐子破摔。只要做一个有心人，只要坚定信心改变自己，我们就一定可以提高自己的情商，让自己的人生更加顺遂如意。

在大学宿舍里，慧心是个不折不扣的炮仗，她不但脾气不好，性格急躁，说起话来也像是开机关枪，不但语速快，每个字都像是子弹一样直接射入舍友们的心里，使舍友们听了之后总觉得难受。到底是为什么呢？原来慧心是典型的不会说话。诸如舍友们正在议论小敏刚买的衣服是否好看，慧心就会直截了当地说："这件衣服真不好看，穿上跟大妈似的！"最终，小敏除了给慧心一个白眼之外，还能怎么办呢？

有一次，舍友们商议着国庆节一起出去玩的事情。大家你一言，我一语，都争相推荐自己的家乡。这时，娜娜突然说："慧心，我记得你家就在黄山脚下啊，要不咱们去黄山吧，还可以去你家做客！"慧心丝毫没有因为自己的家乡被提名而高兴，反而不以为然地说："去黄山当然可以，不过去我家做客，我可不会做饭啊！我爸妈工作都很忙。"其实，慧心的本意是让大家自己解决做饭的问题，但是话从她嘴里说出来就变了味，娜娜生气地说："放心吧，我们不会去你家蹭饭的，难不成还饿死了么！带着钱，走到哪儿吃到哪儿，谁稀罕吃你家饭呢！"原本舍友之间愉快的交流，就这样被慧心搅和了。后来，舍友们都不愿意和慧心多说话了，因为害怕不知道慧心会抛出哪句话来把人噎死。看到自己人缘越来越差，慧心也意识到自己语言表达有问题。利用学习之余的时间，她参加了一个语言提升课程，几个月之后，果然在语言表达方面大有改观，人际关系也渐渐好转。

因为语言表达时词不达意，经常引起他人的误解，所以慧心的人缘也越来

越差，这严重影响了她的学习生活。幸好慧心及时发现自己的问题所在，而且采取了积极的措施改变自己，最终及时提升自己，也缓和了人际关系。

在人际交往中，情商主要表现在控制情绪和处理问题的方面。无疑，的确有些人在这两个方面独具天赋，使他们在人群之中总能如鱼得水，没有丝毫的不适应或者心有余而力不足的情况。对于这两个方面都有欠缺的朋友，不妨多多学习关于人际交往的技巧，从而更好地提升自己，完善自己。

端正心态，不要对情商有偏见

提起情商，很多人都对此不以为然。尽管无数学者专家如今都很关注和重视情商，但是依然有很多朋友们对情商怀有偏见。我们不得不再说一次，情商是情绪智力，拥有高情商的人才能够更好地感知自己，控制自己的感情和情绪。假如一个人情商很低，他的生活一定会受到方方面面的影响，甚至还会给事业的发展带来困扰。笼统地说，情商与专业技能等的学习关系不大，但是与为人处世、待人接物、自我认知等方面关系密切。我们每个人都应该端正心态，正确对待情商，意识到情商对于人生的重要意义。当我们主动自发地提高情商，进行情商的相关训练后，我们的人生也会相应地发生积极的改变。

要想改变情商，首先必须端正态度，消除对情商的偏见。其次，拥有健康的心理状态，是进行一切社会活动的基础。要想提高情商，每个人都必须使自己的心理健全，让自己能够坦然面对人生中的磨难和困境，培养坚定的毅力，帮助自己从容不迫地面对身边诸多的人和事。生活中，各种困难和意外总会不期而至，唯有良好的心态，才能让我们更从容。当然，任何精神层面需求的满足，都离不开物质作为基础。要想端正心态，提高情商，拥有健康的身体也是必不可少的。现代社会很多人都缺乏健康的作息习惯，动辄熬夜，喝咖啡，还有一些人酗酒，再加上沉重的生活和工作压力，往往使人难以承受。在这种情

况下，良好的心情和舒缓的情绪几乎不可能拥有。因而，我们在提高情商时应该从生理方面着手，为提高情商做好万全的准备，这样才能收到事半功倍的效果。

在单位里，张工无疑是技术最强的。不管机器遇到什么疑难杂症，张工都能马上找出症结所在，及时解决问题。为此，隔三差五地就有工人来求教张工，诸如他们负责的机床又有哪个地方不好用，或者诸如此类的问题。这个时候，张工的架子都很大。他每次都是高兴了才给工人修理机器。因为也不是他分内的工作，不高兴时，他就对工人爱答不理。

有一天，八级焊工拉弟的机床出问题了，怎么修理也还是有偏差，无奈之下，拉弟只好来求教张工。张工平日里不太喜欢风风火火的拉弟，所以不以为然地说："你呀，坏了找维修师傅啊，我忙着呢，没时间管你的事情。"拉弟不知所以，说："很多人的机器出现疑难杂症，不都是你给修理的么！"张工毫不掩饰地说："对，但是我就是不想给你修。我技术好，我愿意帮谁就帮谁！"拉弟是个寡妇，还一个人拉扯着几个孩子，平日里都泼辣惯了，因而马上毫不客气地说："张工，你是狗眼看人低是吗？怎么，是因为嫌弃我是个寡妇所以才不帮我的呢，还是觉得看我拖累着几个孩子没有油水给你揩！"拉弟的话很难听，张工也一下子火了。最终，这件事闹大了，厂领导知道之后，对张工说："老张啊，你既然能帮那么多人，帮一下梁拉弟又如何呢！她一个寡妇带着好几个孩子，日子艰难，每天没日没夜地干，你也要体谅她啊！你技术虽好，情商也要高一些啊！"张工却说："我智商高就行了，情商高有什么用！难道情商高就能把机器修理好吗？"从此之后，张工虽然技术很高，但是因为故意刁难拉弟，所以在厂子里的口碑并不很好。这也直接影响到他在厂子里的工作，使他后悔莫及。

一个人在职场中，不但要有学历，有技术，有能力，也要有高情商，处理好人际关系。很多事情，不当的处理方式不仅会对当事人产生负面作用，也因为人是生活在群体中的，所以每个人的一举一动都看在他人眼中，也不得不接受他人的评判。所以，每个人都不可能完全按照自己的意愿去生活，即使是

对于自己能够决定的事情，也要考虑到他人的感受，这样才能避免因为情商过低，授人以柄。假如张工在帮了那么多人之后，能够考虑到拉弟的现实情况和感受，也许就不会故意刁难拉弟，也能为自己在厂子里树立了良好的正面形象。

很多人觉得情商就是阿谀逢迎、拍马溜须，只会说好话，不会说难听的话，有的时候还要虚伪矫饰。其实情商并非是如此不堪，高情商能够帮助我们与他人处理好关系，即使是对于难以表达的话，也能说得更加入耳，从而打动人心，把话说到他人的心坎里。

精神，是人类永远的家园和栖息地

每个人从出生开始，就行走在黄泉路上，由此也就注定每个人都是生命的过客，而无法成为这漫漫红尘永久的居留者。这句话乍听起来未免有些消极悲观的意味，细细品味，却发现它道出了人生的真谛。虽然马斯洛的需求层次理论中，把衣食住行归为人类最低级也是最急需满足的需求，但是现实情况却是，人类永远在追求精神的栖息地。

现代社会，虽然情商被越来越频繁地提及，貌似被提高到一个前所未有的高度，但是现实情况却是，依然有很多人情商太低，而且也不懂得情商的重要作用以及对人生的深远影响。由于生活的节奏越来越快，工作的竞争也日趋激烈，几乎每个现代人都承受着巨大的压力。就连小学生在内，也是日日辛苦地学习，每天都在为如何提升自己的学习能力和学习成绩而忙碌。等到进入大学，再到踏上工作岗位，人们也依然把重心用在提升专业技能，提高自身的职业素养上，却完全忽略了情商对于生活和工作的重要的影响，甚至在某些方面还会起到决定性的作用。既然如此，何不让我们来一场精神之旅，提升情商，从而让生活和工作多一些顺利，少一些坎坷呢！

自古以来，无数的文人墨客都在追求精神的家园。精神，是人类永恒的栖息地。一个人只有精神上获得平静，找到归宿，才能得到永久的栖息。否则，人是永远不会安宁的。现实社会中，每个人都是一个独立的个体，每个人不但身材相貌不同，脾气秉性、性格特点、各种价值观也都各不相同。这也就注定了整个世界熙熙攘攘，人与人之间既亲密，也有着无形的遥远距离。与此同时，因为每个人的需求和欲望也不同，最终每个人的追求也完全不同。如此说来，大凡能够找到精神栖息之所的人，都是精神上无比强大的人。他们因为找到了自己的精神家园，所以在面对人生中的任何艰难处境时，都能平静淡然。

毋庸置疑，任何人的一生都不会一帆风顺。假如在艰难坎坷的境遇面前难以保持平静的心态，动辄就情绪激动，就像被点燃了的炮仗，那么最终生活很难得到平静。所以每个人都应该及时调整好自己的心态，回归自己的精神家园。唯有如此，我们才能像投入母亲怀抱的孩子一样，享受安全、安心和安静。开始一场精神之旅，找到我们的精神家园，还能帮助我们摒弃那些不切实际的梦想。有些人对自己认识不足，总觉得自己非常伟大，有的人甚至达到了自负的程度。这样的人是很难获得平静的，因为一个人如果有着三分能力却要干十分能力才能干成的大事，难免会为此苦恼，甚至陷入深深的挫败感中。由此可见，我们必须从认识自己的优缺点开始，深入地了解自己，评价自己，从而帮助自己获得成功。

回归精神的家园，我们才会享受到内心的宁静平和。当然，未必这样的人就是怯懦的。正因为认识自己了解自己，所以如果能够客观分析和评价自己，为自己制定切实可行的目标。要知道，目标定的太高，会让人产生挫败感，甚至直接放弃；目标定得太低，又会因为缺乏挑战性，导致无法激发人们的潜能。只有恰到好处的目标，才能最大限度地激发我们的能力，让我们通过努力就可以成为自己所期望的那个人。

朋友们，不要逃避，不要畏缩，从现在开始努力奔向自己的精神家园吧！只要我们坚持过，努力过，我们就能坦然回归那永远属于我们的家！

只要愿意，你也可以成为情商大师

很多人在抱怨自己情商太低的时候，往往把责任推到父母的身上，说自己之所以情商低，就是因为父母没生好，更没有教育好。其实，情商不仅仅取决于先天，而很大程度上取决于后天的努力。我们每个人都应该客观评价自己的情商高低，并且主动省察自己的情商有哪些需要提高和改进的地方。要知道，一旦情商提高，也许我们人生的困境就会豁然开朗，甚至对于我们一直努力攻坚的专业技术领域，也会起到意想不到的良好效果。所谓磨刀不误砍柴工，可以说提高情商对于提高智商同样有辅助作用。

其实，只要愿意，我们也可以成为情商大师。通常情况下，那些在情商上有突出表现的人，无一不是心思细腻的人。他们很善于控制自己的情绪，很少犯歇斯底里的错误，也能够体贴入微地为他人着想，给予他人良好的交往体验。只要用心，我们总能成为受人欢迎的人，情商也会在不知不觉中得以提高。

大学毕业后，夏利进入这家公司工作。因为是应届大学毕业生，没有任何工作经验，所以夏利的工作面临着举步维艰的状况。不过，夏利很机灵，他的嘴巴很甜，对于公司里的前辈们都非常尊重，而且不是叫哥哥，就是叫姐姐，很快就把他们都哄得开开心心的。尤其是有事情需要求教或者帮忙时，夏利则更加发挥出他的高情商。今天，夏利刚好有个表格不会做，因而拿起提前准备好的巧克力，来到前台小马那里，说："马儿马儿，要吃草吗？"小马高兴地看着夏利，心情很好的样子。夏利把巧克力送给小马，又说："美女，能不能帮帮我呢？你要是不帮我，我今天到下班也做不完表格。当然，我不用你帮忙做，你只要告诉我怎么做就行了，就当我的老师吧，好吗？"对于一个年轻的小帅哥如此的请求，小马怎么会拒绝呢！就这样，当很多和夏利一样初入职场的新人都在面对工作的僵局发愁时，小马很快就打开僵局，也为自己的工作打开了新局面。

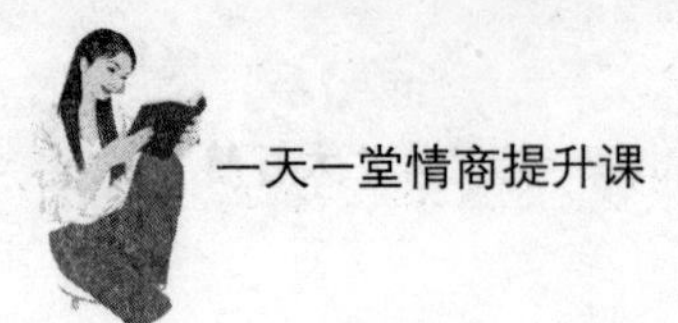

每个人都可以成为高情商的人，也可以成为人际交往中的社交达人，前提条件就是一定要多多站在他人的角度考虑问题，尤其是请求他人帮助时，要注意措辞，把话说得好听一些。这样一来，别人才能心甘情愿地帮助我们，在这样的礼尚往来中，你与他人的关系也才会变得更加亲密，岂非一举两得吗?

尤其是现代职场，人际关系非常复杂，能否处理好人际关系，对我们的职业前途起到很大的影响作用。假如你不想成为被大家冷落的人，假如你想得到更多同事热心的帮助，不如从现在开始就像夏利学习吧，相信你只要把细节做到位，即使是资历很老的同事也会很喜欢你，会对你另眼相看的!

第6章 名人的情商故事，深入阐释高情商

关于情商，名人也有很多轶事。假如能够多多参考名人的经历，我们就可以帮助自身更深入地了解情商，剖析自己，从而提升自我，完善自我。总而言之，不管是名人还是普通人，每个人的成长都离不开情商。既然情商对于我们的人生如此重要，不如从现在开始就当机立断，走近情商吧！

洛克菲勒与律师的故事

在审理一场案件的法庭上，为了激怒洛克菲勒，对方的律师居心叵测，问题接二连三，一个又一个地气势汹汹而来。但是作为石油大王显然也不甘示弱，洛克菲勒根本没有中对方律师的圈套，而是始终保持淡定从容。即使对方律师不怀好意地侮辱他，中伤他，他也时刻提醒自己不要情绪失控。

当时，大家都在威严的法庭上，不仅要面对法官和陪审员，还要在聚光灯下被那些闻讯赶来的新闻记者拍来拍去。最重要的，法庭上还有很多普通的群众，可想而知，在如此庞大的阵势下，面对对方律师的咄咄逼人，洛克菲勒非常努力地控制自己，才避免了情绪失控的状况发生。不得不说，洛克菲勒的情绪自控能力是超强的。假如换做旁人，也许早就忍无可忍地爆发了。可见，这位大名鼎鼎的石油大王不仅财商超人，情商也毫不逊色于任何人。面对对方律师的故意责难，他丝毫没有表现出心情不好的样子，而是暗暗告诉自己：我只有战胜自己的怒气，才能揭穿对方律师的阴谋。就这样，即使对方律师绞尽脑汁地刺激他、侮辱他、挑战他，他都能泰山崩于前而色不变，始终保持面带微笑，似乎对方律师所说的一切都与他毫无关系。最终，这场官司变成了对方

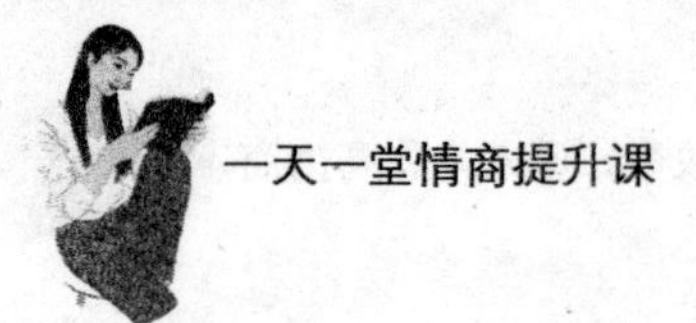

律师一个人的独白，对方律师的恶言恶语就像拳头打在海绵上，没有丝毫的回应。渐渐地，对方律师没有激情和兴致继续表演下去了，居然情绪越来越糟糕，最终失去控制，导致言不由衷地吐露真相。就这样，真相不言自明，洛克菲勒不费一兵一卒就赢得了这场官司。

在这场著名的官司中，洛克菲勒对付对方律师的招数就是以静制动。如果从心理学的角度来说，这无疑是一场心理战术。对方律师刚开始时剑拔弩张，后来情绪越来越激动，越是看到洛克菲勒毫无反应，他就越是感到亢奋，最终情绪的弦被崩断了，他的精神世界也随之崩塌。在失控的状态下，他居然不小心说出了真相，最终直接导致自身的失败，反而被一语不发的洛克菲勒赢得了官司。

从情商的角度而言，洛克菲勒就赢在对情绪的控制上。面对对方律师的居心叵测、恶言恶语，他始终没有表现出激动不安的样子。相反，他镇定自若，就像看跳梁小丑一样看着对方律师蹦来蹦去，独自表演。洛克菲勒越是镇定，对方就越是不安，最终对方发出来的所有力量和打击都回弹到他自己身上，结局可想而知。

任何时候，情绪都有双面的作用，或者起到正向积极的作用，督促我们更好地处理问题；或者起到负面的作用，使人情绪失控最终把事态推向更加不可收拾的地步。如果能够控制住自己的情绪，激发他人的情绪不受自身控制，则很多对决就能轻易获胜。所以说要想战胜他人，先从战胜自己的怒气开始吧！

米伽尔教授的软糖实验

米伽尔是美国斯坦福大学的心理学专家，在心理学方面颇有造诣。1960年，为了研究自控力对人生的重要影响，米伽尔教授进行了著名的软糖实验。

实验当天，米伽尔教授带着一群四岁大小的孩子来到一个空荡荡的房间里，并且拿出很多五颜六色的糖果，分别给每个孩子都发了一颗糖果。随后，他告诉孩子们："我现在有事情需要离开二十分钟，我希望你们能够等到我回来再

吃糖果。假如你们现在就吃掉，就无法得到奖励。假如你们等到我二十分钟之后回来再吃，我会再奖励你们一颗糖果。”米伽尔教授的话音刚落，有些孩子就迫不及待地剥开糖果，吃了下去。与他们恰恰相反，还有些孩子陷入深思之后，最终决定等待教授回来。此时此刻，他们不知道教授正躲在他们看不见的地方观察他们，看得出来，糖果对于他们的诱惑力还是很大的。但是他们坚决要等到教授回来，有的孩子一直默不作声，忍受欲望的煎熬；有些孩子则垂下头自言自语，似乎正在说服自己；还有些孩子索性走下座位，来来回回不停走动，企图以此来转移自己的注意力。看到孩子们的表现，米伽尔教授陷入沉思。最终，在等待了漫长的二十分钟后，这些孩子如愿以偿地盼来了米伽尔教授，教授信守承诺，的确又给他们每个人一颗糖果。孩子们得到了应得的奖励，全都非常高兴。

实验的阶段性结果一目了然，有些孩子禁受不住诱惑急不可耐地吃了糖果，有些孩子则坚定不移地想出各种办法帮助自己度过难熬的二十分钟，但是实验却并没有结束，真正的结果也远远没有到来。此后，米伽尔教授一直在追踪这些孩子，十年后发现那些着急吃掉糖果的孩子非常固执，缺乏自控力，而能够控制自己且得到两颗糖果的孩子，则显得更加有韧性，对于人生也有明确的规划和目标。最重要的是，他们的自控能力很强。这才是实验的最终结果，那些善于等待且能够主宰自己行为的孩子中，成功的比率更高。

每个人天性就是喜欢吃甜食，不管是孩童还是成人，几乎每个人对于甜食都不可抗拒。尤其是对于相对缺乏自制力的孩子而言，糖果对他们的诱惑力是很大的。面对糖果，几乎所有孩子都垂涎三尺，但是他们之中却不乏有些孩子选择了等待。对于年仅四岁的孩子而言，二十分钟也是很漫长的时间，尤其是在面对糖果诱惑的情况下。因而那些能够坚持到教授回来才吃糖果的孩子，无疑都是自制力很强的，也更具有耐心和坚定不移的性格。

也许，仅仅是软糖实验的结果并不能代表所有的规律，但是我们至少可以从米伽尔教授的实验中得到一定的启迪，找到孩子成长过程中的规律。假如你觉得自己也是缺乏自制力的人，不如从现在开始，努力成为欲望的主宰吧！一个人，只有战胜自己，才有可能征服世界！

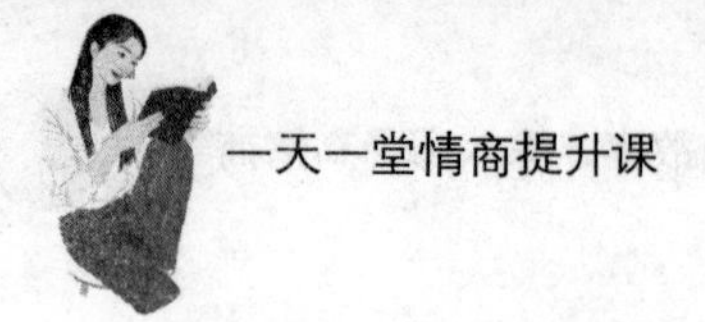

罗斯福战胜病魔

作为美国历史上最伟大的总统，罗斯福在任职期间可谓功勋卓著。当美国遭受经济危机的冲击时，罗斯福挺身而出，带领美国人民走出经济危机的困境。在“二战”期间，罗斯福还带领美国人民全力投入到战争当中，最终取得了反法西斯战争的伟大胜利。在所有人的心目中，罗斯福都是一位文韬武略、深谋远虑的杰出政治家和伟大领袖，这与他顽强的精神是密不可分的。

1920年，罗斯福在参加总统竞选失败之后，去游泳池游泳，在游泳的过程中突然觉得双腿麻痹，无法动弹。最终，他被医生诊断为脊髓灰质炎，也就是我们平日里所说的小儿麻痹症。就这样，罗斯福突然从一个活蹦乱跳的壮年人，变成了一个无法自主行动的残疾人，这个打击对于任何人而言都是难以接受的。罗斯福也为此陷入深深的绝望之中，甚至觉得自己的人生彻底失去了希望。然而，生命终究要继续往前走，罗斯福痛定思痛，最终决定接受现状。凭着顽强的意志，罗斯福重新燃起对生活的信心，他在瘫痪期间一边积极配合医生治疗，一边勤奋努力地看书，学习知识，思考各种问题。他告诉自己：“不管情况多么糟糕，我都坚决不能放弃！”就这样，罗斯福始终百折不挠，不管遭受多少辛苦，都从不放弃。他最终战胜了病魔，跨越了精神上的痛苦和绝望，于1932年的总统竞选中胜出，成功担任美国总统。此后又在1936年、1940年和1944年连任总统，成为美国历史上迄今为止唯一一位连任四届总统的人。

罗斯福在人生沉痛的打击面前，没有丧失斗志，虽然也曾绝望过、迷惘过，但是最终他还是告诉自己一定要战胜困难，突破自我。最终，罗斯福创造了人生的辉煌，成为美国历史上唯一一个连任四届的美国总统，在美国历史上写下了浓墨重彩的一笔。

从罗斯福身上，我们看到了一个男人应该具备的坚毅和勇敢。并非面对歹徒无所畏惧才叫坚毅，无所畏惧命运的捉弄，才是真正的强大。这种强大，是一种发自内心的力量，它透露出勇敢无畏，透露出对生命的执着热爱。朋友

们，也许你们的命运比罗斯福更加悲惨，也许你们的命运比罗斯福好得多。不管是怎样的情况，我们都应该向罗斯福学习，与厄运搏斗，永不放弃，努力创造人生的辉煌！

细心的朋友会发现，古今中外，有很多伟大的人物都曾经遭受过困厄，但是他们最终之所以能够青史留名，就是因为他们即使处于人生绝境，也坚决不放弃，有战胜困难的勇气。任何时候，笑到最后的人才笑得最好，才最美丽。与其抱怨命运的不公平，不如从现在开始竭尽全力改变命运吧！心若在，梦就在，心若在，人生才有永不熄灭的希望之光！

曼德拉的语言艺术

作为南非的首位黑人总统，曼德拉的人生堪称波澜壮阔，跌宕起伏，步步惊心。在担任总统之前，曼德拉曾经当过律师，因为参与领导反种族隔离运动，被人诬陷获罪，锒铛入狱。他在监狱中整整度过了二十七年的时光，这无疑是人生中最难捱的时光。直到1990年，曼德拉才被从监狱中放出来。后来，他抓住契机领导南非解放，成为南非的领导人。曼德拉传奇而又坎坷的人生经历，和他的坚忍不拔是密不可分的。不管政治局势多么动荡，他都始终坚定不移。正是这份坚持，让他最终收获了精彩辉煌的人生。不过，曼德拉尽管一生坎坷，却始终积极乐观。他的幽默，给人们留下了深刻的印象。

2000年，有些人别有用心，把南非警署总部办公大楼的办公室里所有电脑开机之后的曼德拉图片，变成了大猩猩的模样。这个图片让工作人员非常气愤，要知道这可是带有种族歧视意味的。为此，南非的民众也都非常生气，因为侮辱他们的国家领导人无异于侮辱他们。不想，曼德拉得知这件事情后，非但没有生气，反而笑眯眯地和大家说："这有什么关系呢！"没过几天，曼德拉去某地参加选举投票，当工作人员拿起他的身份与本人核对时，他更是自我

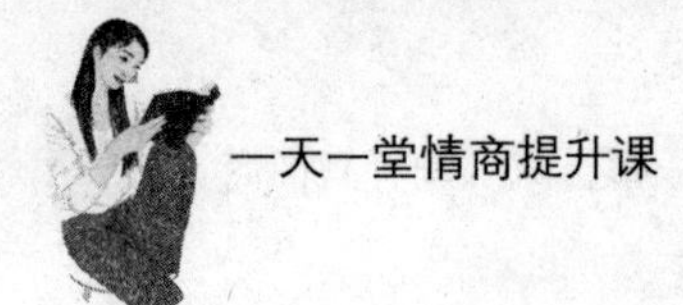

调侃："难道我真的长得像个大猩猩吗？"曼德拉的话让大家全都忍俊不住地哈哈大笑起来。后来，他出席一所学校的竣工典礼，依然没有忘记大猩猩事件，在演讲的时候告诉孩子们："你们的校园简直太漂亮了，连大猩猩都为你们感到高兴！"

一个国家元首被人以"大猩猩"的形象恶搞，对于很多人而言，这都堪称侮辱，是难以接受的。不过，曼德拉很清楚，用别人的错误惩罚自己是很傻的行为，因而他自始至终都没有因为这件事情生气或者发怒，而是常常用自我解嘲。曼德拉的幽默，不但很好地平复了自己的心情和心境，也活跃了现场的气氛，给其他人带来了轻松愉悦。幽默的力量是不容忽视的，曼德拉恰到好处地运用幽默更彰显出他独特的人格魅力。

幽默，是一种能力。在西方国家，人们对于幽默的能力尤其重视。很多情况下，公司招聘员工要求懂幽默会幽默，女孩子在寻找人生伴侣的时候也往往要求对方幽默。不得不说，幽默是人际相处的润滑剂。在很多尴尬的情况下，如果我们恰到好处地幽上一默，则一定能够马上调节气氛，给原本陷入尴尬之中的人们带来愉快的笑声。朋友们，你们会幽默吗？如果不会，不如从现在开始就努力提升自己的这种能力吧。因为幽默的能力是可以后天培养的，当然，前提是我们必须真诚善良，没有恶意，才能以幽默打动人心！

具有反思精神的爱因斯坦

唐朝盛世，在全世界范围内都尽人皆知。作为贞观之治的开创者，唐太宗李世民当然也千古留名，受人敬仰。唐太宗为何能够把国家治理得那么好呢？除了因为他的文韬武略、有胆有识之外，还因为他很善于"照镜子"。唐太宗流传千古的名言，即"以铜为镜，可以正衣冠；以史为镜，可以知兴衰；以人为镜，可以明得失"。这句话的意思是说，以铜当作镜子，能够看到自己的衣

服是否穿戴整齐；以历史作为镜子反省自己，可以知道历朝历代兴衰交替的原因；以人为镜子进行反思，则可以知道自己的得失。毋庸置疑，几乎每个人的生活都离不开镜子，然而大多数人照镜子都是为了照出自己在形象上有无瑕疵，却很少有人能够反省自身，发现自己的缺点和不足，从而努力提升自己。这说明，我们只顾着外表，而忽视了对内心的反思和进步。其实，以人为镜，不但可以以他人为镜子，也可以以自己为镜子。大名鼎鼎的爱因斯坦，就是一个很善于以自己为镜子的人。

在成为伟大的科学家之前，爱因斯坦是很调皮的。在十六岁之前，爱因斯坦虽然聪明，却特别贪玩，总是调皮捣蛋，不爱学习。有一天，正当爱因斯坦拿着鱼竿要去钓鱼时，爸爸拦住他的去路，说："你想听个故事吗？"爱因斯坦不知所以，连连点头。父亲说：

"昨天，工厂的烟囱堵住了，所以我和杰克结伴去进行清理。烟囱很狭长，根本容不下我和杰克并排而行。为此，在往上爬的过程中，一直是杰克当先锋，他一马当先，在我前面。我可不想和杰克一起卡在烟囱里啊，因而就乖乖地跟在杰克后面。就这样，等到我们俩终于打扫完烟囱从里面里爬出来时，杰克简直成了一个黑人，他的后背上沾满了烟灰的污渍，而我则显得很干净，因为灰都已经被杰克蹭走了。"

"杰克显然不知道事情的真相，他看到我干干净净的模样，便误以为他也和我一样干净。我呢，当时也并不知道自己其实很干净，不像杰克那么脏。所以，我看到杰克脏兮兮的模样时，想到自己一定也肮脏无比，因而赶紧去河边清洗自己的脸和手，还把头发也理了理，衣服也脱下来放在河水里洗干净了。杰克呢，他看到干干净净的我，还以为他和我一样干净呢，因而根本没有洗漱，就带着满身的烟灰，还顶着满头满脸的污渍，就这样大摇大摆地走到街上了。结果，人们对他指指点点，还有人以为他是个疯子呢！"

听完父亲的故事，爱因斯坦忍不住笑起来，不想，父亲却一本正经地说："实际上，在这个世界上，除了你自己之外，没有任何人能当你的镜子。"爱因斯坦陷入沉思之中，从此以后，他再也不和那些狐朋狗友在一起浑浑噩噩度

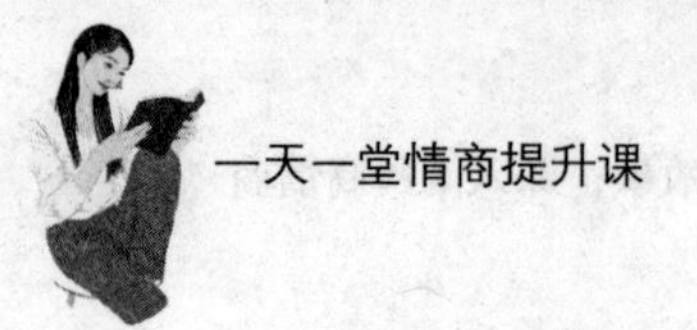

日了。他不断反思自身，取长补短，认真学习，努力希求进步，最终把自己这面镜子擦拭得越来越明亮。

从爱因斯坦的经历上，我们不难看出，要想“照镜子”，必须首先找好参照物。否则，就会被他人蒙蔽眼睛，导致根本无法正确地认识和衡量自己。而当一个人误解自己的时候，是不可能准确判断，从而及时提升和完善自己的。如果不是父亲的故事及时给爱因斯坦敲响警钟，也许他会继续这样懵懂无知下去呢！

朋友们，人生是非常短暂的，在这宝贵的时间里，每个人都应当最大限度地发挥自身的能力，提升自我，完善自我。然而，如果缺乏好的参照物，我们就会像爱因斯坦的父亲和杰克一样，对自己产生截然相反的认知。由此可见，自我反省对于每个人都至关重要，只要以自己为镜子，我们才能一日千里，迈向成功！

马克·吐温的人生哲学

作为美国著名的讽刺小说家，马克·吐温的作品不仅言辞犀利，嬉笑怒骂，而且他本人在生活中也非常机智聪敏，总是能够在第一时间就做出正确的反应，让人应接不暇。关于他，民间流传着很多轶事，这也能够帮助我们更深入地领略他的风采。

有一次，马克·吐温乘坐火车去外地。火车运行速度很慢，就像蜗牛一样慢慢地朝前爬。还没走出多远呢，列车员就来检票了。马克·吐温拿出一张儿童票递给列车员，列车员好不容易逮到一个不按规矩买票的，因而非常兴奋地当即指责马克·吐温：“哎呦呦，你看起来人高马大的，难道还未成人吗？”马克·吐温淡定自若地说：“当然，我现在已经是成人了，但是我买票上车的时候，还是个不折不扣的孩子呢！这慢吞吞的火车，真是一日千年啊！”

还有一次，马克·吐温去外地的某个城市参加演讲。为了以最好的形象示人，他特意在演讲开始前去理发店理发，顺便刮了胡须。理发师为人友善，态

度热情，他让马克·吐温坐在椅子上，就开始一边给马克·吐温理发，一边侃侃而谈："看样子，先生是外地人吧！你的运气可真好啊，居然巧遇马克·吐温来我们这个小地方演讲，这可是不可多得的待遇呢！"马克·吐温不动声色地问理发师："哦，是吗？演出的票紧张吗？"理发师马上夸张地说："可不嘛，票早就卖光了。我呀，今天晚上只能站着听马克·吐温演讲了，不过再累也值得。"马克·吐温随机应变："真是的，我和你一样，每次听那个家伙演讲，都得站着，腰酸背痛啊！"

在第一个故事中，马克·吐温以自己买票上车时还是孩子，隐晦地指责火车运行速度实在太慢。如此幽默诙谐的话语，让列车员根本无法反驳，也能逗得大家哈哈大笑。在第二个事例中，马克·吐温并没有明确表明自己的身份，而是偷换概念，说自己每次听马克·吐温演讲也都是站着。可想而知，等到理发师看到马克·吐温站在上面演讲时，该有多么惊讶啊！以幽默犀利见长的马克吐温，类似的经历还有很多。正因为他这种个性，也反映在他的作品中，表现出他对文字高超的驾驭能力，可以说，那是马克·吐温发自心底的智慧敏锐。

每个人都希望自己在生活中能够给他人带来快乐，然而这种能力并非与生俱来。在后天的学习过程中，我们必须非常努力地学习知识，发掘自己的潜能，锻炼自己的迅速反应能力，才能迅速地化解尴尬，带给他人和自己更多的快乐！这种高情商的表现，一定能够让我们成为人群的焦点，得到人们的欢迎和喜爱。

瓦尔塔勇敢面对艰难人生

瓦尔塔曾经在美国布朗大学担任校长，他是一名非常优秀的学者，专心做学问，在校长这个岗位上工作完成得也很出色。后来，他还在卡内基基金会担任主席的职务，为卡内基基金会做出了贡献。看到他如此丰富的人生阅历，你们一定以为他是一个在人生路上一帆风顺、心想事成的人吧！其实不然，瓦尔

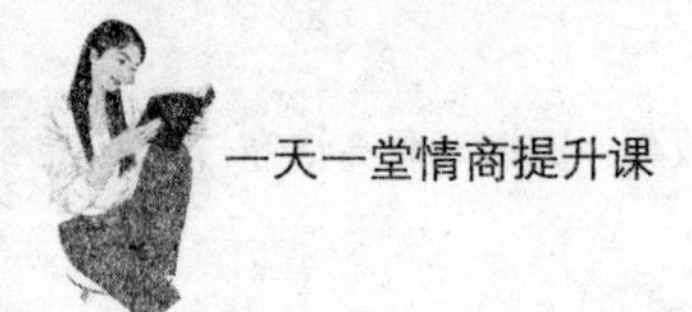

塔从童年时期开始，就备尝生活的艰辛，饱受命运的捉弄。六岁那年，瓦尔塔失去了自己的母亲，从此之后与年迈的祖母相依为命。悲惨的是，瓦尔塔的祖母也是一个命运多舛的人。因为经历战争，又遭受疾病和穷困的折磨，祖母的孩子们相继离开人世，只剩下她孤孤单单的一个人活在世上。幸好有瓦尔塔的陪伴，她才没有那么孤单。尽管如此，祖母对于生活却始终满怀希望，她从不说那些灰心丧气的话，相反总是给自己鼓劲，让自己扬起希望的风帆驶向生命的彼岸。瓦尔塔多多少少也受到祖母的影响，从小就形成了坚强乐观的性格。

那时，为了帮助瓦尔塔从失去母亲的阴影中走出来，祖母想尽一切办法。她想帮助瓦尔塔找回快乐，也帮助瓦尔塔树立对未来的信心。祖母总是耐心地劝说瓦尔塔："孩子，你必须记住，这个世界上有两样东西是最重要的。一个是命运，这是你无法改变的，你只能坦然接受，勇敢面对。还有一个就是性格，这既有先天因素决定，也可以经过后天改变。所以你必须决定自己的性格，哪怕失去一切，也不要失去坚强、乐观。既然懵懂着也是一天，与其虚度，我们何不充实地度过一天呢，这样我们的人生才有意义！"祖母的话给了瓦尔塔深刻的触动，他鼓起勇气，和祖母一起迎接生活的风风雨雨。最终，瓦尔塔迎来了辉煌的人生！

对于一个年仅六岁的孩子而言，失去母亲无疑就相当于失去了人生的整片天空。离开母亲的护翼，他们是那么柔弱无助，就像是暴露在暴风雨中的花骨朵一样，不得不独自面对人生的坎坷和挫折。幸好，瓦尔塔还有坚强的祖母。是祖母帮助他从失去母亲的痛苦中走出来，是祖母教育他要怀着积极乐观的心态面对人生，是祖母告诉他决定命运的性格就紧紧握在他的手中。最终，瓦尔塔像祖母期望的那样，变成了一株有着顽强生命力的植物，任凭风吹雨打，始终都能满怀信心和希望地傲然于世。

朋友们，人生既有高潮，也有低谷。任何情况下，面对人身的艰难坎坷，我们都应该满怀信心，相信只要心中有希望，就都有可能创造奇迹。而这种坚韧不拔的品质，往往能够一招定乾坤，帮助我们在面对人生的风雨时，坚定信念，勇往直前！

在灾难面前坚强不屈的霍金

“宇宙之王”霍金，不仅是当代最伟大的科学家之一，也是在国际社会都享有盛誉的一位身残志坚的伟人。霍金在科学领域做出了杰出的贡献，与他强大的科学能量形成鲜明对比的，是他异常虚弱的身体。常人简直难以想象，霍金是如何被禁锢在轮椅上，又持之以恒地在科学的险峰不断攀岩，而达到常人难以企及的巅峰的。

21岁时，霍金正值青春年少，对人生对未来充满了热切的渴望和期盼。然而，造化弄人，命运之神和霍金开了个玩笑。他居然被诊断出患上了罕见的“渐冻症”，即他全身的肌肉都会渐渐萎缩，疲乏无力，最终彻底瘫痪。在漫长的岁月里，霍金的人生只剩下轮椅的方寸空间。然而他的思想和灵魂并没有向疾病屈服，也没有被囚禁住。他浑身上下的所有器官中，除了舌头和眼珠能够活动之外，只有两根手指还能轻微活动。更为雪上加霜的是，厄运又接踵而至，在1985年的一次手术中，霍金连说话的权利也失去了。即便命运如此残酷，也丝毫没有阻止霍金对于科学的热爱和执着。一生之中，霍金一直都在与自己最大的敌人——残疾的身体作斗争。尽管他的身体被禁锢在轮椅上，但是他的大脑却能够飞速运转，丝毫不受身体的禁锢。也因为永不屈服的坚强意志，霍金才有了今天伟大的成就。如此辉煌壮丽的人生，你很难想象是由一个完全不能动弹的人创造出来的。可见人的意志力是如此伟大，人对于自己所热爱的事业不懈追求的能量，是如此强大。

很难想象，一个人在全身都不能动弹，甚至也不能说话的情况下，居然只凭两根能够轻微动弹的手指，创造了科学界一个又一个奇迹。所以，这两根手指成为了霍金飞速运转的大脑与外界连接的枢纽，归根结底，霍金的辉煌人生是他永不屈服的内心缔造出来的。

朋友们，我们的人生一定比霍金幸运，作为一个健康正常的人，我们简直无法想象那样的人生对于霍金而言是一种怎样的折磨。但是即便如此，霍金也

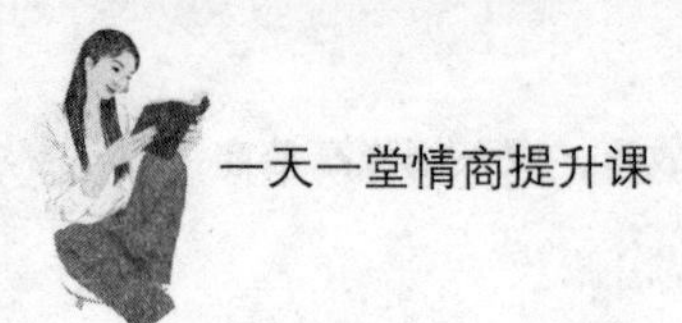

从未放弃。他接受了自己残疾的身体，并且能够勇敢地面对它，继续自己未竟的科学事业。只有对科学无比狂热的爱，只有对自己坚定不移的信念，才能驱使霍金在人生路上勇往直前，就像一个斗士一样永远也不会停止奋斗！

和霍金相比，我们每个人都太幸运了。我们有健康的身体和健全的四肢，我们想说的时候就可以尽情地说，想笑的时候就能够尽情地笑，想要走想要跑想要跳，都可以随心所欲地做到。如果说霍金是被囚禁在笼子里的鸟儿，那么我们则是自由飞翔的鸟儿。可是从另处一个角度看，我们是不是更像囚笼里的鸟儿，而霍金则是展翅翱翔的雄鹰呢。从现在开始，就让我们每个人都张开翅膀迎风飞翔吧。生命不息，奋斗不止，当你颓废懈怠了，你的人生与戛然而止也没有太大的区别了。活着，就是要不断地奋斗，这是莫大的乐趣。倘若你们对生活也有不如意，千万别气馁，只要我们有霍金一样的坚强和勇气，任何灾难都是可以跨过去的。

努力去做，才能实现奇迹

任何事情在没有正式开始以前，只会停留在空想阶段。人们思虑周全，想到事情可能有乐观的结果，也可能会出现悲观的结局，对于谨慎的人而言，可能更加小心，甚至导致裹足不前。的确，凡事都有可能失败，尤其是那些缺少前人成功经验的新事物，更有可能在踉跄几步之后颓然跌倒。然而，难道因为害怕失败，我们就要连成功的机会也放弃了吗？从辩证唯物主义的观点来看，凡事有利就有弊，这一点无人能够改变。既然如此，为何不勇敢地去兑现诺言，把一切的空想都变成现实呢？梦想始于脚下，任何梦想都必须展开切实的努力，才能距离成功更近一步。

在茫茫的大森林里，一只小小的毛毛虫朝东方不停地爬。蚯蚓看到毛毛虫，问：“小毛虫，你想去哪儿啊？”毛毛虫笑着说：“我昨天晚上梦见自己

站在山顶，看到远处的群山，简直太壮观了。我要去山顶！”蚯蚓质疑道：“天哪，就凭你这样小小的柔弱的身躯，怎么可能到山顶呢！”毛毛虫不服气地说：“我必须让梦境变成现实。”

毛毛虫不停地爬啊爬，又遇到了小白兔，小白兔问：“小毛虫，你要去哪里呀？”毛毛虫说：“我想去山顶，看看远处的群山。”小白兔嗤之以鼻：“哈，你这个小家伙简直是异想天开。那山多高啊，连我这样的飞毛腿都从未到过山顶呢！”毛毛虫不以为然，继续坚定地向前爬去。

不久，又遇到了一只小猴子，小猴子问：“小毛虫，你要去哪儿呀？”毛毛虫说：“我要去山顶，看日出日落。”小猴子佩服地说：“小毛虫，你居然有如此宏伟的志向，简直让人肃然起敬。不过，日出日落也没什么好看的，我在山上都看厌倦了呢！”毛毛虫摇摇头，说：“对你也许平淡无奇，对我却是伟大的梦想，我要实现自己的梦想，让自己梦想成真。”猴子眼看着毛毛虫继续艰难地朝前爬去。几天之后，毛毛虫终于精疲力竭，变成了一个蛹。那些曾经遇到它的小动物们，全都为它的离去惋惜不已，正当大家议论纷纷时，突然发现小毛虫变成的蛹破裂了。在它们惊讶的目光中，一只有着七彩翅膀的蝴蝶飞出来，翩翩起舞，它向着自己的目标飞走了，飞去了那遥远的山巅。

虽然毛毛虫爬得很慢，但是它始终没有放弃自己的梦想，而且在一旦想到之后，立马就去做了。尽管在过程中不断地遇到他人劝阻，毛毛虫却始终没有改变自己的心意，坚定地勇往直前。对于这样的理想人生，毛毛虫虽然只爬出了很短的距离，却迈出了至关重要的一步。最终它破茧成蝶，如愿以偿地飞往山巅，飞向那梦中瑰丽的世界。

每个人活着，都有属于自己的梦想。然而，梦想如果一味地停留在想象之中，就会变成空想，毫无意义。任何伟大的梦想，都只有切实开始去做，迈出坚定踏实的一步又一步，才能距离成功越来越近。我们必须对自己充满信心，要努力创造属于自己的辉煌人生。关于梦想，有位名人曾说，假如梦想一直盘亘在心底，一定会搅扰得人们不得安宁。直到梦想变为现实，怀揣梦想的那个人才能彻底心安。我们要说，真正优秀的人，真正的人生强者，从来不会等待

命运的安排，而是努力争取自己的人生，创造属于自己的人生辉煌。

竭尽全力的比尔·盖茨

在美国西雅图，有一个赫赫有名的教堂。教堂里的牧师德高望重，经常会给教会里的学生们讲故事。比尔·盖茨也在教会学校上学，所以经常有机会听到牧师讲故事。有一天，牧师讲了一个很深奥的故事，有很多孩子都没有领悟故事的意思，只有比尔·盖茨领悟了故事的深意。

有一天，猎人带着猎犬一起去森林里打猎。突然，猎人看到有一只兔子埋伏在草丛里，听到动静之后仓皇而逃，因而猎人赶紧举起枪，对着兔子的后腿就是一枪。不想，兔子受伤之后非但没有停下来，反而更加不顾一切地奔跑跳跃。猎犬跟在兔子后面紧追不舍，但是却跑不过受伤的兔子，最后只好无功而返，垂头丧气地回到猎人身边来。猎人怒气冲冲地责备猎狗："亏我每天还好吃好喝地伺候你，把你养得膘肥体壮。兔子明明已经受伤了，你却追不到！"猎狗万分委屈："我真的已经竭尽全力了啊！"此时此刻，那只兔子拖着伤腿气喘吁吁地跑到安全地带，同伴们纷纷赶来安慰它，并且对于兔子的英勇壮举表示赞叹不已："你真是太伟大了，后腿受伤了，居然还能逃过猎狗的追击。要知道，猎狗可是非常凶猛的，很多四肢健全的动物也未必能够逃脱它的魔爪呢！"兔子长叹一声，说："猎狗虽然跟在我身后拼命追赶，但是我却是在为了活命而不顾一切地狂奔，这怎么能一样呢！"

给孩子讲完故事之后，牧师颇有深意地对孩子们说："假如谁能在一周的时间里，把《圣经》第五到第七章的内容熟练地背诵下来，我就会邀请他参加聚餐。"孩子们一听说聚餐，全都跃跃欲试。然而，当看到要背诵的内容那么多且艰难晦涩时，他们又退缩了。有一部分孩子索性放弃，有一部分孩子简单尝试了下，就不再继续努力。等到一周的时间过去，牧师再次给孩子们上课

时，抱着试试看的心态问起谁完成了挑战，出乎牧师的预料，比尔·盖茨站起来，流畅地背诵出《圣经》的第五到第七章。牧师当然深知这其中的难度，因而惊讶地问：“孩子，你是如何做到的呢？”比尔·盖茨笑着说：“那只兔子能做到的，我当然也能做到。”

若干年后，比尔·盖茨成为世界首富，他能成为网络王国的大亨，并非偶然。尽管比尔·盖茨的确在计算机方面独具天赋，但是他之所以能够迎接挑战，不放过每一个发展的机会，与他的“兔子精神”是密不可分的。很多人在处理事情的时候都想着尽力而为，殊不知，只尽力还是远远不够的，我们更应该像兔子为了生命而奔跑那样，激发出自己的一切潜能，才有可能超越自我，创造生命的奇迹。

其实，每个人都是有潜力可以发掘的。我们只有最大限度地发挥自己的潜力，超越自身的局限，才能在最短的时间内提升自身的能力，帮助自己获得长足的进步。假如我们能够分清楚尽力和为了保命而竭尽全力之间的区别，也许就能更快地获得进步，甚至超越自我，甚至出乎自己的预料得到发展。

尊重他人，就是尊重自己

作为世界上赫赫有名的喜剧大师，卓别林给人们带来了无数的欢声笑语，也使人们得到了更多的快乐。为此，很多人都喜欢卓别林，也很敬重他。其实，卓别林之所以能够得到大家的喜爱，除了因为他拥有高超的演技之外，也因为他很懂得尊重他人，具有高超的情商。

有一次，卓别林进行巡回演出。在演出的过程中，因为机缘巧合，他与一个忠实观众成为了好朋友。演出结束后，朋友邀请卓别林做客，卓别林欣然应允。卓别林得到了朋友的热情招待，宴席间，朋友还兴致勃勃地为卓别林展示了自己的收藏。因为朋友是个棒球迷，所以他的收藏都是和棒球有关的。朋

友不知道，卓别林对棒球一无所知，而且毫无兴趣。但是，他丝毫没有表现出任何的不耐心，而是耐心地听着朋友如数家珍般的介绍自己的收藏。后来，卓别林还借助自己的人脉关系，四处托人找到朋友喜爱的棒球明星，索要了这位棒球明星的亲笔签名。当时，卓别林已经离开了朋友所在的城市，就把签名寄给了那位朋友。可想而知，朋友在得到这份珍贵的礼物之后，是多么惊喜和感动啊！

当然，卓别林得到棒球明星的签名并非轻而易举，而是费了很多周折。为此，很多朋友都觉得不理解，因为他们都是知道卓别林对棒球毫无兴趣，又何必为了一个刚刚认识的朋友如此大费周折呢？对此，卓别林说："既然我的朋友喜欢这个棒球明星，而我又有这样的途径送给他一份珍贵的礼物，何乐而不为呢？"

很多人在考虑问题的时候，往往只从自己的立场和喜好出发。卓别林对于一个自己刚刚认识的朋友就如此用心，不但尊重朋友本人，而且也很尊重朋友的兴趣爱好。对于朋友感兴趣而他自己毫不关心的棒球，居然为了朋友四处托人找关系索要棒球明星的签名，可见他对朋友的尊重和用心。正因为如此，卓别林才能得到身边人的尊重和喜爱。

人与人之间的尊重是相互的，我们要想得到他人的尊重，首先应该尊重他人。假如人人都能像卓别林一样不但尊重朋友，也尊重朋友所喜爱的，那么友情怎能不更加厚深绵长呢？任何友谊，都要建立在相互尊重的基础之上，这是毋庸置疑的。朋友们，你们要想处处受人欢迎，就要向卓别林学习哦！只有尊重朋友，尊重朋友的兴趣爱好，我们才能得到朋友的真心相待向同样对待！否则，如果我们不尊重朋友，或者虽然尊重朋友，但是却对朋友所喜欢的不以为然，就无法得到朋友的真心。

中篇

提升情商

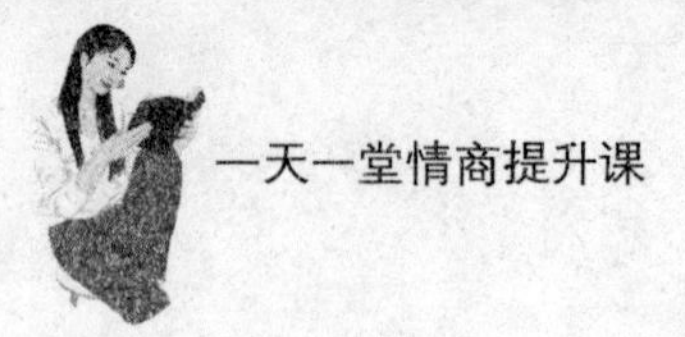

第7章 培养积极的态度，高情商带你看到更高处的风景

对于人生，如果缺乏积极的态度，则一定会陷入消极、悲观、绝望的深渊。众所周知，人生从来不是一帆风顺的。任何情况下，我们必须鼓起勇气，坚强地面对人生中的挫折和苦难，才能成功攀登人生的巅峰，创造辉煌。但是如果悲观消极，面对重重的艰难险阻，就很难拥有足够的能量帮助自我勇往直前，度过人生中最阴暗的阶段。

意念积极，才能让人生爆发出力量

某一块土地，并非适合种所有的作物。一块土地如果不适合种庄稼，可以种各种豆类；如果不适合种各种豆类，可以种蔬菜瓜果；如果连蔬菜瓜果也不能种，还可以种生命力极强的荞麦……总而言之，只要不断尝试，这块土地总能找到适合自己的植物，最终枝繁叶茂，硕果累累。这就像是一个人，也许尝试过很多行业都不成功，在这种情况下放弃并非最好的选择，而是应该继续尝试。就像爱迪生发明电灯，足足尝试了六千多种材料，进行了七千多次实验之后，才找到了相对合适的灯丝材料。假如没有积极的意念作为支撑，经历了七千多次失败的爱迪生，最终怎么可能坚持到成功发明电灯呢！由此可见，任何成功不可能一蹴而就，它只能建立在积极的信念之上。如果一个人缺乏积极的意念，往往就会与成功失之交臂。

很久以前，有个秀才接连两次进京赶考，都以失败而告终。第三次，他暗暗告诉自己："假如这次还是不能获得成功，我就放弃。"带着这种思想，他日夜兼程赶往京城，投宿到前两次入住的旅店中。因为精神紧张，他在考试之前的两天接连做梦。一天早晨，他从睡梦中醒来，依然清楚地记得自己的梦。

因为不知道梦中所代表的意思是好使坏，他很忐忑，特意跑到街上去找算命的先生解梦。

他把自己的两个梦告诉算命先生：第一个梦，梦见自己种了很多白菜，白菜也长势喜人，但是后来却突然发现白菜长在墙头上；第二个梦是梦见天上突降大雨，他打着雨伞在雨地里行走，头上还戴着斗笠。算命先生听完他的讲述之后，连连摇头，说："你呀，趁早回家吧。你看看你的两个梦，没有一个好兆头。墙头上种白菜，岂不就是白费力气吗？打着雨伞还戴着斗笠，说明你完全是多此一举，考了也是白考。"听了算命先生的话，秀才沮丧极了，垂头丧气地回到旅店里，收拾东西准备打道回府。这时，旅店老板看到秀才失魂落魄的样子，问："还有一天就要考试了，你怎么千里迢迢地来了，反而不参加考试又要走呢？"秀才沮丧地把算命先生说的话告诉了旅店老板，旅店老板笑着说："哈哈，原来你是因为这个呀！如果你信得过我，不妨让我来给你解一解梦吧。你看，谁把白菜种到墙头上呢！这说明你能高中啊！再看，你打着伞居然还带着斗笠，说明你这次考试一定是十拿九稳，有备无患啊！"旅店老板的话让秀才马上变得高兴起来，他觉得旅店老板说得很有道理，因而信心十足地留下来参加了考试。等到考试结果公布之后，果然高中探花，他喜不自胜，马上带着厚礼去感谢旅店老板。

假如轻信了算命先生的话，秀才的一生也许就与功名无缘了。幸好旅店老板发现了他的异常，及时给予他积极的暗示，使他怀着积极的意念参加了科举考试，最终高中探花，人生从此变得不同。

人生原本就充满艰难坎坷，与其悲观消极地面对人生，不如积极微笑着面对人生。任何时候，积极的意念都会对我们起到强烈的暗示作用，帮助我们在人生的路上勇往直前，遇到坎坷挫折也绝不畏惧。

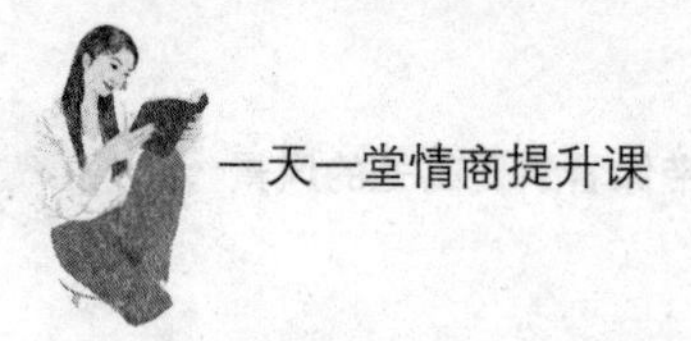

乐观的心，助你发现生命之美

悲观的人看到的都是萧索的景，乐观的人即使在萧索之景中，也能看到壮观和肃穆，也能看到力量的雄壮之美。有的人常常抱怨命运不公，带给自己的都是厄运，都是诸多的不如意，还有些人抱怨自己时运不济，总是缺衣少食，因而贫穷与灾祸也总是接踵而至。或许还有人会说，看看那些天生的富二代、官二代，从一出生就含着金汤勺，因而从不用为衣食住行发愁，几乎所有奢侈的愿望都能得到满足，他们的人生也似乎习惯了顺遂，人人都向着金钱权势低头，从来不敢有人故意刁难他们。其实，真正的乐观是发自内心的生活态度，与贫穷和富有是没有必然联系的。假如乐观不是发自内心，只是因为金钱权势堆砌起来的，那不是真正的乐观，而是虚伪的，也是经不起任何推敲的。很多时候，逆境中的乐观，才表现出一个人发自内心的豁达和对命运的宽容。陶渊明隐居深山，却从不以为苦，而是告诉世人“采菊东篱下，悠然见南山”的美妙情境，惹得很多人都羡慕他如神仙般的生活。悲观的人呢，也许只会慨叹自己命运多舛，抱负得不到施展，还要缺衣少食吧！

乐观，是一种心境，也是人生之中独特的风景。只有乐观的人，才能在苦难横行的人生之中，看到更多的美妙景色。乐观也是一种高情商的表现，因为乐观的人虽然背负着生命的沉重，却始终满怀希望对待人生。既然接受磨难是人生的必然，我们与其哭着度过一天，不如笑着面对磨难。也许，在我们的坚强面前，厄运的魔爪也会悄然退缩呢！

曾经担任美国总统的罗斯福，是一个非常坚强乐观的人。他是美国历史上唯一一个连任四届的总统，也是一位唯一以残疾之躯带领美国人民走过各种艰难坎坷的总统。关于罗斯福，有很多的奇闻轶事，都是和乐观有关的。

有一次，罗斯福家里遭到窃贼光顾，丢失了很多贵重的东西。朋友们得知消息后，纷纷赶来安慰罗斯福，有个朋友还特意写信给罗斯福，表达自己的关切之意。罗斯福看完朋友的信后，马上提笔回信：“亲爱的朋友，感谢你如此

惦念和牵挂我。我很好，我感谢上帝的眷顾：首先，盗贼只偷走了我的东西，而没有伤害我的生命；其次，盗贼只偷走了我的部分财产，而没有让我彻底变成一穷二白的穷光蛋；最后，当盗贼的是他，而不是我，我是何其幸运啊！感谢上帝，感谢你，我的朋友！”

很多人失窃之后，面对财产的损失，再加上精神上受到伤害，一定会心情抑郁，闷闷不乐。罗斯福恰恰与此相反，虽然他也失去了一部分贵重的财产，但是居然能够在给朋友回信的时候，想出三条感恩的理由。不得不说，这是发自内心的宽容豁达，也是从骨子里透出来的坚强乐观，才能让他有如此表现。

面对命运多舛，一个人只有坚强乐观地活着，才能如同沙漠里的胡杨一样，赋予自己顽强的生命力。从某种意义上说，消极悲观本身就是沉重的包袱。假如一个人总是消极悲观，就很难轻松地面对生活，甚至会使原本还不错的命运变得沉重起来，也会导致厄运的光临。所以说，悲观的人生之路注定越走越窄，而乐观的人生之路则注定越走越宽。既然我们可以选择悲观也可以选择乐观，相信所有明智的朋友都会毫不犹豫地选择乐观。乐观也能驱散命运的阴霾，使幸运随之而来！

宽容他人，就是宽宥自己

很多人对自己都很宽容，当自己犯错了，不管是有心的还是无心的，马上就会找借口为自己开脱，求得自我安慰。殊不知，如果宽容自己超越了合理的度，宽容就会变成纵容，也会使我们自身因为失去严厉的约束，变得越来越放纵。毋庸置疑，这个世界上根本没有绝对的自由，任何人都要受到法律、道德观念等的约束，这是外界的约束。从我们自身的角度而言，我们要有自己做人的原则、待人处事的底线等。由此可见，假如一个人失去对自我的约束，结果必然堕落。细心的人会发现，古今中外，所有的成功人士无一不是自律严谨的人。他

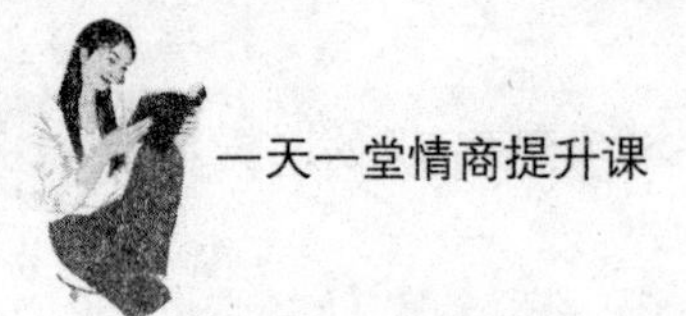

们是自己的主宰，所以能够在任何情况下都掌控自己的命运和人生。

有些人对自己很宽容，对于他人却非常严苛。他们大多数都是得理不饶人的人，只要抓住别人的一点点错误，就会不停地指责和刁难。对于自律很严，且对他人也要求严格的人而言，尚且情有可原。但是如果是对自己宽容，对他人严苛，看来就是人品的问题了。一个高情商的人，他的所作所为与此恰恰相反，他对自己非常严苛，向来严于律己，但是对他人却非常宽容，总是愿意原谅他人的错误，尤其是他人的无心之过。这样的人往往人缘很好，也因为品格高尚、心怀坦荡而受到他人的尊重和敬仰。

战国时期，蔺相如为了保住赵国的和氏璧，远赴秦国，最终完璧归赵，因此，赵王封他为上卿，官位比战功赫赫的廉颇大将军更高。为此，廉颇愤愤不平，对蔺相如怀恨在心。他总是在公开的场合说："作为赵国的将军，我驰骋沙场，战功赫赫，开疆拓土。如今，蔺相如居然只凭三寸不烂之舌，官位就在我之上。而且，蔺相如出身平民，身份卑微，根本不能与我相提并论。这对我简直是奇耻大辱。只要有机会，我一定要使劲羞辱他，让他无地自容。"很快，蔺相如就知道了廉颇的这番言论，因此总是故意躲避廉颇。每当上朝，蔺相如常常推脱身体有病，不愿意与廉颇相见。后来有一次，蔺相如驾车出门，却远远看到廉颇的马车驶了过来，随后他赶紧调转车头，回避廉颇。直到廉颇的马车驶过很远，他才命令车夫继续驾车前行。

看到蔺相如如此忌惮廉颇，门客们全都愤愤不平："先生，我们之所以离开家乡，远离亲人，来到您的身边追随您，就是因为您高尚的气节让我们仰慕。现在，您的官位并不比廉颇低，但是您却总是对他退避三舍，甚至到了害怕的地步，这让我们这些平庸的人都感到羞愧，更何况是您身为上卿呢！我们是无能之辈，请允许我们告辞吧！"蔺相如苦口婆心地对门客们说："大家认为，和秦王相比，廉将军更厉害吗？"门客们不约而同地摇头，说："当然是秦王更厉害。"蔺相如继续说："秦王那么厉害，威风凛凛，拥有千军万马，我却敢在朝廷上当众呵斥他，当着他的面羞辱他的大臣，难道我再胆小，居然会害怕廉将军吗？但是，如今秦国实力强大，却忌惮赵国，就是因为赵国有我

和廉将军。所谓两虎相斗，必有一伤。假如我现在和廉将军谁也不愿意低头，最终导致两败俱伤，那么秦国又会如何呢？我忌惮廉将军，是为了国家的安危。和国家安危相比，个人的恩恩怨怨又算得了什么呢？”门客们全都对蔺相如心服口服，再也不提要离开的事情了！

得知蔺相如的苦心躲避之原因，廉颇意识到事实的确如此，非常羞愧自己为了个人的颜面，而不顾国家和人民的安危。为此，他脱掉战袍，赤裸着上身，背上荆条，专程来到蔺相如的家里给蔺相如道歉。蔺相如得知廉颇登门负荆请罪，赶紧走出门外迎接廉颇。从此，他们成为了好朋友，同心协力地为赵国尽忠。

蔺相如有着宽广的心胸，他以国家安危为重，所以面对廉颇的恶言恶语和故意挑衅，始终怀着隐忍的态度。直到门客们要离去，为了挽留门客们，他才说出自己的用意。廉颇虽然是一介武夫，生性鲁莽，但是听到蔺相如的这番话之后，他也非常钦佩，因而马上负荆请罪。蔺相如不计前嫌，与廉颇成为好朋友，一起为赵国出力。如此宽容的气度，如此崇高的境界，才使每个人都对蔺相如钦佩有加。

对于任何人而言，宽容都是弥足珍贵的品质。一个人如果怀着宽容之心，能够原谅他人的错误，不但可以与人和谐相处，还可以避免用他人的错误惩罚自己，也可以让自己始终怀着理智之心，更好地处理和解决问题。从这个意义上来说，宽容别人也就是宽宥自己。

意志力是攀登人生高峰的武器

当一个人对待一件事非常坚韧，且能够排除万能，充分持久，就说明这个人具有顽强的意志力。这也是我们平常所说的毅力。意志力强的人，做任何事情都能持之以恒，即便能力平平、智商普通，也能够克服万难，最终有所成就。有意志力的人做事情从来不会半途而废，这对于成功而言恰恰是比其他诸

项技能都更加重要且可贵的品质。很多人做事情都虎头蛇尾，正是缺乏意志力的表现。纵观古今中外那些成功人士，无一不是在努力的过程中表现出顽强的意志力，即便历经千难万险、遭遇重重挫折，也从来不会动摇自己的决心。这就是坚强的意志力。

人们常说，滴水穿石，绳锯木断。就是在告诉我们，任何看似不可能的事情，只要我们持之以恒、坚持不懈，就有可能出现奇迹。常言道，世上无难事，只要肯攀登。哪怕再高的山，只要人们具有排除万难的决心，总有人能够到达巅峰，一览众山小。不管是在生活中，还是在工作中，每个人都需要意志力的支撑，才能面对人生中接踵而至的重重困难，才能迈过人生中那些随时都有可能出现的坎坷际遇，从容拥抱人生。

美国大名鼎鼎的歌星卡需从小就有一个梦想，那就是当歌手。为了实现梦想，他小小年纪就开始自学弹吉他等乐器，还每天都坚持练习唱歌。随着年龄渐渐增长，卡需还学会了创作歌曲，尽管歌词略显稚嫩，却表现出卡需在音乐道路上的决心。服兵役结束后，卡需开始正式向歌坛进军。然而，幸运没有来到他的身边，他的歌没有得到大众的欢迎，最终迫于生计，他不得不成为一名推销日用品的推销员。即便如此，他还是利用工作之余的时间勤学苦练，积极地参加那些能够帮助他接近梦想的歌唱活动。后来，他还组建乐队，从此之后带着自己的乐队在各地巡回演出。

因为没有人愿意帮助卡需出专辑，所以卡需就用自己辛苦积攒的钱出了人生的第一张专辑。随着专辑大卖，他渐渐走红，成为众人皆知的歌唱明星。然而，很快，卡需就迎来了人生的厄运。因为受到诱惑，卡需沾上了毒瘾，不但歌唱事业的发展戛然而止，他整个人也因此变得颓废不堪。痛定思痛，卡需最终决定站起来，再次成为那个站在聚光灯下的歌星。尽管医生都宣判卡需不可能彻底解除毒瘾，但是卡需却信心百倍。他开始了人生中的第二次奋斗。卡需让人把他锁在卧室里，无论如何也不要放他出来。如此一连九个星期，卡需经历了非人的痛苦，他最终以顽强的毅力战胜了毒瘾，重新找回了自己。几个月之后，彻底康复的卡需回到舞台上，又成为万众瞩目的歌星。

众所周知，戒毒是非常难的，甚至难于上青天。这主要是因为毒瘾会使人觉得如同百爪挠心，承受无法忍受的痛苦。因此很多人一旦毒瘾犯了，就会忘记此前的信誓旦旦，再次成为毒瘾的俘虏。然而，卡需真的很想成为一名歌星，更不愿意自己一直以来辛苦打拼得到的一切付诸东流，为此，他以顽强的意志力挺过了九个星期的戒毒生涯，恍若死过一次，又获得了新生。卡需，的确找到了自己的新生命。

任何人在人生之中，都会遭遇到理想与诱惑的双重压力。人有很多欲望，这些欲望或大或小，或强或弱，总是驱动着我们的内心做出相应的选择和决定。幸好卡需战胜了自己的欲望，忍受了痛苦的折磨，最终才能回到璀璨的舞台。

从本质上说，意志力就是坚持，唯有坚持，才能成功。拥有意志力的人从来不会向困难低头，总是迎难而上，所以成功才会青睐他们。假如一个人缺乏意志力，动不动就放弃，或者沮丧绝望，那么也许连成功的影子也看不到。

其实，人与人之间的差距并没有那么大，除了特殊的天才之外，大多数人的先天条件都相差无几。那么，为什么人与人之间悬殊巨大呢？究其原因，是有些人拥有顽强的意志力，在任何情况下都绝不轻言放弃，因而最终获得了成功。有些人则遭受任何一点小小的挫折就会灰心丧气，绝望放弃，如此一来，他们怎么可能走出失败，得到成功的青睐呢！

能自我救赎的人，才是真正的强者

勇敢的人有着超强的能量，他们坦然面对人生的坎坷和挫折，而且也能够勇敢地面对自己的内心。他们从不畏惧，既不畏惧未知的未来和来自外界的一切挑战，更不畏惧自己，能够坦然面对自己的缺点和不足，面对自己所犯下的致命错误，他们也从不逃避和畏缩，而是勇敢面对，勇于承担责任。人们常说，人最大的敌人是自己，由此可见，强者都是已经战胜和超越自己的人，他

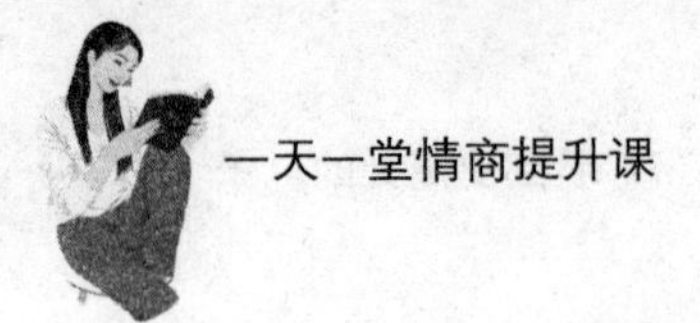

们挣脱了内心的束缚，才能无所畏惧，勇往直前。

对于真正的强者而言，厄运对他们也会绕道而行。其实也许这只是一种感觉，因为厄运并非真的绕道而行，只是因为强者能够坦然面对人生的种种不如意，即使在大灾大难面前也能保持坚强果敢，所以才说灾难绕道而行。即使是同样的事情，强者和弱者也往往有截然不同的反应。也许弱者会觉得大难临头，但是强者对此却不以为然，马上就可以作出合理的预想，从而圆满解决问题。由此可见，并非遭遇的厄运不同，而只是强者和弱者面对厄运的心态和反应不同而已。

不得不说，能够自我救赎的人，是强者中的强者，是真正的强者。正如前文所说，强者不会推脱和逃避责任，而是勇敢面对。假如强者还经常进行自我反省，反思自身的缺点和不足，从而努力完善和提升自我，则他们的力量会变得更加强大。尤其是当意识到自己误入歧途或者偏离人生轨迹时，强者更能够随时进行自我校正，时刻保持正确的人生方向。内心的强大，使强者无人能敌。

英法德三国的三个将军分别带着各自的士兵，同时搭乘一艘战舰。时值太平，他们便在一起谈天说地。当说到谁的士兵最勇敢时，三个将军争执不休，都说自己的士兵最勇敢。此时，英国将军喊来自己的士兵，说："你爬上这根三十米高的桅杆，然后跳进海里。"士兵一言不发，马上开始攀登桅杆，到达指定高度时，毫不犹豫地跳进海水里。英国将军得意极了，说："看看吧，这就是真正的勇敢。"

德国将军也不甘示弱。众所周知，德国军队来向纪律严明，军令如山。因而德国将军胸有成竹地喊来一个士兵，说："你爬到这艘军舰的瞭望塔上，哪里差不多六十米高，你要从那里跳进海里。"那个士兵也一语不发，毫无条件地执行了将军的命令。这时，德国将军非常骄傲地对英国和法国的将军说："看到了吧，六十米的高度，证明了我的士兵最勇敢！是真正的强者！"

接下来，只有法国将军了。法国将军喊来不远处的一个法国士兵，以异常严厉的口吻命令："你，现在，马上给我从栏杆上翻过去，跳进海里。"原

本，英国和德国将军以为法国将军如此声色俱厉，将要发布什么严厉的命令，当听完法国将军的命令后，他们都不仅哑然失笑。然而，此时此刻，法国士兵却毫不犹豫地说："你疯了吧！"说完，这个士兵毫不畏惧地转身离去，似乎他训斥的是自己的孩子一样。这时，法国将军哈哈大笑起来，说："看到了嘛，我的士兵才是真正的强者，因为他懂得自我救赎！"

英国和德国的将军发布的命令之所以能够得到执行，无非是士兵畏惧他们是将军，因而宁愿冒着生命危险，也不愿意违背将军的旨意。法国将军呢，虽然说得声色俱厉，但是因为将军提出的是无理的要求，所以他们遵从自己内心的判断，毫不迟疑地拒绝了将军，甚至还怒斥将军一定是疯了。不得不说，法国士兵更勇敢，一则他们敢于违背将军的旨意，二则他们很清楚自己内心的选择。

真正的勇敢，并非是在心中排斥的情况下强迫自己做某件事情，以此证明自己的勇敢。真正的勇敢是不需要证明的，那是发自内心的勇气，无人能够与其对抗。勇敢者不会为了逞能而拿自己的生命开玩笑，相反，生命是宝贵的，身体发肤皆受之父母，因而他们牢记一定要保护好自己的生命。所谓留得青山在，不怕没柴烧，只有生命存在，人们才能有更多的机会做勇敢的事情。勇敢不是莽夫之勇，而是充满智慧的选择，是高情商的表现。这才是真正的强者所为。

感恩的心，让生命充满美好

很多人都习惯抱怨自己的父母，抱怨父母没有把自己生得英俊潇洒、美丽漂亮，抱怨父母没有为自己创造良好的条件，使自己一出生就含着金汤勺，抱怨父母老了之后常常生病，成为自己的拖累……如果一个人对给予自己生命的父母尚且如此不满，可想而知他的人生将会充斥着抱怨。生活中，的确有些人牢骚满腹，抱怨不止：抱怨自己因为一分之差没有考上好大学；抱怨家人没有托关系让自己进入好单位；抱怨领导没有对自己另眼相看，处处关照自己；抱

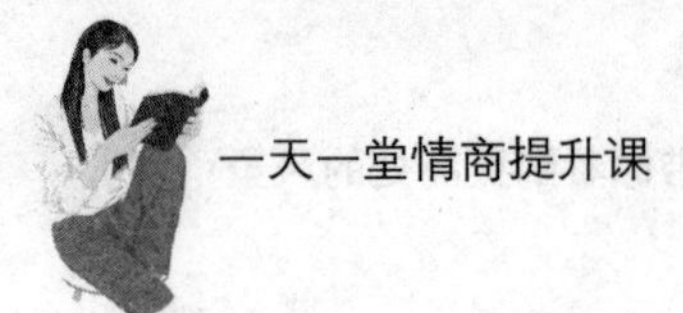

怨妻子从来不懂得把家里收拾得井井有条……这些抱怨就像是生活的毒瘤，让人们每时每刻都生活在郁郁寡欢之中，甚至不知道自己的人生应该何去何从。假如生活的确如同你所抱怨的那么糟糕，毫无可取之处，那么还有什么值得你留恋的呢？！怀着这样一种悲观厌世的情绪，也势必导致人们不珍惜生命，处处都是沮丧绝望的阴云密布。

假如我们能够改变思路，对于这个世界充满着感恩之心，我们的人生也会随之改变。当你想要感恩时，你会发现身边值得感恩的太多太多。感恩阳光无私地洒在我们身上，让我们感到温暖和煦；感谢雨露滋养花花草草，给我们的生活环境带来更多的色彩和清新；感谢父母给予我们宝贵的生命，让我们能够睁开眼睛看到这个美丽的世界；感谢敌人教会我们如何提升自己的实力，在下一场竞争中脱颖而出；感谢朋友始终陪伴在我们的身边，与我们一起哭一起笑；感谢雪花飘落，给大地穿上洁白的新衣，也让我们领略与春完全不同的美妙风景；感谢那些伤害过我们的人，让我们尝到了心痛的滋味……当你想要感恩，你会发现一切都值得感恩，而感恩也改变了我们的心态，让我们心怀感恩地面对一切，从此人生似乎也豁然开朗了。

有个城市因为天灾，最近正在闹饥荒。普通的百姓们缺衣少食，忍饥挨饿，日子简直难以维系。这时，有个有钱人开始布施。他每天都命令仆人烘焙很多的面包，装在一个大篮子里分给周围的孩子们吃。第一天布施，孩子们蜂拥而至，有钱人对孩子们说："在饥荒度过之前，我会每天都放一篮子面包过来。不过。你们每个人只能拿一个面包，这样才能人人都拿到面包。"有钱人的话音刚落，这些孩子就蜂拥而上，每个人都争先恐后地抢最大的面包，然后连谢谢也不说，就头也不回地离开了。等到他们都走开之后，有个面黄肌瘦的小女孩慢慢走到篮子前，拿了仅剩的那个小面包，还对着有钱人鞠了一躬，真诚地说了"谢谢"之后，她才离开。

接连几次，有钱人发现这个小女孩从来不和其他孩子争抢面包，每次都是安静地站在退后一步的地方，等到所有孩子都拿到满意的面包之后，她才小心翼翼地走上前去。当然，和那些孩子每次都不知道说"谢谢"一样，小女孩每

次都不忘记鞠躬，说“谢谢”，才满怀感激的离开。这一天，她还主动上去吻了有钱人的手，说：“谢谢您，尊敬的先生。我妈妈正在生病，有了面包，她吃下去才能快些恢复。真的非常感谢您。”

次日、有钱人再次拿着一篮子面包来到布施的地方。这次有个面包看上去尤其小，在孩子们挑来拣去之后，小女孩只好拿起这个看起来小得可怜的面包。不过，小女孩丝毫没有因此减少对有钱人的感激之情，她照常鞠躬感谢之后，带着这个小面包回家了。妈妈拿起刀分割面包时，突然面包里滚落出很多闪闪发光的银币，妈妈惊讶极了，赶紧让小女孩把这些钱送还给有钱人。小女孩带着银币来到有钱人的家里，对有钱人说：“尊敬的先生，您肯定是在烘焙面包时不小心裹进了银币。现在，物归原主，请您一定要收好啊！”有钱人笑着说：“孩子，这些钱是我特意给你的。一直以来，你都拿篮子里最小的面包，而且对我始终满含感激。你如此懂得感恩，我愿意帮助你度过这段最艰难的时光。回家去告诉妈妈吧，这是对你感恩之心的回报，让她安心地接受吧！”小女孩真诚地感谢有钱人之后，带着钱飞奔回家，她迫不及待地想要告诉妈妈这个好消息啊！

感恩是一种人生态度，懂得感恩的人，总是对于自己身上发生的一切都能够坦然接受。好的，他们感恩，坏的命运，他们也绝不抱怨，而是从容面对。正是因为这样的心态，他们才能做到始终对生活安之若素，从不抱怨和抵触厄运的降临。感恩还具有神奇的力量，当我们怀着感恩之心对待整个世界和我们身边的每一个人时，他们一定能够感受到我们的意念，赐给我们更多的好运。

怀着感恩之心的人，总是对生活充满热爱。他们有着博爱之心，因而心胸宽广。感恩之心还能帮助我们保持平静，让我们时时刻刻感念生命的美好，也善待他人和自己。在人与人相处的过程中，感恩之心的处世哲学能够帮我们更好地与他人交往。心怀感恩的人是有大智慧的，他们看似与世无争，其实心有天地宽。人生之中的每件事情和每个人，都值得我们去感恩。朋友们，让我们把感恩变成人生中理所当然的常态吧。当我们让感恩常伴左右，生活也就定然会给予我们丰厚的回报！

第8章 驾驭不良的情绪，高情商能让你学会放过自己

生活中，有很多人整日愁眉苦脸，看起来就像是有人欠了他很多钱没还似的。还有些人呢，看上去每天都心情舒畅，面带微笑，喜笑颜开，似乎人生之中遇到的都是好事，而没有任何不开心的事情。其实，没有人一生中都是坎坷和愁苦，也没有人一生中遇到的都是好事。归根结底，在人生中每个人的表现之所以不同，就在于他们面对生活的态度不同，因而也就决定了各自不同的命运。

别让不良情绪影响你

生活中，人们常常觉得心情不好，有的时候那低沉的情绪仿佛暴风雨来临前的阴郁天气一样，阴沉得能够拧出水来。在这种情况下，有人能够及时调控自己的情绪，以免情绪失控，导致自己更加郁郁寡欢，甚至影响生活和工作。还有的人呢，往往被情绪驱使，根本无法成为情绪的主人，最终却成为情绪的奴隶，被情绪左右。毋庸置疑，前者是自控能力较强的人，后者则是自控能力很差的人，这种人情商也比较低。一个人要想从容面对生活的风风雨雨，就应该成为情绪的主宰，要做到及时发现情绪中的漏洞，弥补漏洞，以免情绪继续恶化下去。

当然，人是感情动物，喜怒哀乐惧等七情六欲，总是伴随每个人的一生。既然如此，我们也就没有必要谈情绪色变。毕竟，情绪和饮食穿衣一样，都是人生正常的表现和合理的需求，我们必须理智对待，才能安然度过一生。古人云，不识庐山真面目，只缘身在此山中。情绪也是如此，如果一味地陷入情绪之中无法自拔，那么，情绪就会影响生活的诸多方面。唯有从不良情绪之中跳

脱出来，我们才能摆脱情绪的负面作用，最大限度地发挥情绪的正面作用，使其为我们的生活和工作服务。

很久以前，人们就发现辛迪有一个奇怪的习惯，即每当他感到气愤的时候，就会绕着自己的土地和房屋跑上至少三圈，然后气喘吁吁地坐在田地边，看着地里的庄稼，渐渐地恢复了平静。有的时候即使在离家以外的地方被其他的人或者事情惹生气了，他也会毫不犹豫地跑回家，围着土地和房屋不停地跑。辛迪非常辛劳，从来没有悠闲的时候。随着时间的流逝，他的付出得到了回报，他的土地越来越多，房子也越来越大，然而，他一如往常。不管房子多大，土地多辽阔，他依然在气愤的时候绕着土地和房屋跑来跑去。熟悉辛迪的人都对此很奇怪，也有很多人问辛迪为什么这么做，辛迪却从来不愿意说出原因。

光阴似箭，辛迪越来越老了，成了远近闻名的大富豪。终于，他即便走路也很艰难了，更别说跑步了，但在生气的时候，他依然会绕着自己广袤的土地田产走上三圈。有一次，他走完三圈用了足足半天时间，当他气喘吁吁地坐在田边休息时，孙子也跑过来坐在他的身边，不解地问："爷爷，你已经这么老了，走路都很艰难，为什么还要绕着土地跑三圈呢？像这样走三圈，也是很累的呀！"辛迪笑而不答，孙子缠着要他说出其中的秘密，辛迪非常宠爱孙子，拗不过孙子的纠缠，对他说："人生在世，难免会生气啊！年轻的时候，爷爷很贫穷，每当与人生气，我一边绕着房子和田地跑，一边想：'我这么贫穷，哪里有资格和他人生气呢，与其把宝贵的时间用来生气，不如辛苦地操劳，让自己变得富裕起来！'后来，我的房子越来越大，田地也越来越多，每当与人生气，我还是绕着房子和土地跑，我想：'我好不容易历经辛苦才拥有这一切，我现在是如此富有，又何必与他人斤斤计较呢？！'就这样，我的愤怒很快就会烟消云散了。"

辛迪通过用围绕房屋和田地跑步的方式，来平息自己因为愤怒而起伏不平的心情。的确，贫穷的时候我们没有资格也没有时间与他人生气，富有之后我们则是没有必要与他人斤斤计较。假如人人都能以恰到好处的方式平息自己的

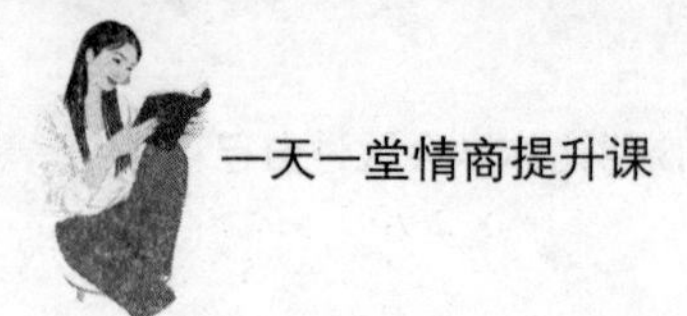

怒气，人生就会多几分平和，少几分焦躁。

朋友们，你们可曾在生活中与他人生气呢？这一点其实毋庸置疑。生活原本就是琐碎的，需要面对各种各样的喜怒哀乐。也因为他人与我们脾气秉性性格等都各不相同，所以我们与其和他人较劲，不如宽宥自己，劝解自己，怀着平静的心态和愉悦的情绪面对生活，享受人生。当我们能够控制情绪，成为情绪的主人时，我们的情商也就相应地提高了一大截。

自我反省，是前进的永恒动力

在这个世界上，没有任何人能够保证自己一生之中从来不犯错误。就算是圣人，也是在错误中不断成长起来的。圣人之所以能够成为圣人，是因为他们犯错之后善于反思，能够真心悔改，且举一反三，从而比普通人更加高效地提升自己，完善自己，越来越接近于完美。毋庸置疑，对于每个人而言，自我反省都是前进的动力。人们常说失败是成功之母，倘若一个人失败之后，却并没有反省，也没有总结经验和教训，那么他的失败就毫无意义，仅仅是一次失败而已。与此相反，假如一个人在失败之后能够及时总结和反思，则能够从失败中总结经验和教训，从而提升自己的能力和综合素养，从而使自己获得突飞猛进的进步。

人人都需要自省，自省能够帮助我们时刻校正偏移的方向，也能帮助我们更加深刻地了解和认识自己。一个人如果不了解自己，在面对客观世界以及做出主观决定时，难免失之偏颇。自省，还可以督促和激励我们不断进步。我们无法和世界上最优秀的人相比，因为人的天赋和际遇都是不同的，但是我们可以和曾经的自己相比。假如我们每一个人今天比起昨天的自己都有微小的进步，这就是值得欣慰和庆幸的。情商高的人很善于自省，因为他们深知自省的妙处。他们待人处事的沉着冷静，他们思想的理智和睿智，与善于自省都密切

相关。

现代社会，人们的生活节奏越来越快，工作压力越来越大，自省还能帮助人们调节巨大的压力，使得自己更加从容地面对生活的一切赐予。当然，也许有人会说压力就是动力，人无压力轻飘飘。话虽如此，一味的压力却也会使人感到心力憔悴，甚至身心崩溃。自省则能够帮助人们更加合理地面对压力，尤其是在压力巨大的情况下，自省更能够帮助人们理清思绪，从而使压力发挥正面积极的作用，而避免人们因为心理负担过重，导致寝食难安。打个形象的比喻，很多喜爱干净整洁的人会定期清理衣柜等容易杂乱的地方，当忙碌完之后看着秩序井然的衣柜，似乎心里也清净了很多。自省也恰恰如此，只不过它帮助清理的是我们内心深处烦乱的思绪。当自省之后清理完内心的一切，我们的心也变得更加清明。

比尔·盖茨的计算机王国无人能比，在1995年时，其发展正处于鼎盛时期。不过，当时的互联网也逐渐热起来，为此，曾经有一位公司的懂事向比尔·盖茨进言，建议多多关注互联网，或者也可以朝着互联网方向发展。当时的比尔显然有些自负，面对董事的中肯建议，他不以为然地当即拒绝。他认为互联网只是一个免费的平台，没有人能够在上面实现盈利。为此，他向全公司宣布微软拒绝进军互联网，不想，很多员工对此的态度都和那位提出建议的董事一样。甚至有些员工直接写信给比尔，明确指出放弃互联网是一个错误的决定。听到有那么多反对声音之后，比尔开始反省自己。他花费很多宝贵的时间深入了解互联网，从而深刻地理解了互联网产业。最终，他坦然承认自己对于互联网产业的理解有所偏颇，并且当机立断改正了自己的错误。

对于微软这样的大公司而言，调整也是一项浩大的工程。然而一旦方向确立，比尔就变得坚定不移。他创作了《互联网浪潮》一书，在书里详细阐述了自己对于互联网的理解和见解。公司当即成立了互联网部门，比尔还亲自把那些曾经大胆谏言的员工调到互联网部门，对他们委以重任。当然，为了顺应公司发展的大方向，一些与互联网毫无关系的产品也被取缔了。在大家的万众一心之下，微软公司很快就在互联网领域获得了一席之地，此后逐渐站稳了脚

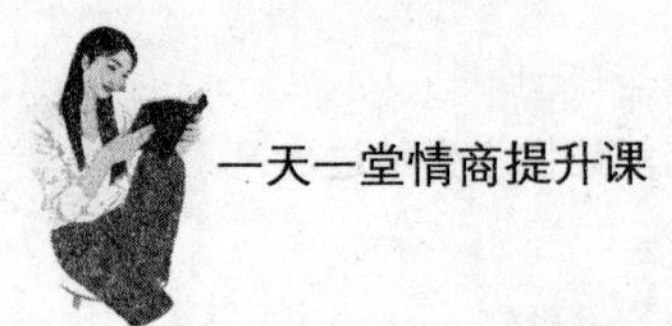

跟，事业获得了长足的发展。

现代社会瞬息万变，各行各业的发展都很快。如果作为个体，不能跟上时代的潮流，就会被滚滚向前的时代洪流彻底抛弃。在这个事例中，比尔虽然一开始有些武断，但是马上意识到自己的问题所在，因而得以及时改正。在确立公司发展方向之后，更是大刀阔斧地调整，最终抓住时机在互联网产业获得了地位。

当然对于自身而言，自省是痛苦的。只有清晰地剖析自己，才使得我们发现很多自身的缺点和不足，甚至还要勉为其难地承认自己在某些方面的错误。然而，坦诚地面对失败承认不足并非简单容易的事情，这是勇敢者所为。懂得自省的人，一定是有胆识有魄力也有担当的人生强者。然而。如今的整个时代都陷入浮躁的旋涡之中，越来越多的人已没有足够的耐心面对自己的内心，更无法以淡定从容的态度面对自己的人生。在这种情况下，主动自省的人越来越少了，因而人们相对于自身的进步也日渐缓慢。这是一种非常可怕的时代病，朋友们，假如你们想要提升自己，想要拥有灿烂辉煌的人生，就一定要从一日三省吾身做起！

绷紧的弦也需要有放松的时候

假如一根琴弦绷得太紧，在演奏的时候，就难免会因为用力过大而绷断。因而，每一个熟悉琴弦的人都知道，要把琴弦调得松紧适度，才能演奏出最为和谐优美的乐章。当然，如果琴弦过松，也是无法如愿以偿得到美妙乐声的。人的精神也是如此，人的精神之中也像是有很多弦，假如这些弦过松，则无法起到督促和激励我们进步的作用，但是如若这些弦绷得太紧，也会让人们因为无法承受的压力而感到过于辛苦。如果这根弦最终断了，一切努力都会化作泡影。因而，一个人要想尽情享受人生，就一定要学会松紧适度。

就像一首乐曲既有舒缓的节奏，也有高潮的部分一样，人生也应该如此。为何国家要规定每周放假两天供平日里紧张工作的人们休息呢？就是因为人的精神在紧张忙碌五天之后，需要一定时间的放松，在工作之余感受家庭生活的悠闲惬意，从而帮助人们更好地面对未来的工作。否则如果像连轴转一样不停地工作，非但精神的弦受不了，人的血肉之躯也是无法承受的。现代社会，经常会传来中年人过劳死的消息，与过度劳累和紧张是密切相关的。任何工作，一天之内，一个月之内，甚至一年之内，都是不可能做完的。既然工作永远干不完，何不安排好工作和生活的节奏，让自己劳逸结合呢。所谓留得青山在，不怕没柴烧，说的就是这个道理。

真正懂得工作和懂得生活的人，既不会一味地工作，也不会一味地放松。就像唱歌一样，他们的歌声时而舒缓，时而是高亢激昂，如此才有韵律。也只有高情商的人才懂得把辛劳与放松相结合起来，做到努力工作，快乐生活，如此人生才充实，而且能够尽量避免遗憾。记得前段时间在朋友圈里看到，有一种成功不配称为成功。这种人以成功人士自诩，整日忙于工作，既没有时间陪伴家人，也错过了教育和陪伴孩子的成长，还一味地标榜自己抛家舍业地忙碌。一个人如果连孩子都没有时间陪伴，能算得上真正的成功吗？只是疲于奔命而已。真正高情商的人，不会为了工作丢弃家庭，也不会整日窝在家里失去自我。相反，他们把家庭与事业恰到好处地平衡安排，把人生过得风生水起，这样的人才是真正的成功人士。归根结底，人生之中不仅仅只要成功二字，还有亲情、友情和爱情等，需要我们维护和兼顾。工作只是生活的手段，如果本末倒置，因为工作严重影响生活和家庭的幸福，未免得不偿失。

自从进入公司之后，作为应届大学毕业生的马玉就像是拧紧了发条的闹钟一样，一刻也不停地滴滴答答。有的时候为了表现更好，得到领导的赏识，他除了公司经常性的加班外，还主动加班。对于马玉，很多同事虽然欣赏他勤快努力，但是对于他的主动加班却颇有微词。毕竟，这样给其他同事也造成了一定的压力。尽管有几个同事都曾私下里暗示过马玉，马玉却说：“我是来自农村的孩子，不怕吃苦受累。我又刚刚大学毕业，没有任何经验，再不勤快点

儿，如何立足呢！”看到劝说无效，大家也就渐渐接受了。

工作半年多之后，马玉突然觉得胃疼难忍，豆大的汗珠从他额头上滴落下来，同事们赶紧把他送到医院。一番折腾和检查之后，医生诊断马玉患了急性胃炎。原本以为只是饮食不规律引起的，不想医生却说胃炎最主要的诱发原因是压力过大。这时，站在一旁的同事赶紧说：“他呀，每天都马不停蹄地工作，有的时候大家都下班了，他还会一个人加班到十一二点呢！经常如此。”医生惊讶地说：“长期的压力可是会导致各种身体疾病的，也许胃炎只是相对比较轻的症状。年轻人，虽然你年轻体壮，但是也不要拿身体开玩笑。工作是永远干不完的，如果没有好的身体，怎么可能实现持续地工作呢？你这是在透支体力，竭泽而渔啊！”医生的话给马玉敲响了警钟，后来马玉再也不当拼命三郎了！

现代职场，竞争非常激烈，也直接导致那些一无所有的年轻人拼了命地工作，恨不得把一天之中的二十四小时都用于工作才好。然而，工作应该是可持续发展的。倘若一个人因为工作劳累导致身体彻底垮了，那么即使在前面的时间里表现多么好，领导也不会时刻记着已经卧病在床的他。唯有保持健康的身体，让工作变得细水长流，你所打拼的一切才能始终留在你的生命中，为你所用。此外，家人也是我们生命中最宝贵和值得珍惜的。如果为了工作冷落家人，工作还有什么意义呢？遗憾的是，现实生活中却总有人打着为了家人的旗号，只顾着工作，丝毫不考虑家人的感受，本末倒置。

朋友们，每个人在一生之中都有无数的欲望需要满足，大家都为了自己的理想、梦想而不断努力，却完全忽略了在感到疲惫的时候，在身体释放出不良信号之前，要注意及时放松自己。否则，一旦给身体造成疾病，工作上得到多少回报都是无法弥补这种损失的。

舍弃，有的时候反而是一种得到

人在一生之中，总是不停地有得到，也有失去，正是在不断地得到和失去之中，人渐渐成长成熟，更加学会如何坦然从容地面对生活。常言道，人生不如意十之八九。没有人一生会是一帆风顺的，唯有采取淡定平和的态度面对人生，坦然面对人生的得到和失去，得到了不会欣喜若狂，失去了也不会怅然若失，灰心绝望。这样的人生，才能称之为从容。

毋庸置疑，人的本性都是自私的。很多时候，人们都渴望得到，而害怕失去，这也无可厚非。大多数舍弃，往往不是心甘情愿，而带有被迫的意味，在这种情况下，与其被动地失去，沉浸在失去的痛苦中，不如敞开心胸，让失去成为一种心灵的解放，成为另一种形式上的获得。有的时候，舍弃的确是一种得到。诸如，我们舍弃了利益，得到了朋友的真心和钦佩；我们舍弃了工作上的一个机会，得到了宽容大度的胸怀；我们舍弃了抱怨，得到了轻松愉快；我们舍弃了与他人的纷争，得到了心底无私天地宽……每一种舍弃都有回报，当你怀着宽容的心时，即会感受到这些回报。

很久以前，有三个人一起在深山里开采金子。他们每天都日出而作，日落而息，在深山里辛苦劳作十年之后，终于各自都积攒到很多金子，因而三人商议着回家，颐养天年。他们马上开始收拾行李，带上几包沉重的金子，一起乘船出发了。不想，他们走了两天，在还有一天的路程就要到家的时候，海上就突然起了大风暴，眼看着船身就要倾覆了，为了求生，他们不得不面临保住性命还是保住金子的选择？第一个人死活不愿意放弃金子，最终抱着金子掉入大海。第二个人呢，虽然丢弃了一部分金子，但是也最终掉入大海。只有第三个人，果断地丢掉所有的金子，独身一人抱着浮木，经过一天一夜的漂浮，回到了岸边。

因为已经知道了金矿的脉络，回家休养生息之后，这个人再次打造了一艘坚固而又结实的大船，回到他当初开采金子的深山里。这次，他带了几个儿

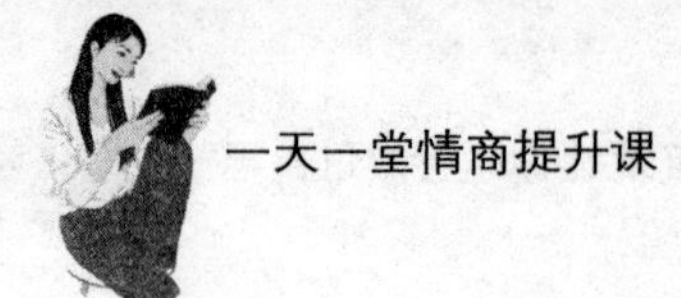

子，很快挖掘出很多的金子。有了上次的教训，他们在回去的航行中非常小心，一旦看到有风暴即将来临，就赶紧采取预案。最终，他们成功回到家里，过上了富裕的生活。

在暴风雨面前，如果不放弃金子，就意味着会失去生命；如果放弃金子，就意味着能够得到一线生机。在这种情况下，放弃金子并非是真正的放弃，而是以此换取性命。和金子相比，当然还是性命更重要，因为如果丢了性命，也就失去了金子。两个人都因为没有想明白这个道理，最终葬身海底。第三个人及时放弃金子，最终逃得活命，也才有了机会带领儿子们去挖掘更多的金子。

人生总是不断地面临选择，舍弃也是一种选择。任何情况下，该放弃时就放弃，我们才能顺势而为，得到更多。朋友们，人生之中的任何东西和生命相比都是微不足道的。该舍弃时就舍弃，不是为了一无所有，而是为了让我们得到更多。

逆难而上，才能战胜困难

就像一年之中总会有春夏秋冬一样，人生也是有不同季节的。在春风和煦的春日，万物萌芽，春暖花开，生命也尽情舒展开来，得以享受暖风熏得游人醉的快乐。而一旦到了冰天雪地的冬季，人们面对寸步难行的人生逆境，总是愁眉苦脸，忧思重重。有些胆小怯懦的人，就此被困难吓倒，仓皇而逃，人生也就失去了逆袭的机会。只有真正的强者，才能战胜这生命的严寒，以不屈的精神打破坚冰，从而彻底战胜困难，让生命顺利度过寒冬。

对于任何人而言，逆境都是检验是否是强者的标准。所谓行百里者半九十，意思是说，在长途跋涉之后，如果最后几步不能坚持下去，导致无法到达终点，那么就会前功尽弃，一切的努力都会付诸东流。因而，如果在人生中春风得意的时候自以为是，却在遭遇坎坷挫折的时候无法继续坚持下去，就会

导致人生也半途而废。恰恰是在逆境之中，就像是百米冲刺一样，最后几步必须付出全身的力气战胜疲劳的阻碍，努力冲刺，才能获得佳绩。正因如此，我们必须迎难而上，成为人生真正的强者。

作为美国的第16届任职总统，林肯在一生之中当然曾有过无比辉煌的时刻，但是也遭受了很多挫折。尤其是在担任总统之前，林肯数次遭到命运的捉弄，总是不停地在失望和失败中徘徊。

1832年，失业之后的林肯很迷惘，后来经过思考，他决定从政，并且要从竞选州议员开始。遗憾的是，当他做足准备参加竞选之后，却以失败告终。林肯在一年的时间里遭受失业和竞选失败的双重打击，心境黯然。正是在这种情况下，他又开始创办企业，打算经商。但是屋漏偏逢连夜雨，他创办的企业破产倒闭了。这次事件使他在经济上蒙受了巨大的损失，从此之后的17年间，他一直背负着因为企业倒闭产生的债务，遭受了无数的磨难。

不过，林肯并没有绝望。他重整旗鼓，再次参加州议员竞选。这次，他成功了，并且由此萌发出对生活的希望。他以为命运对他的捉弄已经结束，事实却并非如此。1835年，林肯的未婚妻在婚礼前几个月因病去世，这给了林肯沉痛的打击，使他一病不起，卧床数月。1836年，林肯身患严重的神经衰弱症，这都是因为巨大的压力和接踵而至的失败所致。直到1838年，林肯感到身体健康恢复了，就去参加竞选州议会会长，但依然以失败告终。1843年，休养生息之后的林肯满怀希望地再次参加竞选美国国会议员，还是失败了。至此，除了那一次竞选成功之外，林肯的人生似乎一直泡在失败的苦水中。然而林肯却从未放弃，直到再次参加竞选国会议员，最终成功当选。当他又参加竞选准备连任时，却没有得到选民们慷慨的选票，以落选告终。在此之后，不服输的林肯于1854年竞选议员，于1856年竞选美国总统提名，又于1858年竞选参议院，统统失败。

十一次失败一定能把林肯击垮吗？直到1860年，林肯才迎来自己人生中的第二次成功，他通过总统竞选，成功当选美国总统。从此，林肯的人生迎来了最辉煌的巅峰时期。

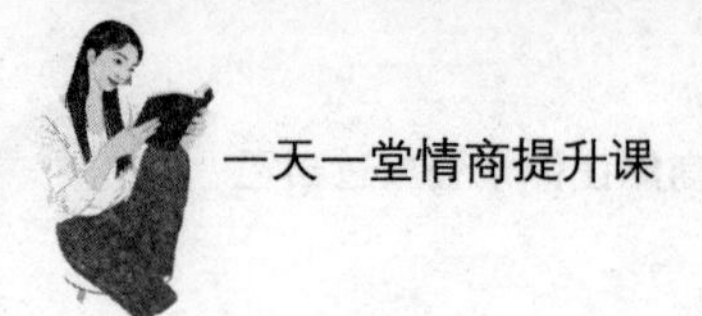

面对人生中接踵而至的重重困难，林肯从未被吓退，而是知难而上，迎难而上，在一次次失败之后勇敢地站起来，继续前进和攀登。十一次失败，而且其中还有致命的打击，都没有让林肯认输。正是因为他这种不服输勇往直前的精神，他才能能够最终冲破逆境，迎来辉煌的人生。

生活中不乏有人一看到艰难坎坷的困境就心生畏惧。他们先是恐慌，接下来又陷入深深的绝望之中，最终垂头丧气，斗志全无。其实，逆境恰恰是考验我们的时刻，我们只有勇敢地面对逆境，才能真正跨越人生的艰难险阻，勇往直前。朋友们，无论人生面对何种境遇，作为真正的强者，我们都要扬起信心的风帆，马力十足地朝着理想的彼岸驶去！

让心安定，才能坦然接受命运

人世间，万事万物都有其自身发展的规律，春天树叶萌芽，春回大地，秋天树叶凋落，化作春泥，重回大地的怀抱，这是自然界永恒的规律。人生也是如此，每个人在生活中都既有得到，也会有失去，这是很正常的现象。面对得失，我们只有怀着平静的心态，从容面对，才能最大限度地减少得失的负面作用，畅享人生。

懂得生活的人才懂得珍惜，既然知道很多东西得到了也还是会失去，与其为失去悲哀，不如在拥有的时候好好珍惜，这样即便失去了也了无遗憾。就像很多孝顺的人对待父母一样，在父母年迈的时候环绕膝下，尽心孝顺，等到父母有一天离开人世，即使悲伤，也不会懊悔。因为该做的都已经做了，心已经尽了。相反，有些人在父母在世的时候对父母百般刁难，等到父母故去却又佯装伤心，不得不说是虚伪。又或者的确是真的懊悔伤心，那么又早知今日，何必当初呢！命运的确像是一双神奇的手，是不受任何人控制的。我们自身的努力也只能改变命运的轨迹，却不能彻底改变命运。因而人们常说要活在当下，

就是这个道理。当我们充实地度过每一个今天，我们也就有了无悔的昨天和满怀希望的明天。

很久以前，有位神箭手箭术特别高超，能够在百步以外射中微小的目标。听到民间把这位神箭手传得神乎其神，皇帝也产生了好奇，因而让大臣把这位神箭手找到宫里，想要亲眼目睹神箭手的高超箭术。

很快，大臣就奉旨找来了神箭手。国王看到神箭手之后，迫不及待地想要观赏他的高超箭术，为了鼓励神箭手，因而说："假如你真的如民间所说能够百步穿杨，我定会重重赏赐你。黄金万两，土地千户，如何？"听了皇帝的话，神箭手原本轻松愉悦的神情突然变得严肃起来，堪称凝重。他缓缓地拉开弓，看着远处的目标，微微颤抖的手迟迟没有把箭射出去。直到皇帝都等得有些不耐烦了，神箭手才鼓足勇气，把箭射了出去。出乎所有人预料，神箭手居然射偏了很多。后来，神箭手又尝试了好几次，都没有发挥出百步穿杨的箭术。最终，他悻悻然离开皇宫。

等到神箭手走后，皇帝问大臣："难道真的是以讹传讹？"大臣笑着说："其实，神箭手的确名不虚传，臣就曾亲眼看到他的高超箭术。只不过，他看到皇帝肯定紧张。再加上皇帝许诺给他黄金万两，土地千户，他怎么能不紧张呢？"皇帝无辜地说："我是为了激励他啊！"大臣笑了，说："一箭射出去，全家几代人就吃喝不愁，过上富裕的生活，这一箭实在是太过沉重啦！"皇帝这才恍然大悟。

神箭手原本能够轻松自如地百步穿杨，就是因为他心中毫不犹豫纠结，也不在乎一箭射出去的结果。但是当皇帝许诺给他重赏之后，他一想到自己拥有这些黄金和土地，只怕心中翻江倒海，再也难以恢复平静。如此一来，怎能不心慌手抖，箭术失常呢！

人们虽然常说要有平常心，但是这看似轻飘飘的三个字，要想真正做到可真是万难。人总是有欲望和需求的，尤其是随着生活水平的不断提高，人们也进入人生不同的层次和阶段，欲望和需求也随之改变，因而总是处于需要满足的状态。在这种情况下，要想保持平常心，就一定要调整好心态，切勿患得患

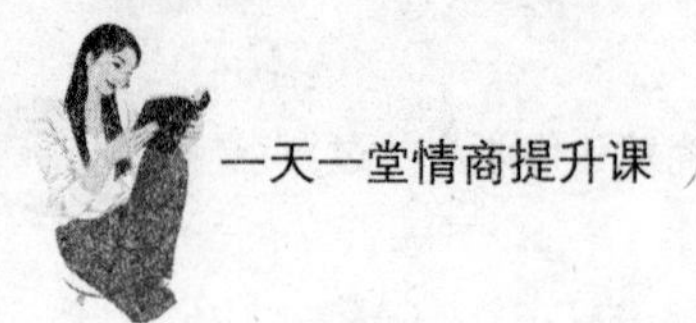

失。要知道，患得患失非但于事无补，还会扰乱我们的心绪，使我们无法果断从容地面对生活，导致更加得不偿失。

把握好心态，才能主宰命运

生活中，喜欢抱怨的人不在少数。面对命运赐予的种种坎坷，他们怨声载道，面对生活的诸多不如意，他们也经常牢骚满腹。也因此，他们的人生总是与抱怨相伴，久而久之，他们已经习惯了把抱怨作为人生的一部分，而让它出现在自己每日的生活中。其实，这种情况是非常可怕的。好的习惯能够帮助我们成就人生，而坏的心态一旦成为习惯，就会耽误甚至是毁灭我们的人生。

细细想来，抱怨有什么作用呢？当你抱怨之后，事情会有任何改观吗？没有。反而是你的心情会变得更加糟糕、沮丧和绝望。甚至抱怨还会让你怒火顿生，这无疑是自己给自己添堵，找不痛快啊！人们常说，性格决定命运。其实，好的心态也能帮助我们调理好心情，积极乐观地面对命运，从而主宰命运，主宰人生。

作为美国著名的传奇教练，在美国十二届的篮球年赛中，伍登代表加州大学洛杉矶分校参赛，居然在十届比赛中都夺得了全国总冠军。为此，大家都称赞他是美国有史以来最称职的篮球教练之一。对此，记者采访时问伍登："伍登教练，比赛是需要承受巨大的压力的，请问您是如何保持积极乐观的呢？"伍登毫不迟疑地笑着回答："每天晚上入睡前，我都会告诉自己：我今天表现很棒，我明天的表现会更加出色。""仅仅如此？这么简单？"记者感到难以置信。伍登坚定地说："仅仅如此？我已经这样对自己说了二十年了！话虽然简短，但是二十年来却给了我巨大的力量！即使是长篇大论，假如不能每天都执着地告诉自己，也是毫无用处的。"

其实，伍登的积极乐观不仅仅是在对待篮球上，他在生活中也总是非常

开朗，凡事都超好的方面去想。有一次，伍登和朋友一起开车去市中心办事，却遭遇了大堵车，半天都不能动弹。为此，朋友牢骚满腹，伍登却笑着说："真好，这个城市真是热闹非凡。"朋友满怀疑惑地问："你可真逗，看事情的角度总是和人背道而驰。"伍登不以为然，安慰朋友："真的，多好啊如此热闹的地方。其实你也应该和我一样，用自己心里期望的样子看待这个世界，你会发现你总有机会。否则，一旦你变得悲观绝望，难道你的心还能折射出希望来吗？既然希望也是一天，失望也是一天，我们为何不满怀希望地度过一天呢？！"伍登的话让朋友陷入了深思。

的确如同伍登所说，希望并非是外界给我们的，而是来自我们的内心。假如我们怀着一颗消极绝望的心，又如何能从生活中看到希望呢！相反，假如我们的心积极乐观，始终满怀希望，那么我们就算遇到糟糕的事情，也总能找到丝丝希望，以鼓舞自己。面对相同的事情，有的人看到的是无法逆转的危机，有的人看到的却是柳暗花明的转机，也因此他们的人生变得完全不同，这都是心态的力量。

对于成功而言，积极乐观的心态永远是必不可少的。拥有积极心态的人，就像是心中有太阳一样，始终充满阳光。相反，那些心态消极悲观的人，则总是陷入绝望之中，无论如何也无法得到乐观的人生。朋友们，从现在开始就让我们改变心态吧！唯有怀着一颗积极乐观的心，我们才能拥有积极乐观的人生！

第9章 化解人生的压力，高情商让你的日子更舒服

现代社会，生活节奏越来越快，工作压力越来越大，人们往往觉得不堪重负。尤其是在职场上，人们不但要承受工作上的压力，还要处理复杂的人际关系。一旦有利益之争，原本看起来友好和气的同事瞬间就会变成彼此竞争、勾心斗角的对手，更是让职场人心力憔悴。假如我们能够提高自身的情商，努力化解人生的压力，生活也许就会变得轻松一些。

任何时候，都不要被金钱驱使

俗话说，金钱不是万能的，没有钱却是万万不能的。这句话很好地诠释了金钱在我们生活的重要作用和微妙地位。自古以来，很多文人学士视金钱为粪土，却过着缺衣少食的生活，穷困潦倒。这充分说明了金钱在我们生活中处于不可或缺的地位。尤其是现代社会已经不是农耕时代，如果说农耕时代的人们凭着辛苦耕种还能保证自己不会饿肚子，那么现代人尤其是生活在大城市里的人，则一旦没有金钱作为生活的支撑，简直寸步难行。别说吃饱肚子里，就算喝口水也是要交费的。在这种情况下，视金钱如粪土也应该顺势而为，分清楚形势，千万不能因为鄙视金钱而拒绝取之有道的钱，也不能千金散尽情挥霍金钱，否则就会导致生活局促，陷入困顿。当然，被金钱驱使同样不应该是现代人所为。其实这一条是不分现代古代的。当金钱与我们做人的准则和人生的底线相违背的时候，我们就必须坚决捍卫自己的人格和尊严，决不能为了金钱付出不应有的代价。

大千世界，熙熙攘攘，倘若每个人都为了金钱不择手段，那么这个社会就

会变得唯利是图，再也没有真善美的存在。其实，对于大多数普通人而言，只要努力勤劳，获得的金钱还是可以维持正常生活的。倘若拥有一颗贪婪的心，则会被金钱奴役和驱使，及至渐渐迷失本性，忘却初心，失去人生方向。古人云，君子爱财，取之有道，虽然只有简单的八个字，却道出了人们对于金钱应该采取的正确态度。的确，没有钱的日子寸步难行，但是也不能为了得到钱而不顾一切。很多时候，有钱人未必富有，我们要当个金钱刚刚够用的富人，岂非更好。人生之中，除了金钱还有很多重要的东西，诸如亲情、友情，诸如责任、道义，诸如做人的道德和底线。世界上总有些东西千金不换，在金钱的诱惑面前，我们必须保持清醒的头脑。尤其是现代社会，生活如此奔波忙碌，繁华的大千世界又是这样诱惑着人们的心，我们必须更加保持理智和坚持原则，才能坦然面对人生。

很久以前，一艘轮船在海上航行时遭遇大风暴，不幸倾覆。一个水手侥幸死里逃生，因而抱着一块海水中的浮木，漂浮了一天一夜，终于靠岸，来到了一个美丽如画的国度。水手非常饥饿，仓皇来到一家饭馆想要吃东西。等到他狼吞虎咽地吃完，才发现自己身无分文，因而他摘下自己的手表，问侍从："您好，我遇到海难，身无分文，可以用这块手表抵餐费吗？"侍者笑着说："您不需要付钱，因为我们国家规定，任何消费，非但不要钱，还会由商户支付同等金额给消费者。"水手惊讶地张大嘴巴，瞠目结舌，以为自己听错了。他再三和侍者确认，这才知道在这个国度的一切消费都不要支付金钱，反而会得到等额金钱。水手简直欣喜若狂，稍事休息之后，马上飞奔出去疯狂消费。

水手首先来到奢侈品商店，购买了好几块金表、钻石项链等。接着，他又来到服装店，为自己挑选了好几身昂贵的衣服。随着他手里大包小包拎满了东西，他刚刚买的背包里也装满了沉甸甸的金钱。随着他的消费越来越多，那些金钱也越来越沉重地压在他的后背上。水手渐渐觉得疑惑："那些东西好歹还有些使用价值，但是那些钱可就是纯粹的负担啊！"为此，他来到一个垃圾桶前，准备把钱倒进去。不想，他刚刚把背包里的钱倒进垃圾桶，突然一辆警车呼啸而至，停在他的面前。一个警察从警车上走下来，说："先生，您居然亵

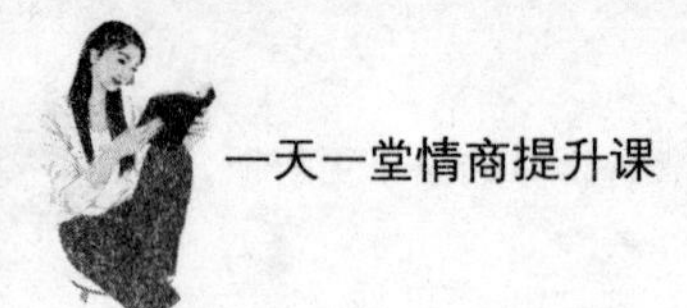

渎金钱，我们要处以巨额罚款。”水手很惊慌，说：“但是我现在没有钱了！要不就用垃圾桶里的钱交罚款吧！”警察笑了，说：“和消费一样，巨额罚款也是由国家支付给你的。”说着，警察从车子里搬出一箱子钱，塞到水手怀里，并且说：“你必须把垃圾桶里的钱也带走，否则一旦发现你亵渎金钱，还会加倍处罚你，也就是给你更多的钱。”警察的话让水手心惊胆战，他只得带着沉重的钱离开了。

随着不停的消费，水手的钱简直堆满了旅馆的房间。他无奈之下，只好问旅馆老板：“如何才能把这些钱花出去呢？减少一些？”旅馆老板说：“你必须出去工作，你工作一天，国家会收取相应的钱，这样你的钱才能越来越少。”水手诧异极了，但是为了不至于让自己无处容身，他只好去工作。由此，他也明白了金钱并非总是好的，也会成为负担，从此他再也不对金钱趋之若鹜了。而且，他还发现工作所得能够给人带来快乐，而不需劳动就获得的金钱，只会给人造成负累。

现代社会，有谁不希望得到越来越多的金钱呢！任何时候，人们都不会嫌弃金钱多，因为不停地在挣，也不停地在花出去。为了得到金钱，人们甚至不择手段。看看那些官场上因为贪污犯罪落马的官员们吧，他们甚至为了聚敛钱财，连命都不要了。

金钱，既能够为我们的生活带来很大的便利，也会把我们的心搅和得乌烟瘴气。我们要想主宰自己的人生，必须能够驾驭金钱，使其为我们所用。不管是高官为了金钱堕落，还是普通人过着衣食富足的生活还心怀贪念不知足，都是得不偿失的。就像工作和生活的关系一样，工作是为了赚取金钱，为了更好地生活。千万不要本末导致，如果把生活的目的局限在金钱这一点上，金钱就会成为人生的负累，使人生再也没有快乐和洒脱可言。

回家前，把烦恼收起来放好

没有人的人生是一帆风顺的，不管是在生活中，还是在工作中，尤其是现代人，都承受着巨大的压力。如果我们一味地沉浸在烦恼之中，就很难得到快乐。相反，聪明的人能够学会放下，把烦恼放下，享受人生中难得的轻松愉快。尤其是在劳累工作了一天之后，人们无比渴望家的温暖和舒适。在这种情况下，我们更应该珍惜家庭生活，千万不要把工作的烦恼带回家。

生活中，有很多人无法准确区分工作和生活的关系。他们兢兢业业地工作，却因为过于投入工作，导致把工作中的压力和烦恼也带回家来，给家庭生活带来不和谐的因素。其实，一个明智的人不会把原本应该独自承担的诸多烦恼带回家。首先，工作的目的是为了更好地生活，也是为了使家人生活得更加幸福快乐。在这种情况下，如果因为工作上的不如意，导致家庭生活也受到影响，甚至家人也跟着担忧，则可谓本末倒置，得不偿失。其次，家人团聚的时光应该是快乐而又轻松的，孩子们在学校经过一整天忙碌的学习，妻子或者丈夫在单位也有自己的烦恼。在这种情况下，我们应该牢记，一份快乐与人分享，就会变成双倍的快乐；一份痛苦与人分享，也会变成双倍的痛苦，甚至是每个分享的人都因为关切，也承受同样的痛苦。在这种情况下，如果没有必要的话，与亲人分担痛苦，就显得多此一举。当然，也许有朋友会说，家是我们人生的港湾。当然，如果觉得压力的确太大，或者面临重大的变故，还是应该与家人共同商议的。但是，如果只是普通的痛苦，生活和工作中常见的苦恼，与其拉着更多人一起苦恼，不如独自承担。还有些父母很喜欢把生活面临的窘境同少不更事的孩子说，如果是心思重的孩子，就会因此忧心忡忡。实际上父母为孩子撑起一片晴空是天经地义的，何必让孩子过早地承受成人世界的苦难呢！

职场上的兄弟姐妹们，都应该理清工作和家庭生活之间的关系。在每个人心里，家都象征着温暖、安全、甜蜜、幸福，就让家的美好形象在我们心中继

续延续下去吧！在回家之前，为了避免我们把职场上的忧愁烦闷也带回家，可以先清理心情，让自己怀着轻松愉悦的心情回家！

这段时间，张生几乎每天回家都愁眉苦脸的。原来，他最近和领导的关系没有搞好，领导总是给他小鞋穿。虽然张生也想过换工作，但是以他四十岁的年纪，又没有多高的学历或者出类拔萃的工作业绩，也许再找工作会很难。为此，他只能忍气吞声。

原本好脾气也很疼爱女儿的张生，现在看到六岁的女儿缠着他要一起玩，总是非常烦躁地拒绝。今天晚上，女儿要和他一起画画，他居然厉声呵斥："闭嘴，没看到爸爸正烦着呢嘛！"从未受过如此待遇的女儿哭得稀里哗啦，妻子闻讯赶来，好不容易才安抚好女儿。晚上临睡前，女儿小心翼翼地问妈妈："妈妈，爸爸是不是不喜欢我了？"妈妈赶紧解释："女儿乖，爸爸也许只是因为工作太累了，等他休息一下就好了。你是爸爸妈妈的心肝宝贝，爸爸妈妈都很爱你，爸爸不会不喜欢你的。"在妈妈的好言安抚下，女儿才带着泪珠入睡。

妻子决定和张生好好谈一谈。她问张生："你最近怎么了，心情总是很烦躁？"张生沉默很久，才说："没什么。"妻子又说："你是工作上遇到什么困难了吗？"张生迟疑了一下，才说："一点小问题，我能处理。"妻子有些着急了："你这样我怎么能放心啊！你以前多么疼爱女儿，现在居然呵斥她，女儿还以为你不爱她了呢！你工作上遇到什么困难产生情绪，可以向我发泄，但是女儿还小，不要让她产生误解。"妻子的话让张生陷入沉思：是啊，自己是个顶天立地的男子汉，却向年仅六岁的女儿发泄不满，算什么男子汉呢！工作能干就继续干，就算辞职，这个社会也饿不死一个五大三粗的大男人。想到这里，张生暗暗决定：以后不管遇到什么坎坷和挫折，都决不把工作上的情绪带回家，影响家庭幸福。

对于孩子而言，父母就是他们的天，一旦父母有任何风吹草动，他们马上就会觉得心神不宁，坐立不安。因而每一个合格的父母，不但要为孩子努力工作，更要为了孩子控制自己的情绪，合理消除忧郁情绪，千万不要把烦躁带

回家。

谁能无忧无虑地度过一生呢？每个人都会在生命的过程中遇到烦恼，有的人生活得很幸福，是因为他们能够找到最好的方式消除烦恼，有些人则过得很苦恼，因为他们的人生已经被烦恼侵占了。假如我们无法稳定自己的心绪，总是因为一些无关紧要的事扰乱自己的心绪，就会使人生也跟着混乱不堪。任何时候，我们都要为自己的内心保留一块安静的角落，那里温暖而又宁静，是留给我们最珍视的家和最深爱的家人的，任何人任何事情都不应该搅扰它的安宁。

人生要会做加法，也要会做减法

婴儿从呱呱坠地开始，就像是一张纯洁无暇的白纸，但是随着渐渐成长，人生开始不断地勾勒上色，这张白纸渐渐变得拥挤，甚至是变皱。假如人生始终怀着贪婪的心，只知道做加法，而从来不做减法，这种白纸就会涂抹得连针尖也下不去，变得没有任何空间。

所谓有得也有失，这就告诉我们人生应该不但做加法，更要做减法。否则，过多的行囊压在我们的肩上，即使是再坚强的旅人，也很难坚持到底。从某种意义上来说，人生的减法甚至比加法更重要。唯有做好减法，我们的心灵才能轻松，我们心中的欲望沟壑，也才能变得平整。

有个年轻人觉得生活很沉重，因而始终对生活感到无望，每天不是愁眉苦脸，就是唉声叹气，总而言之，很少有感到轻松和开心的时候。眼看着自己渐渐要变得荒芜，年轻人决定去找智者问个究竟：到底生活带给人的是快乐还是苦楚。智者听完年轻人的讲述，许久没有言语，后来才拿出一个背篓给年轻人，说："去爬后山吧，背着背篓，每走一步，就捡起一块石头放进背篓里，看看会如何？"年轻人暗暗想道：假如每走一步就捡起一块石头，背篓岂非很

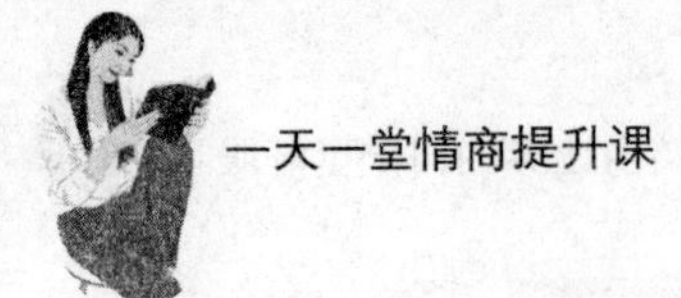

重？因为他每走一步，都捡起最小的石子放在背篓里。然而，才走到半山腰，年轻人就觉得背篓无比沉重，往山上爬的每一步也就显得更加艰难。等到了山顶的时候，他已经被背篓压得直不起腰来了，也因为过度劳累气喘吁吁，满头大汗。

这时，智者也跟着年轻人身后爬上山顶，但是因为毫无负担，所以智者步履轻盈，气定神闲。智者问年轻人："感觉如何？"年轻人想了想，说："每一步都比前一步更沉重！"智者说："人生正如攀登高山，即使每一步只捡起一个最小的石子，也会使你肩上的担子越来越沉重，最终使你感到无法继续下去。但是如果你每走一步都丢掉一个石子，则每一步都会更加轻松。下山的时候，你不如每走一步就扔掉一个石子，再体会完全不同的感觉。"年轻人按智者所说每往山下走一步，就扔掉一颗石子，果然觉得浑身轻松，到了山脚下，他的背篓里几乎已经空了，他的脸上浮现出笑容。智者说："每走一步都扔掉一块小石子，你的人生就会变得轻松。当然，人生不可能总是上山或者总是下山，因而要想活得轻松，就要根据情况及时调整背篓的重量，顺势而为。"年轻人若有所悟，点了点头。

在这个事例中，年轻人爬山的过程恰如人生。假如人在一生之中一直在不断地背负起一些东西，却不知道给自己减负，最终会因为负担过重，导致人生步履维艰。毋庸置疑的是，人生中的确有很多美好的事物值得我们追求，更值得我们珍惜拥有。然而，人生也很脆弱，经不起我们一味地做加法，而忘记了做减法。只有学会取舍，在恰到好处的时候充实自己的背篓，也在需要的时候放空背篓，我们的人生才会既不至于轻飘飘，也而不至于压力过重。

人们对于物质和精神始终都在追求，每个人都渴望得到更多以充实自己的生命。很多人以为只有不断地做加法，人生才会充实，不虚度。殊不知，做减法的目的是为了使人生更加丰盈厚重，也更加灵活机动。会做减法的人，才是真正懂得人生真谛的。

凡事预则立，不预则废

所谓凡事预则立，不预则废，意思是说，任何事情只有提前筹备，才有可能获得成功，否则如果不提前筹备，就很有可能遭遇失败。看看那些成功者，不管是在哪个方面获得了成功，的确都是做足准备的。需要记住的是，这个世界上没有一蹴而就不劳而获的成功，对于任何人都是如此。在做一件事情之前，我们必须制定目标，当目标越明确，我们的动力也就越足；其次，还要做好规划，只有未雨绸缪，把很多问题想在前面，尽量避免，过程才能更加顺利；最后，还要坚持不懈。不管目标多么明确，计划多么周密，假如没有毅力完成整件事情，也就无所谓成功。

曾经担任联合国秘书长的安南，也曾对于事情的预防提出了自己独到的见解。在他看来，如果能够在一件糟糕的事情还未发生的情况下就提前预防，那么不但能够极大地降低成本，也能够使效率倍增。尤其是现代社会，事情发生的速度非常之快，变故也非常之多，唯有正确预防，有效预防，才能最大限度地获得好的结果。别说是对于整个世界的局势了，即使对于我们自身而言，如果能够预先想到事情最糟糕的结果，从而尽量从各个方面避免结果的发生，就能够避免糟糕的结果发生，或者即便真的出现糟糕的结果，也能做到从容不迫，镇定应对。

大学毕业后，在校时期就是好朋友的郝鹏和李楠一起进入公司的销售部工作。原本，他们俩都是应届大学毕业生，没有工作经验，学历也完全相同，应该说是起点相同。但是当三年的时间过去，郝鹏却成为了李楠的上司，而李楠呢，依然是个普普通通的销售人员。为此，李楠百思不得其解，因为他觉得郝鹏并没有比他有特殊的优势啊！

一次散会后，曾经是好朋友如今是上下级的李楠和郝鹏终于有了一次聊天的机会。李楠疑惑地说：“郝主管，咱俩是一起毕业的，但是现在你已经成为中层管理者，简直让我难望项背啊，我实在是佩服得五体投地。但是，你是如何做到的呢？咱们俩从进了公司也算朝夕相处，我真是没看出来，你能指教我一下吗？”郝鹏没有说话，笑而不语，过了一会儿才问：“在进入公司的时候，你有计划吗？”李楠疑惑地问：“计划？”郝鹏说：“是啊，就是计划！”李楠犹豫地说：“进入公司，我是一心一意想要好好干的，这是计划吗？”郝鹏笑了，说：“刚刚进入公司时，我的确也和你一样，因为不了解工作的内容和流程，所以就想着要好好干。进入公司三个月之后，我逐渐了解了工作的流程和内容，对于公司的机制也有了了解，所以就为自己树立了目标：三个月之后成为优秀销售员，六个月之后成为金牌销售员，一年之后成为销售小组的组长，三年之后成为销售主管，五年之后成为部门经理……”还没听完郝鹏的雄心壮志，李楠就惊呼起来：“原来这一切都在你计划之内！”郝鹏说：“当然，也许时间不会卡得刚刚好，或者早一点儿，或者迟一点儿，但是我一直在按照计划发展。”李楠佩服地说：“你可真是太厉害了，和你相比，我简直懵懂无知。现在我也去制定自己的计划，我可不能被你甩得太远了呀！”

经过和郝鹏的一番沟通，李楠彻底知道了自己的失败原因。原来，他除了叮嘱自己好好干之外，就再也没有其他的行动，但是郝鹏却是有备而来，把自己在几年之内的人生规划都已经做好了，因而在工作中目标明确，动力强劲，进步神速。

当然，也许有人会说情势瞬息万变，如果一味地固守目标，也许中途就会有变化。然而，即便计划赶不上变化快，我们也依然要制定计划。有了计划之后的顺势改变，和没有计划就像没头苍蝇一样误打误撞，是完全不同的。所谓磨刀不误砍柴工，理智的朋友们一定会从详细周密的计划，开创美好的人生。

把压力化为动力，将一往无前

毋庸置疑，现代社会的每个人都承受着压力，或者来自于生活，或者来自于工作。正所谓人无压力轻飘飘，难道人有压力就都能够化压力为动力，勇往直前了吗？！其实不然。有很多人虽然承受着巨大的压力，但是却因为不会排解压力，也不会把压力转化为动力，因而总是非常被动地面对压力，最终甚至自我放逐，破罐子破摔。这样的情况下，压力非但无法起到积极正向的效果，反而还会事与愿违，使我们的人生无法如愿以偿。

任何事情都有两面性，压力也是如此。有压力，能够把压力转化为动力，自然压力就是好事；有压力，不能把压力转化为动力，压力就会导致人们身心俱疲，渐渐对人生失去希望，也对自己失去信心，导致自己萎靡不振，这就是坏事。从本质上来说，压力到底是好事还是坏事，其实与人们对待压力的态度密切相关。正如一千个人眼中有一千个哈姆雷特一样，生活又何尝不是艺术作品，需要每个人用心鉴赏呢？没有压力的人生活中毫无方向感，更没有明确的目标，他们的每一天都是在混日子，懵懂无知，如此一来，宝贵的青春年华就在蹉跎中悄然溜走，白白浪费。在压力的作用下，如果人们能够摆正心态，意识到压力是一切进步的源泉，因而发自内心地接受压力，欢迎压力的到来，就能够明确人生的目标，产生紧迫感和危机感，从而促使自己不遗余力地朝着目标努力奋进。在压力之下，人生也会像璀璨的明珠，发出耀眼的光芒。

对待压力，每个人都应该有心理准备。诸如学生参加考试，总应该对于考试的难易和自己的真实水平有所了解。唯有如此，学生们才能坦然面对考试的压力，尽自己的最大能力在考场上超常或者正常发挥，考出好成绩。不管是在学校里，还是走出校园进入社会，每个人都应该对于压力做到心中有数。就像灾难常常猝不及防总让人难以接受一样，压力如果突然而至，也会让人感到难以接受。在这种情况下，唯有更加理智地对待压力，我们的人生才能从容不迫，镇定自若。

从人生的角度而言，压力并非是什么罕见的力量，而是人生常态。怀着这样的心态，朋友们自然不会因为压力的到来而惊慌失措了吧！很多高情商者之所以能够取得成功，就是因为他们善于把压力转化为动力，也善于让压力督促自己不断进步，勇往直前。

秦朝末年，因为秦王暴戾，所以很多国家都对秦国意见很大。之后，秦国与诸国陷入了战乱之中。为了援救被秦国围困的赵国，西楚霸王项羽率领大军火速救援，准备与秦国对战。当时的秦国绝非等闲之辈，他们国力强盛，兵力充足，而且战备充分，为此项羽手下的很多将士产生了畏难情绪，不愿意与秦军拼死搏斗。为了鼓舞士气，项羽亲自率领先锋部队度过漳河，准备与秦军主力对决。过河之后，项羽当机立断发布命令：“凿穿船底，让船沉入河底；砸烂做饭用的锅，每个人只发三天的干粮。”如此破釜沉舟的勇气，使全体将士意识到即使不与秦军拼死一搏，也终究会因为没有退路困死在此处。为此，他们同仇敌忾，誓死要打败秦军。

最终，将士们万众一心，没有人当逃兵，更没有人感到畏惧。他们以一当十，杀入秦国大军之中，在秦军进行了九次殊死搏斗之后，最终大破秦军。这次胜仗，增长了项羽的威风，也使秦军元气大伤，在历史上都有深远的影响。

项羽在面对强大的秦军时，破釜沉舟，不给自己和全体将士任何退缩的机会，使每个人都深切意识到与秦军不是你死就是我活，最终全都以一当十，勇猛无比，大破秦军。这就是项羽的高明之处，在强敌面前，唯有如次决绝，才能一鼓作气。不得不说，项羽在这场战争中表现出超高的情商，所以他才能以悬殊的兵力彻底打败秦军。

生活中，我们也有很多时候必须要承受巨大的压力。在这种情况下，与其被动地接受压力，不如主动地化解压力，使其成为我们前进的超强动力，反而能事半功倍。没有人愿意像蜗牛一样背负着沉重的壳前进，但是如果能够得到一定的推动力，则人生的道路就会显得更加轻松和顺遂如意。

劳逸结合，会休息的人才更会工作

现代职场，伯乐不常有，但是拼命三郎却是常有的。很多年轻人初入职场，一心一意地想要做出成绩来，向他人证明自己，尤其是向上司或者老板证明自己的实力。因而他们从来不抱怨加班，反而积极加班，甚至还会主动加班。尤其是在很多以绩效形式发工资的公司里，人们如同打了鸡血一般，每天都像陀螺不停地转啊转啊，似乎一旦停下来，生命就失去了所有的意义。

年轻人对于工作如此拼命尚且可以理解，毕竟没有家室的拖累，也想为自己的人生奠定基础。但是有很多人虽然已经结婚了，有了家庭，却依然这样不顾一切地去工作，最终把全家人的生活都搅乱了，不得不说是得不偿失。归根结底，工作的目的是为了更好地享受生活，而不是把生活挤压得无处容身，更不是把心爱的家人都丢到一边弃之不顾。

然而，不管是年轻人还是中年人，也不管是单身汉还是有家庭的人，身体都是自己的。为了工作呕心沥血在现代社会已经不被提倡，相反，留得青山在，不怕没柴烧，我们只有更好地保全自己，保证自己的身体健康，保存实力，才能实现可持续发展。否则，我们拿什么去享受拼搏之后的回报，那什么去向家人兑现共享天伦的承诺？人生苦短，而且充满了变数，任何时候我们都该活在当下，而不要把幸福期许得太远。

一个富翁来到海边度假，看到一个渔民驾驶渔船刚刚上岸。渔民打到了很多鱼，这只是他一天在海上的收成。富翁问渔民："你为什么不造一艘大船，这样就能捕到更多的鱼啊！"渔民优哉游哉地说："但是这些鱼已经足够我生活所需了呀！"富翁说："趁着现在捕鱼的人少，你完全可以多多捕鱼拿去售卖啊！不但可以卖个好价钱，还可以扩大规模，再用这些钱来买更多的船，雇佣更多的人为你出海打渔。""然后呢？"渔民依然不急不躁地问。富翁说："然后，然后你就有钱了呀，你就可以不用工作，每天都过着悠闲惬意的生活。"这时，渔民突然笑了，说："我现在过的就是悠闲惬意的生活呀。我出

海打渔一次，可以好几天都待在家里不用再出海，而且我也很喜欢出海，几天一次出海就像是去散步一样惬意。那么，我为什么还要舍近求远呢？”渔民的话把富翁说得哑口无言。是呀，放着现在就有的悠闲惬意的生活不要，而是舍近求远，日日操劳，把幸福一竿子打得八丈远，这又是为了什么呢？

在这个事例中，渔民现在的生活就很悠闲惬意，他原本以为富翁会指引他找到更好的生活，最终却发现富翁辛苦劳碌一生，如今所希求也无非就是这样的生活。既然如此，为什么不早一天开始享受，而是要等到兜了一个大圈子之后，才回到原点呢？工作是不可能只集中在一个时段做完的，哪怕你今年做得累死，明年也还是需要继续工作，与其把自己累得不堪重负，不如合理安排工作和休息，因为只有会休息的人，才能更好地工作。

归根结底，人的血肉之躯，精力是有限的。任何人都不可能像机器一样高速运转，而丝毫不需要休息。其实即便是机器，也需要按时维护保养，加入润滑和保养的机油，使其休生养息，才能再次以良好的状态投入工作，人更是如此。

第10章　打破思维定式，高情商助你开创人生新境界

情商高的人往往各方面的综合能力也很强，他们具有超高的创造能力，思维上往往能推陈出新，很少拘泥于固有的思维模式。正因如此，他们很少被看似人生绝境的境遇困住，因此往往能够柳暗花明又一村。

情商高，创造力也会出类拔萃

前文我们说过了情商与智商虽然彼此独立，但是却又相辅相成，绝不彼此对立。一个人如果能够兼具高情商和高智商，则会在人生之中别有洞天。尤其是当高情商者还具备超强的创造力时，那简直是如虎添翼，会给人带来很多的惊喜。情商和创造力之间，其实是相辅相成的关系。高情商者往往能够控制自身的情绪，是自己情绪的主宰，因而能始终保持心平气和，心情愉悦。如此良好的心境，对于创造力的发展会起到极大的推动作用。

高情商的人具有一定的创造性，尤其他们的良好情绪和自制能力不但有助于他们发展自己的创造力，对于他们人际关系的建立也能起到很好的促进作用。试想，现代社会谁能脱离他人的帮助而取得成功呢？人际关系在现代社会就是无比珍贵的人脉资源，能够帮助人们获得他人的帮助，也就相当于找到了成功的捷径。

1824年5月7日夜晚，维也纳正在进行一场别开生面的演奏会。这个时刻终究会被历史铭记，也会被深深地镌刻在音乐艺术的史册上。维也纳是举世闻名的音乐之都，即便皇族大驾光临，人们也至多行礼三次。但是这个晚上，如果不是有警察维持秩序，人们也许会激动地给予演奏者数十次掌声……这

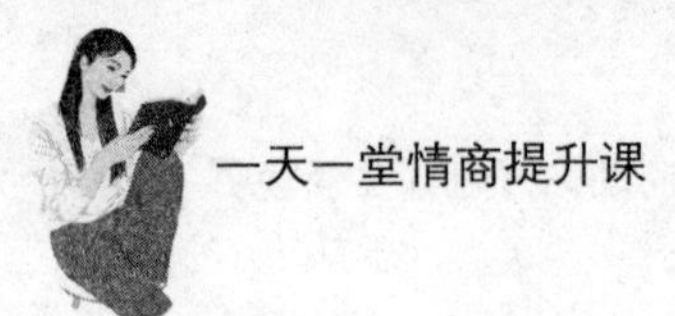

天晚上，欧洲乐坛上又多了一部永垂不朽的著作，这就是贝多芬的《第九交响曲》。

当人们爆发出雷鸣般的掌声，正站在舞台上背对听众的贝多芬却毫无知觉。女低音歌唱家翁格尔被观众的热情所感染，激动地拉着贝多芬的手，示意他转身。这时，已经失去听力的作曲家贝多芬，“看到了”听众们的热情排山倒海而来。因为过于激动，他居然昏厥了。从此之后，贝多芬的《第九交响曲》响遍全世界，受到全世界人们的喜爱。

有谁知道，贝多芬正是在双耳失聪的情况下，创造出了让整个世界都为之震惊的乐曲。而命运多舛的贝多芬在刚刚失去听力时，又是怎样的痛不欲生。最终，他以顽强的毅力战胜苦难，最终超越苦难，朝着成功走去，创造出世界乐坛上的奇迹。

如果没有顽强的毅力，如果没有坦然接受和勇敢挑战厄运的决心，也许贝多芬就会因为失去听力，也失去了自己整个的音乐世界。幸好，贝多芬是坚强的，所以世界音乐史上才多了一个绽放异彩的音乐瑰宝。不得不说，是高情商挽救了贝多芬的音乐生命，也拯救了世界乐坛。时至今日，《第九交响曲》依然受到无数人的喜爱。如果缺少了这支举世闻名的乐曲，世界乐坛也会为此黯然失色的。

创造力总是伴随着高情商者而来，也正因为高情商者在各个方面的出色表现，所以他们的创造力才能喷薄而出，最大限度地发挥出来。所以任何情况下，都不要小瞧一个人的创造力所表现出来的巨大能量，那可能就是推动整个世界不断进步的力量。

金点子助你开拓财富之路

行走在大街小巷上，路人时常见到金点子创意公司，即使在高档写字楼

里，也经常会有创意公司的身影出现。不知从几何时，创意已经成为一种明码标价的商品，出现在商品社会，也成为人们争相追逐的致富法宝。有的时候，一个好的创意往往能够为我们叩开财富之门，让财富之路从此在我们脚下延伸。相反，即便一个人万分努力，但是却没有好的创意和点子，那么就像是南辕北辙一样，最终也是徒劳无功。

情商高的人往往很有创意，因为他们不但自身情绪平和，思路开阔，而且也因为性情温和平静，很容易结交多方好友，最终大家一起出谋划策，点子总比别人更多一些。所谓三个臭皮匠，抵过诸葛亮，说得就是这个道理。早在战国时期，就有百家争鸣的情况出现，无数有才华的人聚集在一起，争辩国家大事，各抒已见，让思想在一起不断地碰撞、交流和融合，最终取一家之长，也推动文化不断向前发展。现代社会，观念开放，人们更是不会受到太多的拘束和管控，尤其是言论自由，使得大家更能够随心所欲地发表自己的意见，最终也催生了创意产业的蓬勃发展。

很多人都曾喝过饮料，那弯曲的饮料管非常方便，使我们不管从哪个角度都能喝到瓶子底部的饮料，创意十足。和传统的直管相比，这个管子给人们的生活也带来了极大的便利。然而，谁也想不到，这最早是由一个来自日本的女性提出了改变直管的创意。

有一次，这位日本女性的儿子生病了，病得很严重，不得不整日卧病在床。由此一来，妈妈不得不辛苦地伺候孩子的吃喝，尤其是一天要几次给孩子喂水喂药。水常常洒在床上，妈妈思来想去，想道：假如可以把两根长短不同的管子以一定的角度连接起来，那该多好啊！然而，她只是有这个想法，并没有能力将其变为现实。为此，她求助于日本发明协会，把自己的创意告诉他们，并且希望得到他们的支持加以运用。想不到，日本发明协会对这个创意很感兴趣，并且马上与这位女士见面签订协议。最终，发明协会对这个创意进行提升和完善之后，将其申请了专利。后来，发明协会委托厂家进行常识性的小批量生产，并且将其投入市场。大大出乎他们的预料，消费者对这款吸管的反馈非常好。而且，因为附赠这种新型吸管，饮料生产厂家的销量居然也大大提

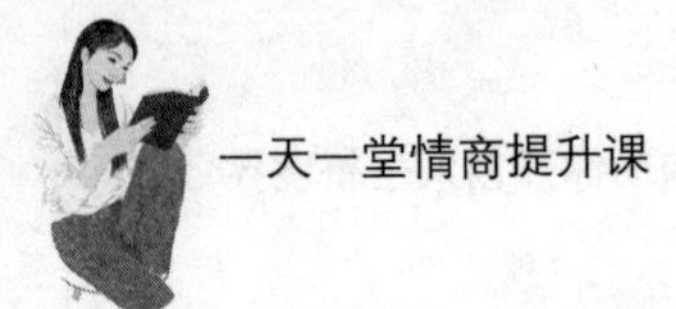

升。后来，这种吸管被无数饮料生产厂家以及餐饮店使用，风靡全球。

原本，这位日本女性只是为了给儿子喂水喂药方便，所以萌发了这样的一个想法，却没有想到得到日本发明协会的认可，并且最终申请专利，投入生产。作为这位女性而言，这样的成功虽然看似偶然，但是实则必然。毫无疑问，她是一个情商很高的人，所以在遇到困难的时候才能积极地想办法解决。如果换作一个情商不高的人，也许抱怨几句之后就会放弃，根本不会多想，更不会提出具体的创意。由此可见，高情商的人非常富有创意，也因为积极乐观的人生态度，常常能够打开财富之门。

人们会发现，很多人的成功都看似偶然，例如牛顿发现万有引力，难道仅仅是因为他幸运，被那个掉下来的苹果砸到了吗？当然不是。换作其他人，即使被苹果砸到，也不会想那么多。牛顿之所以想到万有引力，就是因为他此前一直在关注和研究相关的领域。由此可见，任何成功都是有基础铺垫的，绝非一蹴而就。

思维定式使人僵化保守，必须打破

生活中，人们无形之中养成了很多习惯，诸如习惯了饭前洗手，习惯了晨起洗脸刷牙，习惯了睡前洗个热水澡，也习惯了在公众场合排队，等等。这些习惯之中有些是好习惯，也有很多并非对生活有益，例如有些人习惯了喝酒，习惯了抽烟，习惯了对他人颐指气使，习惯了不讲礼貌，这些非但对我们自身没有任何好处，也会影响他人的生活，给他人带来不好的体验和感受，甚至还会导致人际关系恶化。对于这些坏习惯，当然是要努力改进的，这样才能避免对自身和他人造成伤害。

其实，人们不仅在行为上会养成习惯，思维上也会养成习惯。作为思维上的习惯，指的是思维墨守成规，因循守旧，无法突破固有的思维模式，导致陈

旧迂腐，这就是思维定式。思维定式当然也有一定的好处，他能够使人们在遇到问题的时候及时做出反应和应变。但是如果遇到新的问题，却不能 因时而动，依然以老的思维模式来处理问题，就会导致故步自封，也会使人们无法推陈出新，想出新的办法解决问题。

众所周知，现代社会随时随地处于变化之中，每时每刻都在前进。假如一个人跟不上时代和潮流的步伐，所谓逆水行舟不进则退，就会导致处于退步之中。人人都有懒散的惰性，我们一定要克服“懒惰”的心理，不要因为害怕麻烦而不敢创新，或者畏惧改变。今时今日的改变，就是为了明时明日的进步。只要大胆地往前走，我们才能得到梦寐以求的结果。

很久以前，一位思想家和一位工程师一起去埃及旅游。他们结伴来到举世闻名的金字塔前，准备一起登塔参观。在金字塔的脚下，工程师突然听到有人叫卖“猫”，不由得觉得好奇，因而离开思想家，循声找去。果然，有个老妇人在卖一只黑色的玩具猫，标价800美元。看到工程师对猫很感兴趣，老妇人赶紧说：“这只猫是祖传的宝贝，只因为孩子身患重病，无钱医治，所以才忍痛出售。”工程师看到这只玩具猫通体漆黑，拿在手里沉甸甸的，暗自以为是铸铁的。不想，当看到猫的眼睛时，他却发现猫眼熠熠闪光，猜测一定是珍珠。为此，他问老妇人：“我愿出五百美元，买下这两只猫眼，如何？”老妇人等钱救命，心急如焚，只好同意了。

工程师兴冲冲地拿着猫眼回到思想家身边，说：“看看，我花五百美元就买到了这对珍珠，如何？”思想家认真观察这对珍珠，发现果然是稀世珍品，价格应该在两千万美元左右。为此，思想家赶紧问工程师：“那个卖猫的老妇人可曾还在？”工程师漫不经心地说：“也许还在卖猫吧，只不过是没有眼睛的猫。假如我是你，我可不会去买猫，铸铁的买来有什么意思呢？”思想家问清楚地点，马上冲了出去，不出半个小时，他就抱着那只黑漆漆的没有眼珠的猫回来了。工程师哈哈大笑，问：“你花多少钱买来了这个废物？”思想家头也不抬地说：“三百美元！”原来，思想家正在一边走，一边用不知道从哪里找来的刀子刮掉黑猫身上的黑漆呢！等到露出黑猫的真面目，工程师不由得惊

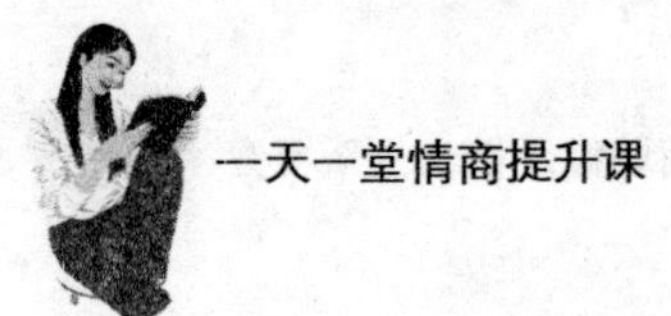

呆了，原来这只猫居然是纯金铸造的，他追悔莫及。这次，轮到思想家得意洋洋了，他说：“一只拥有珍珠眼睛的猫，怎么可能是铸铁的呢？”

猫的主人因为思维定式，从未想过为何祖宗要把这样一只平淡无奇的黑猫作为传家宝，世代流传下来，即使在变卖之前，也不曾想对黑猫的本来面目一探究竟。工程师呢，只知道人的眼珠是最珍贵的，因而想到这只黑猫居然有一对价值不菲的眼睛，却没有想到一只不值钱的猫如何能够配得上这样一双眼睛！只有思想家具有大局观念和全局意识，想到黑猫必然与众不同，因而狂奔出去以三百美元的价格，买下来了一只纯金铸造的沉甸甸的猫。

人类的历史长河中，无数伟大的发明和发现，都是从打破常规思维开始的。任何情况下，我们只有突破思维的僵局，才能从中发现新的闪光点，也才能点燃自己的思想之路，让自己的人生也因此变得熠熠闪光。

怎样才能成为创新型人才呢

时代处于飞速发展之中，社会也瞬息万变，要想适应这个高速运转的时代和社会，最好的办法就是让自己成为创新型人才。所谓创新型人才，当然不仅仅是观念的创新，而是要真刀真枪地创新，切切实实地创新。首先，创新型人才应该有主动创新的观念。任何时代中，被动的发展都不能强占先机，唯有主动改变，谋求发展，才能占据主动，主动适应这个日新月异的世界，主动适应身边纷繁复杂的人际关系，总而言之，既然我们无法改变客观存在的世界，就要调整自身去适应这个世界，继而改造这个世界。其次，还应该敢于求变。这里所说的求变，不仅仅指的是表面上的变化，而是从思想开始的彻底改变，诸如观念、意识，等等。前文提到人是有很多习惯的，这些习惯不仅仅局限于言行举止上，也有思维上的因循守旧。思想，是人之根本，也是指导人们做出具体行动的引领和指针。在这种情况下，唯有思想改变，才能切实改变。旧有

的观念虽然很适合拿来主义者们享用，却因为不能顺应时代和潮流的形势，导致效率低下。众所周知，在如今的市场经济下，效率是排在第一位的。任何情况下，我们都要以效率优先。当然，所谓创新型人才，当然是离不开创新的。创新，是创新型人才的灵魂，也是精髓所在。时代在发展，现代社会竞争越来越激烈，唯有时刻保持创新观念，富有创新意识，才能做到真正创新，切实创新。当做到了这几点，也许我们就离创新型人才的标准越来越近了，直到继续努力，真正成为创新型人才。

在这家广告公司里，每次开会，最激烈的争辩一定爆发在小张和老王之间。原来，小张是公司里的新进职员，应届大学毕业生，而老王呢，则是公司的元老级人物，从老板创业开始，就跟随老板鞍前马后，风里来雨里去地度过了最艰难的时期。按理说小张这样的晚生后辈是没有资格和老王叫板的，但是因为老板提倡在探讨策划方案时可以知无不言，言无不尽，所以小张总是本着新观念新创意，与老王碰撞摩擦出火花来。

这不，今天下午的碰头会上，小张和老王又掐起来了。其实，老板虽然觉得小张的创意有些冒进，却也没有完全否定。归根结底，老板之所以招聘进来这些嘴上没毛的大学生，就是为了打破常规思维，为公司注入新鲜的血液。为此，虽然此刻老王因为觉得有些丢面子而略显恼怒，但是老板却在一边饶有兴致地看着。争辩了足足半个小时之后，争论才在老板的总结性和稀泥中结束。老板虽然看起来在平息是非，心里却很高兴，他说：“小张是创新型人才啊，老王是当朝元老，以稳妥起见，各有考量。最终的方案当然还是需要你们不停地磨合，我的原则只有一个，拿出好方案。至于你们私底下怎么争辩，我都不管，也不想管，好吗？”正是老板这样的态度，所以他们的广告公司才能成为业内的后起之秀，常常因为别出心裁的创意而得到业内人士的嘉奖。

如果不是老板提倡的“百家争鸣”，也许公司里根本不会出现新进职员和老资格争得面红耳赤的局面。正是老板奠定的工作氛围和基调，才让每个人都能畅所欲言。尤其是对于小张这样的初生牛犊而言，这简直是再好不过的工作环境。不过小张也并不“愚钝”，他可是个高情商，能够分得清轻重主次。因

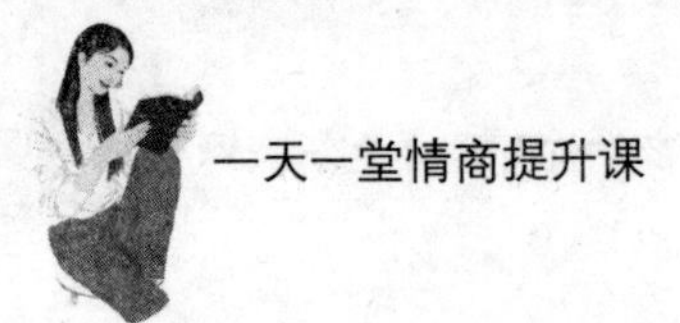

而，他只是根据创意来发表意见，而丝毫没有得罪老王。

当然，小张是很有自信的，这恰恰是高情商的表现。这一点对于创新型人才的培养和发展也是至关重要的。试想，倘若创新型人才提出一个独特的创意，但是却因为无人支持而退宿，岂非前功尽弃么！正是如此自信地据理力争，才能让他人意识到这个创意的独到和可贵之处。要想成为真正的创新型人才，路漫漫其修远兮，我们每个人都需要孜孜不倦地上下求索。

没有好奇心，世界将会变得很乏味

人天生就有好奇心，即使是小婴儿纯真的眼睛，也会四处滴溜溜地看世界，这就是好奇心在起作用。尤其是在懵懂的年纪，幼儿更是喜欢问东问西，似乎对整个世界都好奇不已，“这是什么”“那是什么”“为什么会这样”等简单的提问，整日都会不停地从孩子口中蹦出来。难怪《十万个为什么》卖得那么好，就是因为孩子们实在是太好奇了。可以说，好奇是人类的天性。即便长大成人，人们也依然非常好奇。从心理学的角度而言，好奇心不但能够促使人们探索这个世界，对于人们的创造活动也会起到极大的推动作用。每个人都应该有好奇心，这样才能始终对生活满怀兴趣。换个角度而言，假如人们对世界失去好奇心，对任何事情都漠不关心，也提不起兴致来，那么世界将会变得非常枯燥乏味。

一般情况下，好奇心与创造力、自信心是相辅相成的。一个人好奇心越强，也就越对世界充满探索的欲望，因而能够动力十足地探索世界，从而激发自己无限的想象力和创造力。比如著名的发明家爱迪生，就是因为充满好奇心，所以对一切事情都感到万分惊奇，因而总有不达目的不罢休的探索精神，最终才能成为发明大王。甚至为了弄清楚母鸡为什么能够孵出小鸡，他还亲自把鸡蛋也捂在自己的屁股下面呢，尽管这如今只是关于爱迪生的轶事，但是却

让人们了解了爱迪生极强的好奇心和一丝不苟的探索精神。古今中外，和爱迪生这样充满好奇心的发明家有很多，他们都有相同的特点，那就是在好奇心的驱使下始终不停地探索。

曾经，有位奥地利医生无意间看到儿子在熟睡的状态下，眼珠子突然转动起来。为此，医生感到非常惊讶，因为通常以为人在睡梦的状态下目不能视，为何眼珠子还会转动呢？为此，他马上叫醒儿子，并且让儿子回忆睡梦状态下发生了什么。儿子告诉医生他做了个梦，医生由此想道：人是不是因为做梦，所以眼珠在才会转动呢？他对于自己提出的这个设想产生了浓厚的兴趣，因而先以儿子为实验对象，每当儿子睡觉，他就会守候在一旁观察儿子的眼睛。一旦发现儿子的眼珠子开始转动，他马上就会叫醒，每次儿子都毫无例外地说自己做了一个梦。为此，医生开始扩大实验范围，把妻子和身边的父母以及兄弟姐妹，也当成自己的实验对象。果不其然，大家全都证实，当在睡眠中转动眼珠时，的确是在做梦。为此，医生结合心理学和医学等相关知识，撰写了一篇论文，正式提出自己的发现：如果人在睡眠状态下转动眼珠，就说明其在做梦。

这篇论文在世界科学界产生了深远的影响，如今，专门研究梦境的生理学家，都通过观察人们眼珠转动的次数，来推断人们在睡眠状态下做梦的次数，以及做梦的时间长短，等等。

一个无意间的发现，也许对于有些人而言就轻而易举地放过了，但是对于好奇心强的有心人而言，也许经过深入挖掘就会有惊人的发现。历史的车轮正是在这些好奇心强的人推动下，不断地滚滚向前，也因为他们的发现和发明，使得人类社会更快速地进步。

纵观历史场合，这样的发现并不少见，唯有认真钻研的人，才能最终有所建树。随着时光的流逝，人的生命渐渐老去，唯独保持一颗永远年轻的好奇之心，才能在发现和创新的道路上永远年轻。

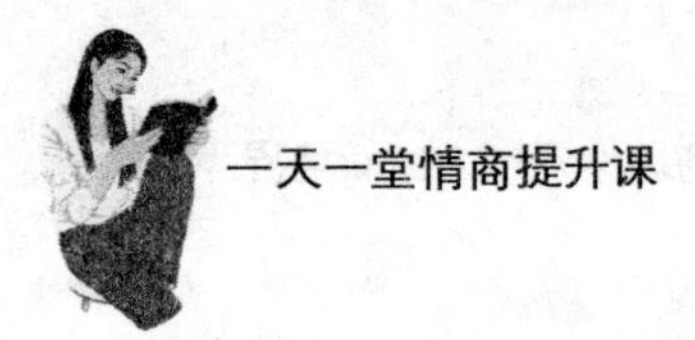

与其等待灵感，不如主动寻找灵感

要想拥有创新的人生，表现出创造力，当然是不能缺少灵感的。不过，坐等灵感是行不通的，这就像是等着天上掉馅饼一样不切实际。激情人生一定要主动出击，我们可以主动寻找灵感，帮助自己迎接灵感的到来。那么，到底何为灵感呢？从神经学的角度而言，其实就是原本没有畅通的神经突然接通，由此心中豁然开朗，甚至文思泉涌，突发奇想。这都是得到灵感的表现。生活中的很多时候，灵感的确能够让我们感到人生别有洞天，从而解决问题也更加顺利和圆满。尤其是对于从事创作的人而言，灵感显得更加不可或缺。很多时候，人们突然间发现灵感到来，甚至提笔写诗，提笔作画，或者引吭高歌。大诗仙李白人尽皆知，他最喜欢的就是喝酒之后吟诗，应该是酒精刺激了他的灵感，才使他豪情大发。当然，寻找灵感的方式绝不仅仅喝酒，如果因此而嗜酒，就会导致严重的后果。我们应该找到最适合自己的方式寻找灵感，诸如画家可以四处游山玩水，从大自然的钟灵毓秀中寻找灵感。总而言之，我们应该根据自身的实际情况，以最恰到好处的方式寻找灵感。

需要注意的是，灵感虽然看似妙手偶得，实际上并非来自于外界。我们只有努力提高自身的知识修养，才能在灵感到来的时候准确抓住灵感。否则，一个人如果孤陋寡闻，才疏学浅，是无论如何也找不到灵感的踪迹的。这是灵感的特性，因为灵感是存在于人的潜意识中，只有在接收大量信息且知识储备丰富的情况下，灵感才会更加频繁地出现。

生活中，也许朋友们会有这样的感触，即遇到一个难题苦苦思索而没有得到答案，但是在睡梦中突然间就想出了答案，因而惊醒，顺利解决了难题。这就是因为求索而得到的灵感。诸如阿基米德想出计算王冠密度的方法，和牛顿被苹果砸中之后提出万有引力，都是因为他们始终在坚持不懈地思考解决问题的方法，虽然人看似在休息，实则大脑还在高速运转，因而他们最终豁然开朗，找到了巧妙的方法。朋友们，当生活中遇到难解的问题时，如果一味思索

始终找不到答案，不如让自己放松一下，或者学学牛顿去苹果树下坐一坐，看看远处的青山绿水，或者学学阿基米德去澡堂洗个热水澡放松一下，当然也可以找一些自己喜欢的方式放松，也许答案突然间就会蹦到你的脑海里了。

作为一名摄影师，琳达的表现无疑是非常出色的。她的作品充满灵气，尤其是人物摄影，即使置身于摄影棚之中，也有飘逸灵动的感觉。为此，很多大明星都排队找琳达拍摄写真。为什么琳达的摄影如此优秀呢？面对徒弟的请教，琳达说："其实，摄影虽然看似简单，只要拿相机拍一拍，但是却是能够通过画面传达出很多复杂的情绪和思想。因而，我经常去四处采风，走到大自然之中，到隐藏在深山里的民族之中拍摄风景和人物。也许是见多识广吧，心中也就有了很多灵感。否则，假如一名摄影师只知道在摄影棚里工作，那他就只能成为一名摄影的匠人，而与摄影师还差得很远呢！"琳达的话给了徒弟极大的启发，徒弟佩服得五体投地，激动地说："师傅，那下次采风也带上我吧。其实我以前一直以为你是因为喜欢旅游，所以才四处乱跑呢！看来，透过这个小小的镜头，需要我学习的东西还有很多很多啊！"

一个情商高的人原本就非常主动乐观地对待人生，因而他们绝不会浪费宝贵的时间，等着灵感从天而降。他们会通过各种适合自己的方式积极地寻找灵感，从而帮助灵感尽早到来。唯有如此，我们的生活和工作才能提高效率，变得更加具有灵气，解决问题的方式也更加别出心裁，给人们带来惊喜。

直白地说，灵感就是脑海中的灵光乍现。很多情况下，灵感都是转瞬即逝的，就像那些千载难逢的好机会一样，唯有及时抓住，才不会与其失之交臂。当灵感突然到来时，朋友们，一定要放下手中事物马上把灵感记载下来，避免其逃之夭夭，接下来再从容地将其运用到生活和工作中去。

发掘潜意识，让你变得更加强大

人人都有潜意识，潜意识的力量是非常强大的，甚至超出我们的想象。虽然潜意识平日里不显山不露水，即便偶尔显现，也是冰山一角，但是潜意识正因为其不知不觉，是在无形中影响人们，所以更显得神秘莫测。

虽然潜意识看不见摸不着，但却是实实在在存在的，而且影响着人生的各个方面，因而如今心理学家们对于潜意识越来越关注，也提出了各种引导和建立潜意识的理论学说。诸如人们平日里可以进行积极的心理暗示，这样一来心态就会变得更加乐观开朗、积极正向；在遇到情绪消沉失落的时候，还可以及时控制情绪，从而避免情绪继续恶化，导致事态无法控制。

这段时间以来，林丹面临着一个前所未有的难题，那就是她因为工作上出现重大失误，被停职反省了。这对于公务员而言，是非常严重的事情，因为也许铁饭碗就此就失去了。为此，林丹寝食难安，满面愁容。看到林丹的样子，好朋友乔乔说：“你呀，再怎么愁眉不展也没有用。我劝你不如该吃吃，该喝喝，该来的总会来的，不会因为你的忧愁就改变。反之，如果你能够敞开心胸，也许事情还会有转机呢！”在乔乔的劝说下，林丹意识到自己的确需要调整心态了，否则这样继续忧愁下去，把身体搞垮了，就更得不偿失了。

林丹安安静静地在家里等着处理结果，每天练练瑜伽，偶尔还和好朋友一起相约逛街，她真正调整心态，把这次的停职反省当成了一次假期，准备坦然接受一切的后果。当然，每天清晨起床，她也不忘记暗示自己：“我会没事的，我会没事的！”如此，她不但心态好转，对于未来也更加乐观。一周之后，单位来了通知让她恢复工作，只给了她一个记过的处分，林丹心中的石头这才彻底掉下来。

因为积极的心理暗示，使得林丹的潜意识里摆脱了失职事件带来的负面影响，因而才能放松心情，给自己喘息的空间。也许是因为意念的强大作用，事情的发展果然如林丹所期望的那样，并无大碍。不得不说，意念的作用是强大

的，当我们无比期待一件事情能发生的时候，它就真的能够发生，也能够让我们如愿以偿。

情商高的人不管遇到怎样的情况，都能给自己积极的心理暗示，从而使自己拥有坚强的信念，度过人生中最艰难坎坷的时刻。假如一个人总是给自己消极的心理暗示，诸如“我不行”“我一定会失败”“我做不到”，等等，那么他就会与成功绝缘，彻底失去成功的可能性。朋友们，多发掘自己的潜意识，引导和建立积极的心理暗示吧。只要我们做到了这一点，我们的人生也一定会更加顺遂。

第11章 拥有快乐的能力，品味高情商带来的幸福滋味

每个人都有自己的情绪，随着生活和工作的状态不断改变，人的情绪也在不停地发生变化，时而激动亢奋，时而愤怒紧张，时而……殊不知，情绪向来不会只影响一个人，而是在爆发之时形成了强大的磁场，因而很容易就会影响你身边的那些人，尤其是那些与你关系亲密的人。这就是情绪的感染力。每个人都是群体里的人，在家中我们与家人是一个群体，在工作中我们与同事是一个群体，毋庸置疑，我们的情绪一定会影响到他们，所以我们更应该控制好自己的情绪，尽量争取给身边的人带来良好的体验。

微笑，助你成功打开他人心扉

当你看到一个微笑的人，即使你与他完全陌生，面对他发自心底的微笑，你还能继续保持面部表情的严肃和拒人于千里之外吗？只要你不过分悭吝，你一定也会回报给对方一个微笑，这是人之常情。通常情况下，没有人会拒绝他人的微笑，因为微笑具有感染力，能够瞬间打开他人的心扉，使他们也友善地对待你。由此可见，微笑是人际交往的利器，几乎百战百胜。当你在与人相处时候亮出这个利器，你胜算的把握就会增大很多。

生活中，我们几乎无时无刻不在与他人打交道。尤其是在分工更加细化，人与人之间的合作被提升到更高地位的现代社会，几乎没有人能够仅凭一己之力就做好所有的事情。当你有求于人的时候，微笑使他人感受到你的真诚，不忍心拒绝你；当你赞美他人时，微笑使你的赞美之词仿佛具有魔力，瞬间就能打动人心；当你向他人表示歉意时，微笑使你的歉意传达得更充分，也消融了你与他人之间的坚冰；当你安慰他人时，你的微笑仿佛具有神奇的魔力，能够

使一个原本情绪失控的人恢复平静……微笑的魔力数不胜数，能够帮助人们化解很多人际相处的尴尬，使人与人之间冰雪消融，彼此宽容和谅解。当你学会使用微笑，你就掌握了打开他人心门的钥匙。

刚刚大学毕业的小青正在四处奔波找工作，然而，好工作实在是僧多粥少，小青一连奔波了半个月，都没有找到顺心如意的工作。一个偶然的机会，小青得知一家大公司正在招聘电话销售人员，专门负责从电话渠道推广产品，因而抱着试试看的心态递交了简历，没想到很快就接到了通知，要求次日面试。

小青精心着装，带着相关的证书和个人资料来到了公司。面试的人还不少，有几个提前安排到达的人都已经开始陆陆续续进入办公室开始面试了。小青很忐忑，怀着紧张的心情等待着。半个小时之后，文秘叫到了小青的名字，小青走进面试的办公室。她打开门，看到面试官正背对着自己，还以为面试官有什么事情需要处理呢，因而安静地站在那里等待了足足有半分钟的时间，看到面试官毫无动静，她才以“您好”开始，微笑着介绍自己。等到小青介绍结束，面试官就那样背对着小青提出问题，小青全都面带微笑一一回答。直到最后一个问题回答结束，面试官才转过身来，说：“知道我为什么背对着你吗？”小青摇摇头，面试官说：“为了感受你的声音。你未来的工作是通过话筒与客户交流，虽然隔着一根细细的线，但是客户依然能够透过听筒感受到你的声音，以及你的微笑。你被录用了，我从你的声音里听到了‘微笑’。”

总是面带微笑的人，一定是和善友爱的人，因为情商很高，所以他们不管在生活和工作中都经常好运相随。不是有句话说么，爱笑的女孩运气都不会太差。事例中的小青，正是因为始终挂在脸上的笑容，才得到了难得的工作机会，的确运气很好。

朋友们，人生总是有顺境也有逆境，即使在面对逆境时，我们也应该面对微笑，因为唯有如此，我们才能给自己带来好运气。与其愁眉苦脸地度过一天，弄得身边的人也心情抑郁，不如面带微笑，坦然接受命运的馈赠，也许你还会因此得到贵人的相助呢！

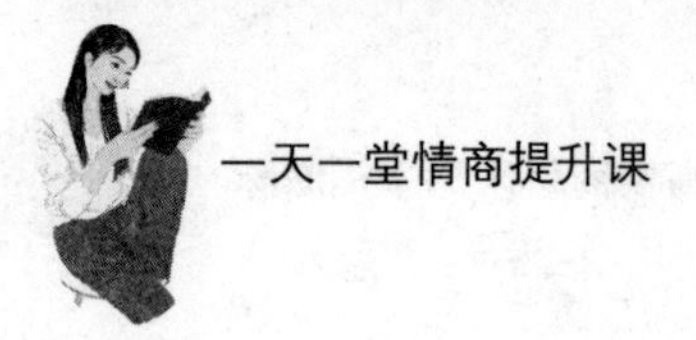

没有人会拒绝赞美

毋庸置疑，人的天性就是渴望得到他人的认可和肯定，没有人愿意被否定。正因如此，生活中几乎每个人对他人的赞美都毫无抵抗力，这是因为赞美恰恰满足了我们作为人的天性，也迎合了我们心底的渴望。当一个人慷慨地赞美你时，你也许原本并不喜欢他的声音，此时此刻却觉得他的声音犹如天籁，这无疑是赞美的魔力在发挥作用。在人际交往中，假如我们能够顺势而为，满足人们的天性，那么我们与他人的交往一定会变得更加顺畅，毫无嫌隙。

很多人视人际交往为头等大事和难题，的确，在有些人那里人际关系总是非常艰涩，似乎总也不能在人际圈子里如鱼得水，游刃有余。与他们相反，有些人觉得自己最擅长的就是和人打交道，似乎与人交往对他们而言轻而易举。不得不说，这些人是很擅长攻心术的，尤其擅长赞美他人。细心的人可以多观察职场上的人际关系，那些能够左右逢源且受人欢迎的人，无一不是赞美的高手。很多情况下，即使只是一句简简单单的赞美之辞，也能使人瞬间心花怒放，对你突然间就觉得非常亲近。如此一来，你与对方的交往自然水到渠成，毫不费力。

作为二十世纪举世闻名的成功学大师、心灵导师，卡耐基的大名几乎无人不知，无人不晓。谁也想不到，小时候的卡耐基曾经是个非常淘气顽劣的孩子，没少调皮捣蛋惹麻烦。卡耐基很小就失去了父亲，当他九岁时，父亲再婚了，继母来到了家中。父亲告诉继母："这是我的儿子，他很顽皮，堪称全郡最淘气的坏男孩。我都快被他气死了，你必须做好心理准备，也许不出今晚，他就会拿石头砸你，或者还会做出其他什么我们想也想不到的事情。总而言之，你必须非常小心地防备他。"面对这样的介绍，卡耐基原本已经做好了"战斗"的准备，不想继母却面带微笑走到他的面前，蹲下来，用温热柔软的双手轻轻托起卡耐基的脸颊，笑着说："孩子，你很聪明。"说完，继母又转向父亲，说："你对儿子的评价一点儿都不公正。他并不顽劣，而是聪明异

常。只要给他一个发泄的渠道，他就能发泄完用不完的精力和热情，变得让每个人都刮目相看。”卡耐基的眼眶里噙着泪水，在继母到来之前还从未有人这么赞美过他呢！也正是这几句简单的赞美，拉近了卡耐基和继母的距离。从此之后，他与继母的关系相处得非常好，继母也对于他的人生起到了重要的影响作用。

如果没有继母的夸奖，也许卡耐基还会继续顽劣下去，成为真正名副其实的坏男孩。幸好，继母的到来让卡耐基感受到赞美的魔力，从此以后，他完全像是变了一个人，人生的规矩也彻底改变了。可以说，卡耐基能够有如今的成就，和继母的赏识以及慷慨的赞美是密不可分的。

每个人都渴望着得到他人的赞美，尤其是当他人的赞美是发自内心、无比真诚时，这赞美的分量也就显得更重。赞美，能够让一个自卑的人瞬间找到自信，甚至扬眉吐气，赞美也能让一个顽劣的孩子变得乖巧，最终成为你所期望的样子。假如我们能够善于利用赞美的力量，我们就会成为社交场上的达人，与身边的每个人都搞好关系，使人际关系越来越融洽和谐。

幽默，是智慧最高形式的表现

幽默是人际相处的润滑剂，能够帮助人们在人际交往中化解尴尬和冷场，使人与人之间的关系变得更加轻松愉悦。当然，一个情商很低的人不可能具备幽默的能力，首先，他们无法很好地控制自己，其次，他们的学识未必渊博，最后，他们也不懂得幽默的魅力，更缺乏表现幽默的信心和勇气。只有高情商的人，才能恰到好处地发挥幽默的能力，使其帮助我们在人生之路上增添光彩。

生活中人们常常面对各种各样的压力，因而难免心情压抑，幽默除了能够给别人带来欢乐外，也能够放松我们自己的心情，释放来自各个方面的巨大压

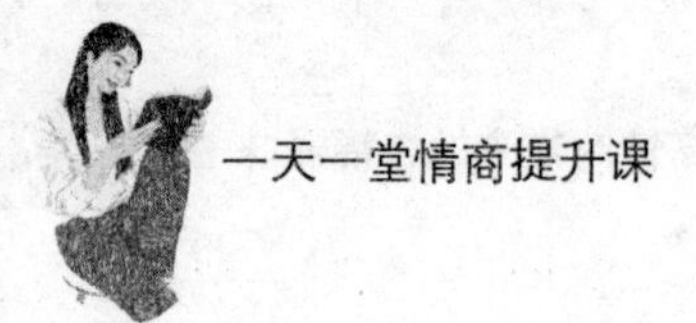

力，还能成功打破冷场，带来全场的欢声笑语。总而言之，幽默几乎是人际交往的灵丹妙药，有着药到病除的神奇功效。在幽默的氛围中，人们彼此之间的距离也会拉近，可以说幽默是开展成功社交的第一步，也是撒手锏。

在担任美国总统期间，林肯经常要进行演讲。有一次，林肯正在讲台上口若悬河、滔滔不绝地演讲，突然台下的助手走过来，递给他一张纸条。林肯原本以为有人想要提出问题，因而当即打开纸条，却不想纸条上只写着两个字——“傻瓜”。林肯看完纸条，意识到一定有人不怀好意，想要扰乱演讲，因而他气定神闲，面带微笑地对台下的听众说：“先生们，女士们，以前我接到过很多纸条，上面都有内容，而忘记了签名。不过今天的这张纸条很独特，因为写纸条的人只签上了自己的名字，却完全忘记了写上内容。如此本末倒置，实在让人意外。”

有一天，有人邀请萧伯纳参加宴席。宴席上，有位年轻人对着萧伯纳滔滔不绝地说着，在吹嘘自己是个不可多得的天才，而且自诩天文地理无所不晓。看着年轻人不可一世的样子，萧伯纳心中不以为然，出于礼貌听着。不想，年轻人越说越激动，最后居然手舞足蹈，大有不把天下一切都放在眼里的意思。萧伯纳实在忍不住了，说：“年轻人，你如此博学多才，我想只要我们强强联手，一定无所不知。”

年轻人看到萧伯纳突然这么说，不由得疑惑地问：“果真如此吗？”

萧伯纳一本正经地说：“当然是真的。你看看，你天文地理全都精通，唯独不知道你的口若悬河会让菜肴变得寡淡无味，味同嚼蜡。至于我呢，恰恰深谙在美味佳肴面前不要高谈阔论，自我吹嘘，岂不是正好与你互补吗？”听了萧伯纳的话，年轻人脸上红一阵白一阵，马上就闭口不言了。

在第一个事例中，林肯不但幽默，而且反应力也非常敏捷。面对他人的谩骂和侮辱，他并没有生气地质疑，而是以这种巧妙的方式将“傻瓜”二字还给了写纸条的人，也以此维护了自己的尊严。在第二个事例中，萧伯纳对于那个不自觉的年轻人实在忍无可忍，又不能在公开场合直接训斥年轻人，因而以这种幽默的方式让年轻人意识到自己的不足之处，及时改进，可谓一举多得。

作为幽默，是极高智商的表现。假如一个人智商平平，且情商也很低，是无法具备幽默能力的。幽默，绝不是简单的开玩笑，也与俗气地调侃完全不同。幽默不但是一种品位，更是智商和情商的最高表现形式。当我们学会运用幽默的力量，不但可以让自己愉悦心情，也能使人际交往变得更加润滑。朋友们，快快努力提升自身的幽默能力吧！

你善良，才有资格得到他人的善待

《三字经》中说，人之初，性本善，性相近，习相远。这句话的意思是说，每个人的本性多是善良淳朴的，只是因为后天的原因，导致人们在成长的过程中性格各异，也有了善恶之分。实际上，善良是一种伟大的品质，一个人只有善良，才能散发出人性的光辉。善良的人不但拥有高情商，而且使自己的世界变得更加开阔和高远。人们总是希望得到他人的善待，殊不知，一个人只有善良地对待他人，才能有资格得到他人的善待。

在人们看来，世界是不公平的，有的人身居高位，有的人富可敌国，有的贫穷卑微，然而在人格和品行上，从平等。有些人虽然很贫穷，但是因为心地善良，品行高尚，甚至比那些富贵有权势的人更高贵。曾经有位哲人说，对于普天之下的众生而言，法律是唯一平等的权利；对于每个人而言，善良是唯一平等的权利。哲人的话告诉我们，不管我们是贫穷还是富有，我们都可以变得非常高贵，以善良和人格，成为他人的楷模和标杆，得到他人的钦佩和仰视。

暴风雨后的清晨非常安谧，一个男人来到海边散步。他沿着沙滩缓缓地走着，欣赏着清晨一望无际的大海，和海边安静的景色。突然，他发现因为暴雨如注导致海水暴涨，有很多小鱼也跟着上涨的海水来到了沙滩上的水坑里。沙滩上坑坑洼洼，尽管存了不少水，但是不足以维持小鱼的生存。那些小鱼张着嘴巴，苟延残喘，还有些小鱼不停地翻腾跳跃，想要重新回到大海的怀抱。因

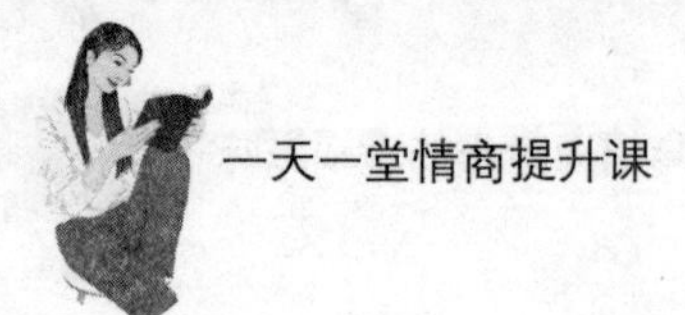

为缺乏方向，有些小鱼从水坑里徒劳地跳到了沙滩上，气喘吁吁，奄奄一息。

这些小鱼差不多有几千条，也许很快沙坑里的水就会漏光，小鱼们就会干涸而死。男人继续往前走，走着走着，突然看到前面不远处有个小男孩，他不停地弯腰站起弯腰站起……原来，他在把沙坑里的小鱼捡起来扔回大海。男人站在小男孩身边饶有兴致地看了一会儿，看到小男孩依然不止疲倦地劳动，忍不住说："孩子，这片沙滩上至少有几千条鱼，你这么做根本救不完的。"男孩头也不抬，继续辛勤地劳动，说："我知道。"男人不解，问："既然如此，你为什么还要这么劳累呢！你这么辛苦，有谁能看到，又有谁会在乎呢？"男孩一边头也不抬的继续挽救小鱼的生命，一边手不停歇地捡起小鱼扔回大海，嘴里喊着："这条小鱼在乎，这条在乎，这条也在乎……"男人看到男孩执着坚定的样子，不由得深受感动。他也弯下腰，像男孩一样捡起水坑里的小鱼，扬起手臂，一条条把它们扔回海里。

也许没有人在乎那些小鱼的生命，但是它们的确每一条都是鲜活的生命。虽然没有人在意小鱼的死活，但是小鱼的生命却只有一次。所以，男孩不辞劳苦地挽救小鱼，即便尽他自己的力量是远远不够的，他也依然为了小鱼而继续不遗余力。男孩这份来自心底的善良，足以让每一个人都为之感动。

生命是值得尊重的。无论是否有人在意，一颗善良的心会让我们变得更加柔软和开阔。也唯有怀着对生命的尊重，我们也才能成为善待生命、珍惜生命的人。

一诺千金，言出必行的人值得敬重

诚信，应该是一个人立足社会的根本，尤其是现代社会的诚信体系已经逐渐建立，日趋完善，每个人都应该像爱护自己的眼睛一样爱护诚信，这样才能让自己傲然屹立于人世，成为一个顶天立地的人。遗憾的是，也有些人视诚信

如无物，他们做人做事总是随心所欲，丝毫不顾及他人的想法和感受。在这样的情况下，他们必然因为失信于人导致口碑很差，渐渐无法在社会上立足。不得不说，失信是以一时的畅意带来严重的不良后果，可谓得不偿失。

很多人都曾听过“狼来了”的故事。在这个故事里，那个孩子几次呼喊“狼来了”，都得到了好心人的施救，可每次人们发现都不是真的，那孩子在说谎。最终等到狼真的来了，却再也没有人相信他的话了。因为失信，他付出了生命的代价，这是血的教训。尽管这只是一个寓言故事，但是却给我们揭示了深刻的道理。生活中失信的后果并非没有这么严重，所以我们每个人都应该养成一诺千金的好习惯，这样才能得到他人的信任，在与人交往时说起话来掷地有声。

有一天，曾子的妻子要去赶集，购买生活用品。儿子得知妈妈要去赶集，也缠着妈妈想要一起去，因没有得到妈妈的允许，他居然哭闹起来，无论如何也不肯停歇。无奈之下，妈妈只好哄骗他：“你乖乖留在家里，妈妈去赶集，等妈妈回家之后把猪杀了炖肉给你吃，行不行？”儿子信以为真，马上破涕为笑，一中午都老老实实地在家门口等着妈妈回家。妈妈直到过了晌午才回来，见曾子正在磨刀，准备杀猪。妻子却说：“哎呀，我只不过是哄小孩子的，你怎么当真了呢！家里辛辛苦苦养这几头猪，是留着过年的时候卖掉还钱的呀，还指望着靠这猪过年呢！”曾子一本正经地说：“对孩子说话，说了就必须做到。如果咱们现在欺骗他，对他言而无信，他长大以后怎么能成为一个诚信之人呢！”说完，曾子拿起锋利的刀把猪杀了，炖了满满一大锅肉，还请了乡亲们一起吃呢！

对于母亲说的话，年幼的孩子总会无条件相信。倘若有一回欺骗了孩子，则以后父母说的话，就会让孩子产生怀疑，这会给亲子关系带来极大的麻烦。因而，曾子宁愿损失一头过年的猪，也不想让孩子不再信任父母，更不想让孩子长大以后也变得毫无诚信。相信很多读者朋友也已经成为爸爸妈妈，记住，千万不要因为孩子年纪尚小，对孩子说话时就随随便便，不以为然。唯有对待孩子也要做到言必行，行必果，才能以身作则，给孩子树立诚实守信的榜样。

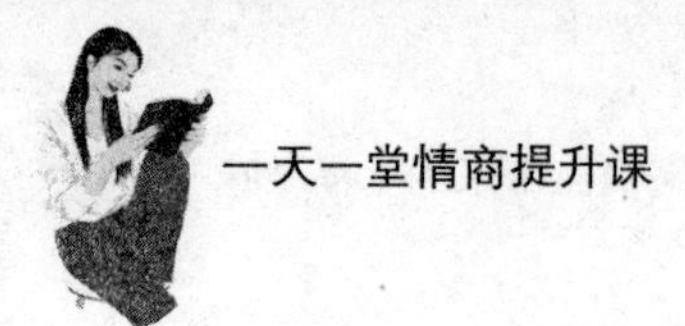

朋友们，也许我们说出去的很多话，想要兑现的时候又发现已经时过境迁，条件发生改变，也导致诺言无法兑现。除非万不得已，在这种情况下，我们哪怕付出更大的代价，也应该信守诺言，兑现承诺。唯有如此，才能立信于人，立信于世，才能成为顶天立地大写的人。

尊严，是永远不可践踏的骄傲

做人是应该有尊严的，所谓尊严，就是生命的基石。人之所以能够顶天立地，就是因为有尊严作为基础，所以才能拔高自己，让自己变得更加高大。如果一个人失去尊严，就会像是失去脊梁一样，再也无法傲然屹立于世。由此可见，尊严之重要，是绝对不容放弃和忽视的。

每个人都渴望得到尊严，殊不知，尊严看似是别人给的，实际上却是自己争取到的。生活中常常有人抱怨自己总是被忽视，被小看，殊不知，别人之所以小瞧他，是因为他做人做事不够光明正大。从另一个方面来说，尊重也是相互的。既然你想要得到他人的尊重，维护自己的尊严，你首先应该尊重他人，这样才能维护自己的尊严。所谓种瓜得瓜，种豆得豆，这个规律在人际交往上也同样适用。

拿破仑一生之中南征北战，纵横欧洲，向来自以为是，从来不把任何人放在眼里。有一天，他盯着地图看的时候，突然发现了一个堪称微小的“袖珍国家”，在意大利的版图中。这个国家的名字叫圣马力诺，它的国土面积特别小，只有60平方公里。不知为何，拿破仑对这个小小的国家产生了浓厚的兴趣，他吩咐部下找来这个国家的首领，并且与其进行了交谈。

拿破仑与圣马力诺的首领从历史谈起，他们彼此相谈甚欢，一见如故，拿破仑也不由得对这个不卑不亢的小国首领肃然起敬。为此，他当即宣布允许圣马力诺依然作为一个独立的国家存在，并且还主动要划拨一部分土地给它，从

而使它的疆域更大一些。原本，拿破仑以为圣马力诺的首领听到这个好消息之后一定会欣喜若狂，不想，对方却拒绝道："非常感谢，我既不要别人的任何一寸土地，也绝不失去自己的任何一寸土地。"一生之中不可一世的拿破仑惊呆了，没想到自己突然发好心，居然在这个不起眼的弹丸之国遭到了拒绝。但是他没有表现出愤怒，而是毕恭毕敬地鞠躬点头，表现出发自内心的尊重。

后来，下属问拿破仑："我们主动要给他们土地，是瞧得起他们，没想到他们居然还拒绝了，真是没有自知之明啊。难道您就这样结束了吗？"拿破仑说："假如我继续与其争执下去，不但会伤害对方的尊严，也会使我们的尊严尽失。"

对于一个国家而言，尊严都是平等的，这与国土面积、国家实力的大小都毫无关系。对于一个人而言，尊严也是平等的，与身份、地位、权势，以及拥有财富的多少毫无关系。一个国家只有拥有尊严，才能傲然屹立于世界之林；一个人只有有尊严，才有人格可言，才能与他人平起平坐，保持平等。总而言之，不管是国家还是人，都需要保持自己的尊严，维护自己的尊严，也努力争取的到自己的尊严。

与其抱怨，不如努力提升自己

情商高的人从来不抱怨，这并非因为他们的生活一帆风顺，没有需要抱怨的事情，而是因为他们知道抱怨于事无补，除了让自己的心情更加抑郁之外，只会白白浪费时间。他们很清楚，与其把时间用来花费在毫无意义的抱怨之上，不如用宝贵的时间来提升自己，学习知识，多多读书开阔眼界，甚至是四处走走看看，都是很不错的选择。

常言道，活到老，学到老。很多时候，人们都把学习当成是一种任务，似乎只有在学习的阶段才应该学习，而一旦离开学校，就再也无须学习。在现代

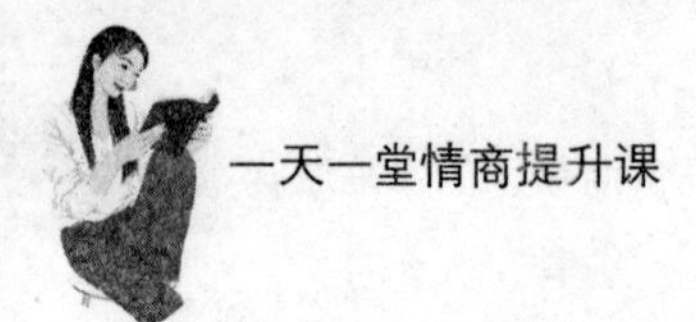

社会，这种观念显然是大大落后了。现代社会，各行各业的更新换代速度都非常之快，知识也处于大爆炸的时代，很多大学生毕业之后都会发现，自己大学期间所学习的知识其实用不了多长时间，就会落后，在这样的情况下，要想不断提升自己，只有保持终身学习，否则最终的结果就是被社会淘汰。

情商高的人都很擅于学习，因为他们不但谦虚好学，而且也很擅于自省。他们总是能够及时发现自身的不足和缺点，从而更加努力地拓宽知识面，提升自身的素质，最终提升自己。尤其是在现代职场上，且不说知识更新的速度如此之快，光是职场上济济人才之间的竞争，就足以使他们备感压力。为了让自己在激烈的职场竞争中能够稳操胜券，只能不断进取，坚持奋进。

战国时期，苏秦是“合纵”派的代表人物。不过，在成名之前，他也有过一段落魄潦倒的阶段，还为此遭到父母和家人的轻视呢！有一次，苏秦父亲庆祝大寿，全家人都围坐在桌边，给父亲敬酒。苏秦哥哥端了一杯酒敬父亲，父亲接过酒杯一饮而尽，且不停称赞道：“酒真美味啊，简直甘甜如饴！”等到哥哥落座，苏秦也像哥哥那样端着酒去敬父亲，父亲只抿嘴喝了一小口，却不停责备：“这是什么酒，又酸又臭！”苏秦万分委屈，只好去哥哥那里借了一杯酒，重新端去敬父亲，父亲依然说：“酸！”苏秦委屈地说：“这酒是从哥哥那里借来的好酒啊，你刚才还赞不绝口呢！”父亲毫不掩饰地说：“你这倒霉家伙，好东西也被你糟蹋了！”

后来，苏秦学习纵横术，却不被秦王重用，为此只好穷困潦倒地回到家乡。他破衣烂衫，蓬头垢面，妻子看到他回到家里，居然对他视若无睹，依然不停地织布，嫂子也不愿意为他准备饭菜。父母看到儿子不争气，更是恨铁不成钢，连话也不愿意和苏秦说。看到家人如此薄情寡义，苏秦一气之下发奋苦读，废寝忘食地研究纵横术，最终游说六国成功，身挂六国相印，自此今非昔比。在去赵国路过家中时，苏秦衣锦还乡，这次他的父母兄嫂和妻子都对他决然不同往日，毕恭毕敬。嫂子在端饭给苏秦吃时，更是低眉顺眼，弯腰躬身。苏秦打趣嫂子：“嫂夫人，不知道为何前倨后恭呢？”嫂子心中畏惧不敢抬头，因而伏在地上一边磕头一边说：“叔叔位高权重，有享不尽的荣华富

贵。”苏秦万千感慨，说：“贫贱则父母不子，富贵则亲戚畏惧，人生世上，势位富贵，盖可忽乎哉！”

面对父母兄嫂和妻子的鄙视，一事无成的苏秦尽管心中苦恼，却没有丝毫抱怨。他发奋苦读，头悬梁，锥刺股，终于精通纵横术，成功合纵六国。从此，原本默默无闻的他声名大噪，身挂六国相印，让人对他刮目相看。为此，全家人对他的态度也突然改变，嫂子更是前倨后恭，胆战心惊。不得不说，人的尊严是自己给的，人的面子也是自己挣来的。当遭到他人鄙视的时候，与其与他人论长短争执不休，或者抱怨连天，不如用宝贵的时间提升自己。唯有如此，才能真正改变他人对待我们的态度，我们也才能昂首挺胸。

每个人都要学习，学习如今已经不仅仅是在校学生的事情，而是全民都该终身去做的事情。所谓“书到用时方恨少”，假如你总把学习当成是一种负担，即使感到才疏学浅却依然不愿意主动学习，那么你就无法立足现代社会，最终失去自己在社会上的一席之地。朋友们，开足马力赶快学习吧，这才是让自己常胜不败的永恒秘诀！

第12章 拥有自省的能力，享受高情商带来的坦然从容

在这个世界上，没有人是十全十美的，每个人都或多或少有一些缺点或者不足，因而我们必须养成自省的好习惯，才能及时反思自身，帮助自己努力提高，获得进步。高情商的人都很善于自省，他们总是主动反省自己，从而积极改进自己，这也是高情商的人总是能够获得成功的原因。所谓凡事预则立，不预则废，当自省成为一种习惯，人生也会变得更加坦然从容。

认识自己，才能了解世界

尽管每个人多自以为了解自己，但是不可否认的是，这个世界上依然有很多人并不熟悉自己，因此有的人遇事而变得盲目悲观、自轻自贱，或者盲目乐观、自高自大。这两种极端态度，无疑都是不好的。对于任何人而言，只有客观地认识自己，意识到自己的优点和缺点，给予自己中肯的评价，才能最大限度地挖掘自身的潜力，发挥自己的潜能，成就最优秀的自己。

认识自己一定要积极主动。如果一个人始终对自己懵懂无知，只等着别人对自己批评指正，或者是遇到重要情况才能主动反思，那就晚了。人刚刚出生开始就像一张白纸，到离开人世时的满目沧桑，一生之中必然要经历各种各样的事情，既有好的，也有坏的，还有很多事情是出乎意料的惊喜或者惊吓。在这种情况下，唯有更好地认识自己，我们才能占据主动，未雨绸缪，也因为提前了解自身才能给予自己更多的时间和空间面对选择。

当然，认识自己一定要寻找合适的方法和途径。唯有方法正确，才能效率倍增，事半功倍。否则，就会因为南辕北辙，效率低下，甚至毫无成果。古人

云，一日三省吾身，自省无疑是认识自己的好方法。在现实生活中，每个人每天都应该有所收获，有所反省，只有在一天结束之际及时反思自己，我们才能更好地面对自己，提升和完善自己。当然，所谓一日三省吾身，不但告诉人们应该自省，更提醒大家自省必须讲究时效性。否则，一旦失去时效，比如说三天前发生的事情没有及时反省，而是等到三天之后偶然想起，才漫不经心地想了想，自省的效果将会大打折扣。此外，认识自己还可以借助于别人的评价。所谓不识庐山真面目，只缘身在此山中。很多情况下，人们看待自己往往带着主观的意味，从别人的评价上认识自己恰恰避免了视觉的局限性，能够帮助我们更加客观地认识别人眼中的自己，从而有则改之，无则加勉。当然，不管是采取自主反省的方法，还是采取借助于他人的方法认识自己，我们都必须坚持辩证唯物主义的观点，这样才能一分为二地看待问题。也许你的某个自以为是的优点，换个角度或者改变情境就是缺点，也或许你的某个缺点有时候恰恰成为受人欢迎的优点。总而言之，缺点和优点也并非绝对的，世界在不断地发展进步，任何情况下，我们都要以辩证的眼光、与时俱进地看待问题。

在这次竞聘过程中，张宇之所以能够过五关斩六将一举夺魁，就是因为他对自己的分析非常深刻透彻，因而赢得了领导的信任和赏识。

这次是公司内部的竞聘，因为原市场部经理去了外地分公司担任老总，所以公司领导决定从公司内部提拔一名销售人员担任市场部经理的职务，一则公司内部提拔，人员对公司比较熟悉，不需要适应和磨合，二则也可以借此机会激励销售部的员工们，使他们更加明确目标，勇往直前。得到招聘通知后，大家的确都很兴奋，尤其是那几个一直以来业绩都很稳定且突出的销售人员，更以为自己一定能够凭借优秀的业绩取胜。在这几个实力相当的人里面，张宇的业绩是最弱的。不过，他却是情商最高的。看着其他同事们忙忙碌碌做准备，拿出了压箱底的证书啊、奖杯啊，他不免嗤之以鼻。他很清楚，公司需要的是一个管理人才，业绩虽然也作为参考，但是业绩好的人未必适合管理，因而他决定把侧重点放在展示自己的情商和管理能力上。果不其然，面试过程中面试官提出了很多关于管理上的问题，其他同事因为准备不够充分，都回答得磕磕巴巴，张宇却非常

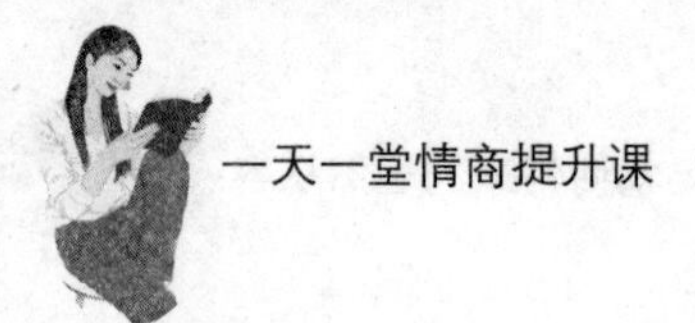

流利，而且信心十足的样子。最终，张宇如愿以偿地成为市场部经理。

之所以几个佼佼者中业绩平平的张宇能够脱颖而出，就是因为他善于自我反省，也知道自己的优点和不足，从而扬长避短，在面试过程中表现出了自己最好的一面。如此一来，他才能战胜其他对手，如愿以偿地得到晋升。

朋友们，人贵有自知之明。我们既不要妄自菲薄，也不要盲目自大。唯有客观中肯地认识自己，我们才能最大限度发挥自身的能力，使自己在生活和职场中如鱼得水，游刃有余。

世界上根本没有十全十美的人

一个完美的人，就像水晶般玲珑剔透，就像珍珠般完美无瑕，自然是人人心向往之。然而，这个世界上根本就没有绝对完美的人，所谓十全十美，只不过是人们心中的渴望而已。既然如此，我们还有什么必要追求完美呢？当然还要继续追求完美，只不过不要苛求完美。所谓追求完美，是我们对自己要提出高标准严要求，唯有如此，我们才能督促自己努力进步，使自己更加接近于完美。

众所周知，金无足赤，人无完人。这句话的意思是说，这个世界上的任何金子都不可能达到百分之百的纯度，任何人也不可能做到绝对的十全十美。毋庸置疑，每个人都有缺点，每个人在漫漫人生之中也都难免会犯错误。因此，我们也应该学会接受别人的不完美，尤其是当别人犯错之后，千万不要揪着别人的错误不放，归根结底，人就是在不断犯错中成长起来的。当然，我们也还要学会接受自己的不完美。生活中的有些人对待他人的错误不能原谅，却总是宽恕自己，给自己找各种各样的理由和借口，这样做当然是不对的。所谓严于律己，宽以待人，指的是我们应该宽容地对待他人，而严格地要求自己。不过，这句话并非绝对适用于任何情境。有些情况下，我们的错误也并非有心，人非圣贤，孰能无过呢，如果因为自己的无心过失就不停地责备自己，导致自

己失去信心，反而得不偿失。所以凡事皆有度，不管是接纳别人还是接纳自己，我们都应该把握好度，既不要过于松懈，也不要过于严苛。

有一天，奥地利作家茨威格应好朋友罗丹的邀请，去罗丹的家里做客。罗丹是法国著名的雕塑家，他们经常在艺术共通的领域里畅谈，享受彼此真挚的友谊和心意相通的交流。

罗丹的别墅很简朴，饭桌就是一张简单的小餐桌。和罗丹相比，茨威格无疑是后生晚辈，因而茨威格很认真地向罗丹请教一些与艺术相关的问题，罗丹也耐心地解答着。用餐之后，罗丹特意邀请茨威格参观他的工作室。这间工作室里有很多雕塑作品，茨威格简直看呆了。罗丹笑着揭开一块布，原来地下是一座女性正身雕像。茨威格站在罗丹身后，问："这已经是成品了吧？"罗丹仿佛发现了什么，自言自语道："这里还不够好……对不起，请稍等片刻……"说着，罗丹拿起雕刻工具，开始全身心投入去完善雕塑。他喃喃自语，时而又双眼放光，似乎正在与雕像之间进行深入的灵魂交流。

时间一分一秒地过去了……罗丹完全忘记了站在他身后的茨威格，而是如痴如醉地沉浸在自己的艺术世界中。足足等到天色微黑，罗丹才完成二次创造，因而放松地伸了个懒腰，接着像对待自己心爱的女人那样，拿起刚才的布把雕像盖上。他都走到门口了，才突然发现茨威格正站他的身旁，不由得想起原来他正在招待客人呢！不等罗丹表示歉意，茨威格敬佩地看着罗丹，紧紧地握住了罗丹的手。

对于罗丹这样一位伟大的雕塑家而言，雕塑作品就像是他呕心沥血孕育出来的孩子，对于自己的孩子，母亲怎么能够拒绝他呢？因而罗丹当发现雕塑不能让自己满意的地方时，马上积极改进，甚至全情投入，完全忘记了在一旁等待他的茨威格。当看到在自己的巧手天工下变得更加美好的孩子，罗丹感到无比的欣慰。

我们每个人都应该学会接纳不完美的自己。任何情况下，人都不可能达到十全十美，因而我们必须接纳自己的不完美，才能积极改进自己的不完美，从而使自己越来越接近完美，让自己感到满意。如果一味地苛求完美，则只会导

致事与愿违，还会因为失去信心，导致自己的生活和工作也受到影响。

客观评价自己，才能完全发掘自己

一个人要想客观评价自己，显然并非容易的事情。一般来说，人都会从主观的角度出发来看待人和事，尤其是在评价自己的时候，因为心中有所偏颇，因而潜意识总会不自觉地肯定自己，而避免否定自己以遭受挫折。所以，在这种情况下，我们必须有意识地客观评价自己，才能更加深入地认识自己，也能够理智分析和评价自己的优缺点。

认识自己当然是很重要的，因为扬长避短、取长补短，都要在客观认识自身优缺点的情况下进行。否则，如果对自己的认识本身就有偏颇，又如何更好地发挥自身的特长，而避开自己的短板呢？此外，在意识到自身缺点和不足的情况下，我们还可以先发制人，努力提升自我，完善自我，从而帮助自我长足进步。唯有如此，我们才能发掘出自身的潜力，最大限度发挥自身小宇宙的能量，照亮整个世界。

作为美国参议员，艾摩·汤姆斯在十六岁时还瘦瘦高高像棵豆芽菜，丝毫不引人注意。很多调皮的男孩子看到他孱弱的样子，都称呼他为“瘦竹竿”，这让他非常郁闷。几乎每一分每一秒，艾摩·汤姆斯都在为自己不够强壮的身材担忧。

一个偶然的机会，艾摩·汤姆斯参加了演讲比赛。这次比赛，他从紧张不安，到在母亲的鼓励下充分准备，最终流利地背下来演讲稿，而且对着墙壁练习了至少一百遍。当他热情澎湃、慷慨激昂地进行完演讲之后，听众们给予了他热烈的掌声，那些曾经嘲笑他是“瘦竹竿”的男孩们也对他佩服不已。此后，他彻底找回了自信。从此之后，是信心推开了他成功的大门。后来，他在回忆当初时感慨地说：“当时的我是那么卑微，我穿着父亲穿旧了的衣服，脚

上的鞋子也大的跟不上脚步，我无比恼怒，也极度自卑，整个人都几乎被毁掉。”正是这样一个男孩，在一次偶然的演讲比赛中找到了自我，寻回了自信，从此之后人生扬起成功的风帆，一往无前。

人类一切的进步和成功，都要从认识自我开始。人是有高等智慧的，认识自我恰恰是人区别于其他生物的本质特性之一。认识自我，然后改变自我，最终成就了我们人生进步的阶梯。安徒生笔下的《丑小鸭》在正确认识自我之后，才找到同类，回归到天鹅的队伍中去。我们也应该如此，不但通过认识自我提升自我，也通过认识自我实现人以类聚，物以群分，从而找到属于自己的天地。

生活中，常常有些人因为害怕犯错而畏手畏脚，殊不知，过分的自信不可取，过分的谨慎小心也同样会束缚我们的手脚。既然这个世界上根本没有十全十美的人，也没有人能够做到完全不犯错，何不让我们放开手脚大胆去做呢！

自省就像一面镜子，让我们更加看清自己

自省一直是认识自己的好方法，一个人假如不懂得自省，就会对自我变得懵懂，甚至完全不能比较客观地评价自我。从本质上来说，这样的人是没有自知之明的，因而不但对自身的发展会起到限制作用，也会对人际关系产生负面影响。试想，你愿意和一个没有自知之明且只以为是的人打交道吗？答案当然是否定的。

在《论语》中，孔子提出：“见贤思齐焉，见不贤而内自省也。”这句话的意思是说，遇到贤能的人，我们要以他为榜样进行学习，看到不够贤明的人，我们则要反省自身是否有与他相同或者相似的不足之处，从而及时改进。顾名思义，自省就是对自己的言行举止和所作所为进行思考，反思自身有无不足之处。在这个过程中，我们恰恰可以把可取的方面发扬光大，把应该改进的

反思改进，一举两得。

打个形象的比方，自省就像是一面镜子，能够帮助我们看到自身，客观评价自身。很多时候，人们习惯了以他人为镜，这当然也是有好处的，但是他人却不能准确折射出我们的情况，为此自省还是非常有必要的认识自己的方式。很多人都觉得自己情商不够高，有些时候明明犯了错误，却不能更好地认知和体察自己。所以说，自省也能够帮助我们提高情商，让我们以相对客观的态度认识自己，提升自己。假如我们每个人都能从现在开始时常自省，假以时日，一定会进步神速。

作为日本著名“跨国公司”松下电器的创始人，松下幸之助不但在企业经营和管理方面有独特建树，更是一个情商很高的人，即使在对待下属犯了错误的时候，也会马上勇于道歉，承认错误。有一次，他的一个下属因为没有经验的，导致一笔货款打了水漂，再也没有希望收回。为此，他非常生气。在公司开大会时，当着全公司人的面，狠狠地批评和指责了那位下属，并且要求他也承担相应的责任。

事情过去之后，松下幸之助冷静下来想一想，不由得深感不安，惭愧不已。归根结底，那个下属虽然因为缺乏经验导致工作失误，但是当时他也是在相关文件上签字的，因而也应当承担一定的责任。既然如此，他也是当事人和责任人，根本不应该毫不留情面地批评下属。想明白这一点之后，他立即打电话给下属道歉，态度非常诚恳。在得知下属当日搬新家之后，他还马上买了礼物登门拜访，庆祝下属的乔迁之喜。看到下属还没有把家安置好，他还主动帮助下属忙前忙后，直忙得大汗淋漓。即便如此，松下幸之助也依然对错怪下属的事情挂在心上。一年之后，松下幸之助在事件一周年之际特意寄了一张卡片给下属，还在卡片上亲笔写上：“让我们全都忘记这倒霉的一天，满怀希望的迎接新的一天！”看到这张卡片，下属感动不已，心中的芥蒂也烟消云散。

古人云，知耻近乎勇。作为领导，松下幸之助没有放任自己误会和委屈下属，而是在意识到责任不仅仅在于下属时，当机立断向下属道歉，并且还特

意买了礼物登门拜访。即便事情发生一年之后，他也没有忘记这件事情给下属带来了不愉快的体验，而是继续寄贺卡给下属，让下属感受到自己的真诚和歉意。拥有这样的领导，是下属的幸运啊！

任何人都不能离开自省这面镜子，就像是每个人每天清晨起床都要洗脸刷牙一样，我们也要不停地反省自身，这样才能及时发现自己的瑕疵，从而有效改进。试想，假如你牙没刷脸没洗，也不知道自己的形象如何，你敢不照镜子就出门吗？做人也是如此，既然不能时刻发现自己的不足之处，不如就以自省作为镜子，反观自己，从而获得进步。

一日三省吾身，你做到了吗

生活之中，每个人每天都要面对和经历不同的人和事，这也注定了对于每个人而言都是日日常新的，今天的经历不会在明日重复，明日的经历也不会与今天完全相同。由此可见，古人主张一日三省吾身是有道理的，因为我们每天都拥有完全不同的经历和体验。也许有人会问，一日三省吾身是否太过于频繁和繁琐呢？当然不会。就像一个人吃饭一样，假如每天都是馒头咸菜，自然会觉得有些厌倦，而且随着时间的流逝，厌倦的感觉会越来越强烈。但是如果今日是馒头咸菜，明日是面包牛奶，后日是水煮鱼，大后日是炖牛肉……如此日日穿插交错着来，自然就不会觉得厌倦了。生活也是如此，有的时候人们觉得生活乏味，难免因此而对生活厌倦，明智的人会调整生活的节奏和内容，从而力争做到每天都有新的发现和收获，也有新的经历和经验。在这样的情况下，生活自然不会无聊，自省的内容也随之变得日日常新。

自省，如果只是三天打鱼两天晒网，是起不到明显效果的。自省，必须坚持，即使不能做到一日三省吾身，每天都进行自省也是很有必要的。自省，让我们在纷繁复杂的生活之中，更加贴近我们的心灵，使我们认识到生活的本质

和自身的本相。当然，自省对于生活和工作都是很有好处的，尤其是在现代社会如此复杂的人际关系中，自省还能够帮助我们时时反省自身，也能客观衡量和考虑与他人之间的关系，从而对于人际关系的建立和改善也是很有好处的。当自省成为一种生活习惯，你就不会觉得自省很繁琐，反而会喜欢上这种跳脱出来反观自身的感觉。

大凡思想敏锐的人，都具有严格的自省精神。诸如大文豪鲁迅，他不但能够以犀利的笔触解剖他人，也以更苛刻的标准对待自己。所以，他不但是一个伟大的文学家，而且也成为了一个时代的思想引领者，在整个时代都起到了重要的推动作用。也许我们每个人未必都能成为大文豪，成为像鲁迅那样伟大的人，但是我们也有自己的人生要建树，也有自己的梦想要实现。朋友们，从现在开始就努力反省自身吧，当你每天都反省自己，你就会发现自己的小碎步已经变成了大踏步，推动着我们的人生不断向前。

作为一个新入职的二手房经纪人员，张坤入职半年了还没有任何业绩，对此，他感到压力很大。眼看着和自己同期入职的路亚都已经卖出去两套房子了，张坤只得向主管求助。主管问张坤：“你觉得自己的问题在哪里呢？”张坤说：“我觉得我也很勤奋，每天该做的工作我都做了。不过，大家似乎更喜欢路亚，尤其是那些老同事，他们都愿意帮助路亚，而不想帮助我。我有的时候向他们请教，他们也对我爱答不理的。还有就是我家住得比较远，所以我很少能够提前到达单位，往往都是早早起床，几次倒车之后，踩着点才能到。我想，您能不能派业绩最好的王杰当我的师傅呢，这样我不管有了什么问题都可以向他请教。”主管想了想说：“你对自己很满意？”张坤说：“我对自己的业绩不满意。”主管笑了，说：“但是我觉得你对自己很满意，因为你所说的一切业绩不好的原因都在他人身上，仿佛你没有任何不足一样。其实，我觉得问题就出在你自己身上，什么时候你能够从自己身上找出原因了，你的业绩就会有所改观了。”

在这个事例中，张坤明显因为缺乏每日自省的精神，因为他居然在毫无业绩的半年时间里，从未从自己身上找到任何原因。主管一眼就看出了问题所在，也为张坤指出了问题，接下来就看张坤会如何自省了。

任何事情的发生，原因一定不仅仅在于客观，主观因素起到很大的影响作用。如果我们想要找出问题的症结所在，首先就要从自己的身上寻找原因。唯有从自身出发，我们才能发现问题，解决问题，从而避免相同或者相似的情况再次发生。朋友们，要想超越自我，突破自我，就从反省自身开始吧！坚持每日一省，你必然有惊喜的发现。

自以为是要不得，自我肯定不可少

生活中，常常有些人自以为是，他们不管什么事情都觉得自己是对的，而觉得他人是错的，还有强烈的控制欲，恨不得让每个人都按照他们的思想去做人做事，与他保持统一。即便是孩子对于父母，也不会如此百依百顺，何况是原本彼此毫无关系的个体之间呢！由此可见，自以为是要不得，它不但会使我们自我膨胀，也会使我们变得盲目乐观和自信，即自高自大。然而，凡事物极必反，虽然不能自以为是，也不能过度谦虚，总是否定自己，对于自己的优点，也要敢不卑不亢地肯定。

在这个世界上，一个人要想获得成功，一定要拥有自信。一个人如果没有自信，是不可能做成任何事情的。这就意味着，我们既要认识到自己的缺点和不足，也要认识到自己的优点和长处，唯有恰到好处地自我肯定，才能激发出我们的信心，也使我们能够信心百倍地面对未来的生活。举个最简单的例子，面对生活中的难题或者工作中的艰巨任务，假如一个人总是告诉自己“我不行”“我不行”“我不行”，则他一定无法充满信心地面对未来的生活。这其中，既有自己给自己泄气的原因，也有消极的心理暗示起到的作用。与此恰恰相反，假如一个人在艰难的处境或者艰巨的任务面前，总是告诉自己“我能行”“我能行”“我能行”，则他们就会满怀信心和希望，做起事情来动力十足。与此同时，因为积极的心理暗示，他们也会得到源源不断的动力。由此一

来，怎能不事半功倍，马到成功呢！

19世纪末，一场演出正在伦敦的某个剧场举行。然而，台上的演员因为准备不够充分，突然间忘词了，站在台上瞠目结舌，演出再也无法继续进行下去。台下的观众们先是等待，继而开始起哄，还有些观众群情激奋，一致要求剧场老板退票。情急之下，剧场老板只好找人救场，但是寻觅了一圈之后，没有有胆识有魄力的人在这种情况下收拾烂摊子。正当老板急得如同热锅上的蚂蚁之际，一个五岁的小男孩毛遂自荐："我可以吗？让我试试吧，好吗？"其他的工作人员都对这个小男孩不以为然，剧院老板看到小男孩自信的眼神，再加上一时之间也的确找不到其他合适的人选，因而只得答应了。小男孩落落大方地走上舞台，毫不怯场，在舞台上连蹦带跳，很快就把下面的观众逗得哈哈大笑起来。很多观众看得高兴，还把钱币扔到舞台上，作为对小男孩的奖赏。看到气氛如此热烈，小男孩更加从容自如，居然还边跳舞边唱歌。就这样，在小男孩的帮助下，剧院老板顺利地度过了危机。

转眼之间，几年过去了，法国大名鼎鼎的小丑明星马塞林来到伦敦进行表演。当时，马塞林的表演需要一只猫和一个演员作为配合，但因为马塞林实在是赫赫有名，很多优秀的演员都不敢与其同台演出，这时，又是几年前救场的那个小男孩再次毫不犹豫地站出来，成为马塞林的搭档。事实证明，小男孩聪明机灵，和马塞林配合默契，获得了大家的一致赞赏。这个小男孩就是日后成为世界级幽默艺术大师的卓别林！

年仅五岁的卓别林，就能够在众人都不敢救场的情况下主动请缨，担当大任，几年之后又勇敢地与马塞林同台演出，不得不说，他的勇气可嘉，值得赞许。也正是因为这份自信，和对自己的肯定，使他在未来的艺术生涯中始终能够战胜重重困难，勇往直前，最终取得了很高的艺术造诣，为自己赢得了辉煌的人生。

毋庸置疑，每个人都想表现自身的才华，也都想实现人生的伟大梦想。然而，一旦机会真正到来，那些过于谦虚、总是自我否定的人却在犹豫和纠结中失去机会。唯有适当地进行自我肯定，保持足够的自信，我们才能抓住转瞬即逝的好机会，帮助自己不断提升，有所成就。

勇于承担责任，才是真正的强者

在这个世界上，绝无一个人一生之中从不犯错，即使连西方国家的万物主宰——上帝和中国无所不能的神——玉皇大帝，也都曾经犯过错误。因而作为一个普普通通的人，作为一个有血有肉的人，犯错误也是难免的，这是人之常情。犯错并不可怕，只要能够勇于承认错误，勇敢承担责任，并积极改进错误，就能在人生的道路上不断前进。恰恰相反，生活中总有些人一旦犯错之后，就会刻意地回避错误，更不愿意低头认错。在这种自欺欺人的状态下，又如何做到积极改进错误呢？

每个人都是既有优点也有缺点的，有些人只承认自己的优点，拒绝别人提起自己的缺点，这岂不就像鸵鸟把头埋在沙子里躲避天敌吗？有缺点并不丢人，不敢面对缺点才是懦夫所为。只要我们能够直面缺点，想办法积极弥补缺点，或者扬长避短，缺点就能够得到改进，我们也会更加接近于完美。缺点和错误的作用，都是对人生起到警醒、提示的作用。纵观古今中外，即使是那些功成名就的成功人士，也无法保证自己有功无过。他们之中的大多数，作为政治家都是功大于过，作为科学家，也是在不断犯错的过程中才发掘出自身的潜力，最终才能实现人生的成功。

日本的邮政大臣野田圣子，还是少女时曾经在东京帝国酒店当服务生。这是她初入社会的第一份工作，原本她对新工作充满了憧憬，却没想到等到兴致勃勃地去到酒店报到，上司居然安排她清洁厕所。对于这份工作，上司唯一的要求就是：必须把马桶清洗擦拭得光洁如新。野田圣子感到非常犹豫，她不知道上司是否是故意刁难自己，因而很纠结：到底是按照上司的要求去做，还是辞掉工作，另谋高就？

正当她思来想去时，一位前辈一声不吭地拿起马桶刷，开始一丝不苟地清洁马桶。野田圣子站在一边看着，只见这位职位很高的前辈动作娴熟，神情严肃，似乎这不是在清洁马桶，而是在草拟一份严肃的法律文件，或者是从事

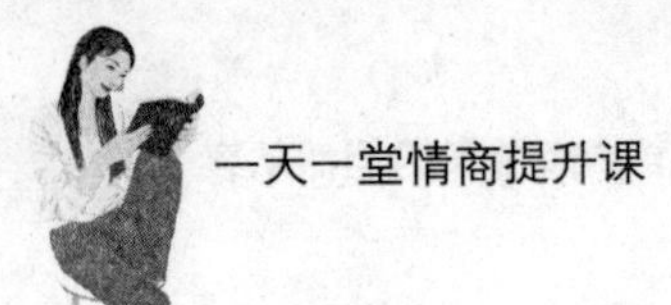

一项精密的工作。很快，前辈就把马桶擦拭得光洁如新，真的是与新的一模一样。这时，让野田圣子惊呆的一幕出现了，只见前辈居然拿起水杯从马桶里舀了一杯水喝了下去。这让野田圣子在惊讶之余深受震撼，那一刻她明白了什么是责任心，什么是工作，什么是职业的要求。从此之后，野田生子擦拭过的每一个马桶都光洁如新，成为前辈的她也不止一次地喝过马桶里的水。

几十年前，阿基波特只是美国标准石油公司的一名小职员。然而，他每次去外地出差留宿时，都会在入住宾馆办理手续时，在自己的签名后面附上几个字——“标准石油每桶4美元”。不仅如此，只要是经他签字的任何文件、书信或者收据，他都毫无例外地如此照做。久而久之，很多同事都称呼他“每桶4美元”，而很少有人呼喊他的名字。对于他的坚持，也有的同事表示不理解，毕竟只是一个名不见经传的小职员啊！

后来，阿基波特的事情传到公司董事长洛克菲勒的耳朵里，洛克菲勒大为赞赏，说：“想不到我的下属居然如此在乎公司，如此有担当，我必须亲自见一见他。”说完此话，洛克菲勒很快就向阿基波特发出邀请，并且与其共进晚餐。在洛克菲勒卸任董事长之后，阿基波特接替了他的职务，成为新任董事长。

作为一名普普通通、名不见经传的小职员，在公司没有规定的情况下，不管去到哪里，都在自己的签名后面签上“标准石油每桶4美元”，实在难能可贵，不但表现出阿基波特对于公司的热爱，也表现出他强烈的责任心。为此，洛克菲勒才一定要亲眼见见这个小职员，阿基波特的事业生涯也由此真正展开。也许有人会说，写上这几个字并不难，却能换来锦绣前程，何乐而不为呢？我们必须清楚，阿基波特是主动自发地这么做的，并没有人委托这个任务给他，而且他也不知道自己的举动最终会被董事长知道，且分外赏识和认可他。所以，阿基波特的所作所为完全出于真心，也正因此才更显得可贵。

有些事情，主动做和被动做的效果截然不同。任何情况下，我们都应该有所担当，才能更加有分量，也才能最大限度地实现自身的价值。记住，我们做任何事情都不是为了别人，而是为了自己。

第13章　提升沟通的能力，助你在人际交往中游刃有余

情商高的人都是很善于沟通的，他们在人际交往中如鱼得水，游刃有余。这都得益于他们高超的沟通技巧，所谓巧舌如簧，尽管高情商的人未必能言善辩，但是却可以把每句话都说到他人的心里去。唯有如此，才能真正做到对人动之以情，晓之以理，从而做到把人际关系处理得圆融通达，也帮助自身积累更加丰富的人脉关系。由此可见，对于每个人而言，提升沟通能力都迫在眉睫，对于生活和工作也都是非常有好处的。

把话说好，才能句句打动人心

常言道，说得好说得人笑，说不好说得人跳。很多时候，同样的一句话由不同的人说出来，或者同样的一句话由相同的人以不同的口吻说出来，效果是完全不同的。然而，说话是人的本能，不管我们的语言表达能力是高超还是低劣，都不能改变我们每天都需要与他人交流的现状。因而，我们必须认真钻研说话的艺术，努力争取把话说好，把每句话都说得打动人心，说到他人的心里去。

每天我们所经历的事情都是完全不同的，事情的性质、急迫程度，等等，都各不相同。在这种情况下，说话也会因时因势而改变，这样才能符合实际情况，做到顺势而为。遇到着急的事情，如果你还继续慢慢吞吞地说，非得把听话的人急死；遇到重要的大事，你还非要以漫不经心的语调说，说得人分不清楚真假，也会让人不知所以，甚至还会耽误大事；遇到微不足道的小事，与其横眉竖眼，不如面带微笑，说完即可，或者如果不是必须，也可不说；遇到无

中生有的事，一定要谨记教诲，让谣言止于智者，千万不要以讹传讹，导致人心惶惶……除此之外，还要注意说话的方式方法，把一句话说得好，才能起到预期的效果，否则就会导致事与愿违。

在美国，有个老头有三个儿子，他的大儿子和二儿子都已经成家立业，从大家庭里独立出去过自己的小日子了，只有小儿子还在父亲身边，和父亲相依为命。

有一天，有人问老头："老人家，可以让你的小儿子和我进城工作吗？"

老头非常生气，当即拒绝："不行，你快滚！"

那人又问："那么我给你儿子找个城里的媳妇，如何？"

老头把头摇得像拨浪鼓一样："不行，不行！"

那人接着问："要是我给你推荐的儿媳妇，是石油大亨洛克菲勒的女儿呢？"

老头沉默不语，似乎有些动心。

几天之后，那人给洛克菲勒打电话："洛克菲勒先生，我想为你的女儿介绍男朋友，如何？"

洛克菲勒毫不客气地说："滚吧！"

那人继续说："如果我介绍世界银行的副总裁当你的女婿，你意下如何？"

洛克菲勒当然同意了。

没过几天，那人去了世界银行，面见总裁："总裁先生，我想向你推荐一个副总裁人选！"

总裁马上说："我不需要副总裁。"

那人说："假如我向你推荐的人是洛克菲勒的女婿，你可以考虑马上任命他当副总裁吗？"

总裁先生不假思索地同意了。

当然，这个故事一定是不真实的，但是它为我们揭示的道理却很深刻。从某种意义上说，如果能够恰到好处地运用语言，人们就能借助于语言创造奇

迹。这个故事告诉我们，沟通的力量非常强大，只要能够把握好时间和节点，沟通就会产生出人意料的效果。当然，把话说好也是很重要的，这个故事之所以逻辑贯通，就是因为说话的那人挑起了三方的兴趣，并且实现了他们之间的准确对接。

把话说好，往往会给我们意外的惊喜。好话却不能好好说，则只会使人们之间产生误解，导致人们彼此误会，甚至相互仇恨。由此可见，通晓语言的技巧，发挥语言的魅力，对于人际交往和沟通是至关重要的。

倾听，是了解他人的最好方法

与他人交往时，我们免不了要了解他人，从而才能更好地与他人相处。了解他人的最好方法是什么呢？当然是倾听。倾听，是人与人之间沟通的桥梁，也是人们彼此之间心灵契合的纽带。如果没有倾听，心与心之间的距离将会变得非常遥远，人与人之间的隔阂也会更加深重，最终无缘。

善于倾听的人往往人缘很好，他们总是轻而易举就能结交很多朋友。相反，总是滔滔不绝的人虽然看似很健谈，也能交到很多朋友，但是他们的知心朋友却很少。因为每当别人想要诉说的时候，他们总是不停地说话，自顾自地表达，最终导致他们根本不知道别人在说什么，更无法做到倾听他人的心里话，从而导致他们总是活在自己的世界里，也很难得到他人的信任。这样的擦肩而过，不得不说是人际交往的遗憾。假如我们能够闭嘴一会儿，多多倾听，也许就能就此打开他人的心扉。著名心理学家古德曼提出，有效沟通一定需要适当的沉默，因为倾听也是沟通过程中至关重要的一部分。

古希腊著名的哲学家阿那克西米尼，到了晚年享有很高的声望，很多人都慕名拜他为师，接受他的指点和教诲。

有一天，白发苍苍的阿那克西米尼捧着厚厚的一摞纸走进教室，对讲台下

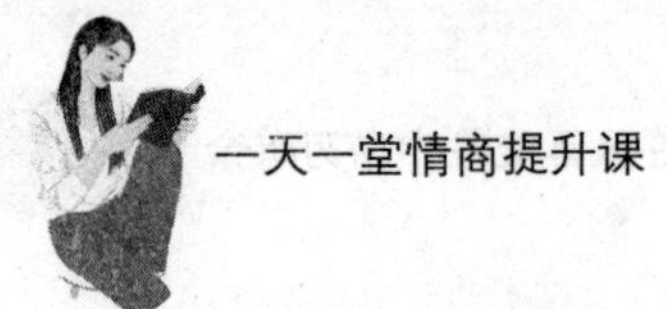

坐得密密麻麻的学生们说："这节课只需要认真听讲，不需要急着做笔记，等到下课自后我会发一份笔记给你们的。记住，这节课很重要，一定要专注地听讲。"学生们一听到老师说下课之后会发笔记，因而全都懈怠起来：既然课后会发笔记，即使不认真听讲也没关系，课后看笔记就好了。终于有这么一堂舒适安逸的课，大多数学生都放松了。一节课下来，他们发现这节课很普通，根本不像老师说的那样神乎其神。讲完课，阿那克西米尼把抱来的那摞纸发给学生们，学生们却惊讶地发现那只是一张白纸，他们当即提出异议，阿那克西米尼却说："假如你们刚才认真听了，就一定能够顺利补充笔记。假如你们既没有做笔记，也没有认真听讲，那就只能怨自己了。"大多数学生都惭愧地低下了头，只有少数学生运笔如飞，把自己刚才听讲的内容都写在了纸上。有一位学生几乎完整了记下了老师所讲的一切内容，后来，他成为古希腊大名鼎鼎的哲学家，他就是毕达哥拉斯。

作为著名的哲学家，阿那克西米尼向来主张倾听。他认为倾听是人生最宝贵的财富，因而才特意拿出一节课的时间来，教会学生们倾听。掌握了倾听能力的人，诸如毕达哥拉斯，也的确学有所成，拥有了辉煌的人生。

朋友们，倾听的作用如此重要，我们也该学会适当地闭上嘴巴，开始倾听了。倾听是叩开他人心扉的钥匙，是我们了解他人的必经途径，也是人生之中最宝贵的财富。当我们学会倾听，我们也就掌握了人际交往的秘密。

把话说到他人心里去

很多人都不能恰到好处地表达自己，有的时候他们明明想表达这个意思，却说着说着说偏了，导致自己的意思遭人误解，也与他人之间心生嫌隙。尤其是在安慰和劝说他人时，原本是出于好心，一旦词不达意，就会导致好心被当作驴肝肺，也许还会因此遭到他人的抱怨和指责呢，可谓遗憾。一个拥有良好

语言表达能力的人，总是能够把话说得恰到好处，说到他人的心里去。这样才能打动人心，也才能实现与他人之间的良好沟通和互动。

有些人知道自己的短处，渐渐变得沉默，然而这并非是解决的根本办法，每个人每天都需要与他人交流，通过沉默的方式避免说错话只能是暂时回避问题。与这些人恰恰相反，有些人明明知道自己不能很好地表达，但是他们却非常“健谈”，整日滔滔不绝，口若悬河。在这种情况下，得罪人是必然的，可他们却毫不自知，或者不以为然，这也直接导致他们的人际关系恶化。中国汉字博大精深，要想把话说好，首先要拓展自己的知识面，当你变得学识渊博时，对于那些出口成章或者满嘴成语典故的人，理解起来必然更加顺畅。此外，我们还要学会设身处地，站在他人的角度考虑问题，这样也才能更好地了解他人，理解他人所说的话，从而使我们自己说出的话也更具有针对性，做到有的放矢。

大学毕业后，晓雪进入一家公司，成为市场调查员。她的工作内容主要是与人沟通，调查消费者的需求和喜好，从而为公司产品的研发提供市场的方向。然而，晓雪是一个非常腼腆的女孩，不管什么时候，总是非常害羞。尤其是让她走上街头调查陌生的消费者，对她而言是巨大的障碍，她总是不知道如何开口，更不知道怎样与潜在的顾客顺畅交流。

记得第一次走上街头进行陌生调查时，晓雪好不容易才鼓足勇气和一个行色匆匆的人打招呼，使其停下匆忙的脚步，但是晓雪却完全忘记了自己想要说什么，更没有自我介绍，磕磕巴巴很长时间之后，才说：“您想买洗发水吗？”如此一来，那人把她当成了传销的，还误以为她是骗子呢，马上走开了。后来，晓雪和经验丰富的前辈交流，才知道进行市场调研，一定要第一时间先打消他人的疑虑，得到他人的信任，而如果无法在最短的时间内流畅进行自我介绍，说出自己的目的，表明对他人的无害，是不可能做到这一点的。晓雪勤学苦练，一有时间就去街头进行调研，也磨炼自己的意志，提升自己与人沟通的技巧。果然，半年之后，晓雪对工作越来越得心应手了。

因为紧张，晓雪在第一次进行市场调研时，居然不知道自己应该说什么，

最终词不达意，导致对方警觉，这次调研以失败而告终。幸好，后来晓雪在前辈的指导下意识到问题的所在，因而勤奋锻炼，努力提升自己，最终才对工作内容越来越熟悉，与人做有效的沟通也是水到渠成。

从本质上来说，词不达意是一种交流的障碍。试想，假如一个人不能很好地表达自己的意思，还如何与他人进行到位的交流呢？词能达意，是一切交流的基础和先决条件。离开这个先决条件，任何沟通都会变成无效的，事倍功半。

巧用身体语言，表达微妙情感

生活中的很多情境都是非常复杂的，单纯的语言未必能够恰到好处地表达我们微妙的意思，在这样的情况下，我们其实还可以借助其他的语言形式，诸如表情语言、身体语言等。也有的时候，我们不能直截了当地表达自己的内心，那么也可以借助于身体语言，委婉隐晦地表达自己的意思，从而避免针锋相对的尴尬。

所谓身体语言，也叫肢体语言，顾名思义，就是人们利用身体的动作表达的“语言”。在使用身体语言的时候，虽然人们并没有发出任何声音，但是却能表达很多复杂的意思，尤其是很多微妙的无法用语言明确表达的意思，身体语言都能很好地表达出来。不过，因为身体语言有很多是无意识的，能够在我们潜意识的驱使下表达我们的真实想法和心愿，所以身体语言也会于不经意间出卖我们的内心。当然，凡事有利也有弊，当我们想要了解他人的真实想法时，不如也把身体语言作为语言表达的补充，通过观察他人的身体语言，了解他人的内心世界。这是因为语言是可以伪装的，如人们完全可以说些口不对心的话，或者出于某种目的，改变自己的语言表达。但是身体语言则不同，身体语言也许会不受人们意识的控制，做出最切合心意的表达。在这种情况下，你

会发现身体语言总是会出卖人们的真心，让人几多欢喜几多愁。

这次，张总代表公司远赴美国进行谈判，主要针对和美国公司的合作问题达成共识。不想，谈判进行了两天半的时间，依然有些僵持，没有明确进展。眼看着三天期限就要到了，张总决定使出撒手锏，试探美国公司的真心，把合作在这仅剩的半天时间里敲定。也许这看似不可能，但是张总却破釜沉舟，不愿意继续毫无意义地耗下去，而要快刀斩乱麻。

当天中午吃完午餐稍作休息之后，谈判继续进行。刚刚开始半个小时，张总就借口出去接电话，回来的时候改变了自己的座位，坐在了靠门口的位置。眼见对方代表还是坚持利益不愿意做出任何让步，张总表情轻松地说："虽然我们远道而来，你们是东道主，不过生意不成仁义在，今天晚上就由我们做东，大家好好吃喝玩乐吧，也算是临行前的告别。"看到张总坐在靠门口的位置，且又说出这样的话来，对方的负责人不由得着急起来。原本他们是想借着天时地利，好好压一压张总的条件，却没想到张总居然准备结束谈判。尽管张总没有明确说出来，但是他从张总换座位，对着门口的动作上，也已经捕捉到确凿无疑的信号。为此，对方负责人赶紧说："张总，不要气馁嘛，既然是谈判，肯定要不停磋商。这样吧，你们远道而来，我现在就去请示老总，看看能否为我们的谈判推进做出让步。"最终，对方负责人一改懈怠的态度，非常积极，因而居然在下午就成功结束谈判，达成合作协议。不得不说，这都是张总恰到好处运用身体语言的功劳啊！

在这个事例中，张总深谙肢体语言的传情达意功能，因而虽然没有明确用语言表示结束谈判的意愿，但是却通过肢体语言向对方释放出明确信号。果然，对方负责人也是谈判高手，马上就嗅到气息，因而一改懈怠的态度，转而积极起来，由此推动谈判向前发展。不得不说，这不仅是语言上的博弈，也是心理上博弈，更是肢体上的博弈。虽然彼此没有身体的接触，但是却高下立分。

朋友们，当你们在与他人交往的过程中感到吃力时，或者因为碍于面子有些话不好直接说出口时，不如采取肢体语言的方式，微妙委婉地表达自己的意

思。这样一来，既能够表达自己的真实意思，也能给彼此的交流留下回旋的余地，还能顾全对方的颜面，可谓一举三得。

说话姿势有讲究，认真观察大发现

很多人粗浅地认知说话，觉得说话无非就是凭着三寸不烂之舌，上下嘴皮子动一动的事情。殊不知，说话并非我们看到的那么简单，倘若用心琢磨，你会发现说话其实是一件很复杂的事情。

说话绝不仅仅是嘴巴能够一力承当的事情。说话的时候，我们不仅要动嘴皮子，为了起到最好的效果，说话时更需要借助于肢体的力量，甚至有些说话富于感染力的人，还会手舞足蹈，表情也极其丰富。用一句话概括，这就是说话的姿势。不但每个人说话的姿势不同，即使同一个人在说话时，也会因为情境的改变而采取不同的说话姿势。假如我们能够细心观察，就会从这些或者大幅度或者细心的，甚至是不易觉察的动作中，最终得到大发现。

如果你曾经看过演讲比赛，你就会发现最终的获胜者并非是那些口若悬河、长篇大论滔滔不绝的人，而是那些激情澎湃、精神昂扬亢奋的人。这是因为他们深谙说话之道，知道仅仅说好是远远不够的，还要能够通过手势、表情，甚至是手臂和全身的大幅度动作，来表现自己的慷慨激昂，从而也调动听众们的情绪，使现场的气氛变得热烈起来。所谓说得好不如做得好，假如能够把说得好和做得好结合起来，我们的语言就会铿锵有力，打动人心。

当然，对于说话姿势的研究并不仅仅对我们的表情达意有作用，而且对我们了解他人也很有作用。在与他人沟通的过程中，如果你不能准确无误地领悟对方语言表达的意思，那么就可以通过敏锐的观察力，认真研究对方的说话姿势，包括面部表情、肢体动作，等等，这样就能事半功倍，更加深入准确地把握对方的心思。由此，对于我们的人际交往也会起到极大的推动作用。

最近，老陈承担了一个大项目，因为有很多事情拿不准，因而常常去请示总经理。刚开始时，总经理还觉得老陈很敬业也很认真，时常前来汇报，遇到事情也能积极解决。然而，随着老陈汇报次数越来越多，总经理有些不耐烦了。

有一日，老陈又去汇报工作，总经理听着听着，突然摘下眼镜，丢在桌子上，并且双臂环抱胸前，身子依靠在老板椅上，往后倾斜。老陈意识到总经理的厌烦，赶紧结束汇报，离开总经理办公室。从此之后，他遇到问题尽量自己解决，除非万不得已不再打扰总经理了。

老陈也是能够读懂肢体语言的，所以他才会在总经理摘下眼镜扔到办工作上，双臂环抱靠在老板椅上之后，马上意识到总经理内心的厌烦，因而赶紧结束汇报，以免总经理真的突然爆发出来，导致事情恶化。

人在厌烦的时候，会有很多的表现，诸如一声不吭，或者接连不断地点头，或者双臂环抱胸前，当然戴眼镜的人还会通过“扔”眼睛来表达内心不满。在与他人相处过程中，尤其是交流时，我们一定要非常敏锐地观察他人的说话姿势，这样才能更加深入地捕捉他人内心的细小变化，从而也及时调整自己的思路和言谈，使人际关系更加和谐融洽，也帮助自己建立良好的人脉资源。

生活不需要唇枪舌剑，说话要温柔委婉

很多人性格暴烈，说起话来也如同连珠炮一般噼里啪啦炸个不停。虽然他们自己知道是性格使然，也清楚自己并没有恶意，但是听他们说话的人未必能够接受这样的方式，有时还会对他们产生误解，导致人际关系恶化。

生活中总是会发生各种各样的事情，与其和他人针锋相对，不如改变说话的方式。所谓与人为善，与己为善。对于那些和自己有纷争的人我们尚且应该

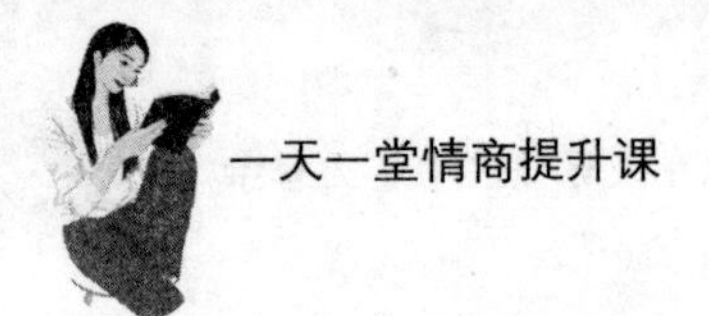

怀着友善宽容的态度，更何况是对那些与我们交好的人呢！偏偏有些人，不但对仇人横眉冷对，对自己身边的亲人、爱人，也总是颐指气使，说起话来就像机关枪。既然好好说也是一句话，恶言恶语地说也是一句话，我们为何不能温柔委婉地好好说呢！很多时候，虽然你并非因为讨厌对方才这样，但是给人的感觉就像是你与他人之间有着不共戴天的深仇大恨似的。

虽然人与人相交在于心，但是人和人之间交往的形式也是很重要的。不恰当的交往形式，只会让我们彼此之间更加生分，还有些原本相爱的人就因为总是冷言冷语地伤害，情分渐渐地也就淡了。表达的方式，尤其语气，往往给人以直观的感受，是很重要的。如果你经常外出吃饭，就会发现挨着的两家饭店也许一家门庭若市，另外一家却门可罗雀。在菜品、价格、地段等都相差无几的情况下，区别只在于老板和老板娘是否友善热情。

作为一个职业女性，小敏对于儿子总是缺乏耐心。这天晚上小敏加班回到家里，看到儿子正坐在电视机前看电视，而丈夫则正端坐电脑桌前玩游戏，为此她马上问：“小鱼，你的作业完成了吗？”小鱼胆怯地说：“还没有，还有一点点呢！”小敏马上火冒三丈：“你作业没写完看什么电视呀，这都九点了，准备什么时候写呢！这么大个人了，一天到晚看电视，也不怕把眼睛看瞎了。”说完儿子，小敏又开始数落老公：“你整天就跟个大爷似的，除了吃喝拉撒，上班，玩游戏，你还为这个家做过什么呀！都九点了，你不知道督促孩子写作业，让他早点洗漱上床睡觉吗？我这辈子找了你真是瞎了眼了，你到底是不是个男人呀！”在刚开始时，丈夫尚且能够忍受，但是当听到最后一句话时，丈夫也不由得火冒三丈：“我怎么不是男人了！倒是你要好好看看自己，到底是不是个女人！哪个女人像你这样，比泼妇还泼妇，张嘴从来没好话！”小敏也正在气头上呢，再加上工作那么辛苦才回到家，就这样，一场家庭大战爆发了。

在这个事例中，小敏原本可以采取另一种方式提醒儿子赶紧写作业，洗漱休息，也可以以撒娇的方式让老公去监督孩子，但是最终小敏的一番连珠炮，却使得家庭大战突然爆发，全家失去了一个美好安静的夜晚。

不可否认，生活中总是有各种各样的不如意，当感到心烦意乱的时候，我们一定要学会控制自己的情绪，千万不要把所有的不满和抱怨都一股脑地发泄到他人身上。否则，我们的生活就会变得更加糟糕，事情也无法得到圆满和平的解决。所谓“良言一句三冬暖，恶语伤人六月寒”，就让我们都成为给人带来温暖的人吧，千万不要因为一时气愤就语出伤人，导致事情变得越来越糟糕，人际关系也受到极大损害。

兴趣，是最好的切入点和突破口

在与他人交谈的时候，尤其是与陌生人展开交谈的时候，很多人都会觉得非常尴尬，因为彼此之间毫无了解，他们也根本不知道如何打破僵局，更不知道如何让交谈的氛围变得和谐融洽。其实，交谈并非我们想象中那么难。大多数情况下，只要我们能够找到切入点和突破口，交谈就会开展的很顺利。哪怕是面对陌生人，也并不会出现我们想象中的难堪和冷场。那么，交谈的切入点和突破口有哪些呢？

如果你曾在小区的公园里闲坐，你会发现那些带孩子的人在一起马上就会变得非常熟稔，彼此之间相谈甚欢。难道他们之前认识吗？当然不是。他们很有可能是陌生人，他们之所以能够在很短的时间内熟悉起来，就是因为他们有共同的话题——孩子。每个爸爸妈妈对于自己的孩子，都是非常喜爱的，从孩子小时候到长大成人，关于孩子的每一个话题都能马上引发他们的兴趣，使他们兴致盎然地参与到谈话中来。同样的道理，我们在与其他人交流时，也可以以兴趣作为切入点，这是最好的选择。如果是有计划地和陌生人见面交谈，可以首先了解对方的相关信息。当然，如果是熟悉的人之间，先了解对方的兴趣，则谈话一定会开展得更加顺利。

公司举行年会，在这个能够容纳几百人的大厅里，自助酒会正进行得热火

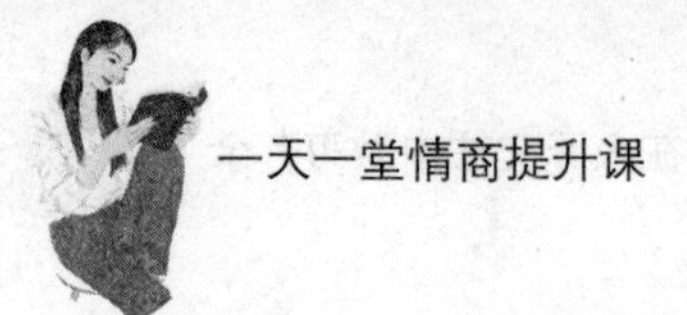

朝天。不过，丝丝却觉得很寂寞，因为她是新进职员，与大家都不是很熟悉。为此，丝丝一个人坐在角落里的沙发上，百无聊赖地看着手机上的娱乐新闻。

一个年轻的男士走过来，问丝丝："您好，请问我可以坐在这里吗？"丝丝点点头，没有搭讪，盯着手里的酒杯。男士坐下来之后，问："你的丝巾很漂亮啊，云南丽江的？"丝丝眼前一亮，问："你也去过？"男士笑了，说"丽江是我的梦，还没去过呢，不过一直想去。所以我提前做了功课，看了很多旅游帖，以及对于丽江的介绍。要是你有时间，可以为我介绍下丽江吗？"丝丝谈兴很浓，也因为刚刚从丽江回来没多久，正在想念那个与众不同的地方呢，因而侃侃而谈。不知不觉间，他们谈了一个多小时，酒会结束了，他们才彼此告别，不过他们留下了联系方式，因为他们此时此刻俨然已经成为朋友了。

搭讪的男士在没有得到丝丝的回应落座之后，从丝丝脖子上系着的漂亮丝巾入手，谈起了美丽的丽江。那是丝丝魂牵梦绕的地方，因而丝丝当即思念之情喷薄泉涌，全都化作对丽江的详细介绍，侃侃而谈。毫无疑问，男士的搭讪成功了。他之所以能够成功，就是因为他观察得非常细致，才发现丝丝的丝巾与众不同。

在与人交流的过程中，千万不要揪着对方不想说的话题一直问个不停。对于对方刻意回避的话题，我们一定要给予足够的尊重和理解，千万不要哪壶不开提哪壶。相反，假如我们能够说些对方感兴趣的话，就一定能够更好地与对方展开交流，这样也能帮助对方勾起谈兴，打开话匣子，还愁谈话氛围不好吗？

下篇

运用情商

第14章 社交中的高情商，助你聚拢人脉收获真情

如今，很多人都以社交生活为难题，因为他们不知道应该如何与他人交往，更不知道怎么做才能在社交场合如鱼得水，游刃有余。毋庸置疑，人脉资源已经成为现代社会中一种重要的资源，一个人如果拥有大量的人脉资源，就能够拥有很多可利用和运营的人际关系，也会使得自己的人生之路四通八达。我们一定要提高自己的情商，建立良好的人际关系，才能让自己变得更受欢迎。

闻声识人，有好声音才有好品质

从任何人交流，我们都离不开声音的帮助。假如这个世界变成无声的，就会瞬间变得苦涩而又沉重。悄无声音的寂静固然能够帮助我们思考，但是如果没有声音的存在，寂静就会变成死寂，人的深刻思想也因为没有碰撞和交融，而渐渐变得肤浅，失去生命的活力。声音，是整个世界的生命之源，为世界带来了无限生机，是绝不可少的。

其实，声音的作用不仅仅是传情达意，也可以作为情绪的载体来表达情绪。有的时候，我们会在生活中伪装自己的情绪，比如原本很生气，但是出于种种原因并不能明确表达自己的愤怒，但是声音却会出卖我们的真实心意，透露我们内心深处真实的想法。声音很难掩饰，从这个角度而言声音是真实的。与每一个个体都是与众不同的一样，声音也是完全独特的，每个人都有自己特殊的音质和音色，这种特点使我们区别于他人。

学过物理学的人都知道，声音是以声波的形式传播的。曾经有科学家专门对声波进行过研究，最终发现人们在不同的情绪状态下，说出的声音声波形式

是不同的。从此可以看出，对于每个人的情绪而言，声音就像是一种密码，懂得解密这个密码的人，也就掌握了透过声音体察情绪的秘密。

高中毕业后，王刚就进入艺术类院校学习声乐。一则是因为他的文化课成绩并不出色，二则也因为他的确比较喜欢音乐。为此，父母因势利导，彻底支持他学习声乐。

凭借兴趣爱好奠定的基础，王刚对于声乐的学习进步很快，那些基本知识和基本功，他很快就掌握了。然而，王刚在进入大四阶段的学习时，不管再怎么努力，进步都不明显，甚至有些停滞不前。面对这样的困境，王刚很着急，每天都勤学苦练，却依然于事无补。无奈之下，王刚只好去请教声乐老师：如何才能把一首歌唱得酣畅淋漓呢？声乐老师了解了王刚的烦恼之后，说："你呀，其实对于基本功已经掌握得很扎实了。不过你有一个问题，即你的情绪始终不到位，所以你只能称为一名唱匠人，而不能算作是一名合格的歌者。比如你唱悲伤的情歌，总是无法让人感受到悲伤的意味。假如你能谈一场恋爱，再经历失恋，也许会有与众不同的感受。不过你唱感恩父母的歌曲倒是别有韵味，也许是因为你很孝顺。总而言之，你必须丰富和充实自己的情感，不然就很难唱出感动来。"声乐老师的话给了王刚很大的启示，王刚四处找来关于爱情的作品品读，沉浸其中，果然在情歌上有所长进。

一个歌者之所以能用自己的歌声感天动地，就是因为他们始终沉浸在浓郁的情绪之中，不但感动了自己，也感动了别人。倘若一个人对于自己所演唱的歌曲没有任何感情上的共鸣，那么他们就很难把歌曲演绎得淋漓尽致。事例中的王刚正是缺乏感情，所以歌声始终不能打动人心。其实，不仅仅唱歌需要投入感情，包括说话也是需要有感情的。

作为人与人之间沟通的载体，声音不仅能够帮助人们传情达意，也能帮助人们表达情绪。只要我们多多用心，就会从声音中听到他人真实的内心世界，从而更好地了解他人，走进他人的内心深处。

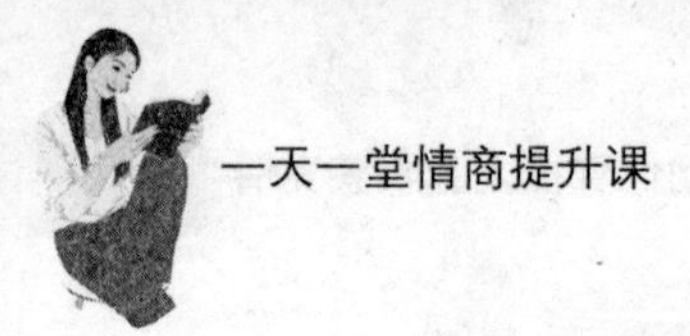

观察他人情绪变化，及时掌握心理动态

在与他人交谈的过程中，粗心的人甚至不知道他人所说的是何意思，细心的人却能够从他人的言语之间掌握自己想要得到的信息，也能够敏感地体察他人的情绪改变，从而及时掌握他人的心理动态。举个简单的例子，假如一个人原本正在以正常的语速说话，突然之间声调变调，语调放缓，那么一定说明他情绪发生改变，或者心中有所思量。反之，倘若其语速突然变快，那么则说明他的情绪变得激动紧张，或者试图掩饰什么。总而言之，我们在与人交谈时应该以敏锐的观察力洞察他人的内心，这样才能避免错过了解他人的心理变化。

当然，除了通过语速的改变来洞察他人之外，我们也可以观察他人的坐姿，诸如与你靠近坐的人心理上也会与你很亲近，背对着墙壁或者窗户而坐面向入口的人心理上会占据一定优势，在整个屁股都坐进椅子里的人很自信，只坐三分之一椅子的人心中紧张不安，而且有些自卑的倾向……这是通过坐的姿势来观察人们潜意识的心理。此外，还可以观察对方的肢体语言、表情动作等，都能够使人得到更多的收获。总而言之，作为交谈的一方，我们必须非常敏感细腻，才能最大限度地洞察他人心理，帮助自己更加深入地了解他人，也使彼此的关系更加和谐融洽。

原本，老师并没有发现晓萌的异常，只是像往常一样通过晓萌这个班长了解班级其他同学的情况。但是不曾想，晓萌在听到老师提起张凯时，原本平静的语调突然间变得紧张起来，甚至嗓音都有些颤抖。老师很纳闷，看着晓萌，似乎想要从晓萌脸上窥探出什么秘密来。这时，晓萌的目光游移不定，躲躲闪闪，生怕被老师看破。作为一名初中班主任，老师敏感地意识到晓萌和张凯之间也许有一些小小的问题。

和晓萌谈话结束后，老师去了班级的教室，若无其事地和几个女生聊天。果然，风言风语很快就从女生的口中说出来，原来晓萌和张凯正在早恋啊！这两个人都是班上的尖子生，老师可不想让他们在学习上出什么差错。为此，老

师非常谨慎地对待这个问题，先是装作毫不知情，接着又采取委婉和隐晦地方式分别给他们做工作，总算帮助他们顺利度过了危机。

在这个事例中，作为初中班主任，老师是非常敏感的。因而在发现晓萌听到张凯的名字声音出现异常之后，她马上佯装无事，避开话题，然后又从同学们口中了解真相，最终委婉地旁敲侧击，这才算成功解决早恋危机。

在交谈的过程中，我们的一举一动一言一行都会暴露我们内心深处的秘密，因而我们必须非常小心，才能保护心底里的秘密不被他人窥探，也才能以敏锐的触角触碰到他人内心深处的秘密。任何情况下，都不要觉得交谈可以漫不经心，只要你时时处处留心，交谈总会带给你意想不到的收获。

管理情绪，才能成为自己的主宰

生活中，人们常常遭遇意见相左或者观点不一致的情况。在这种情况下，有些朋友总是不遗余力地试图说服他人，却没有意识到强迫别人接受自己的意见和观点，并非明智之举。现实情况要求我们既要尊重自己的感觉，也要尊重他人的感受，这样才能避免进行无谓的劝说。任何时候，我们都应该尊重他人，也尊重他人所持的与我们完全不同的观点和意见。做人最怕自以为是，那些总觉得自己绝对正确，而好为人师，对他人指指点点的人，是不会拥有好人缘的。相反，我们应该学会接纳他人，这里所说的接纳指的是他人的一切，包括他人的情绪。

当我们能够敏感地感知他人的情绪，也能及时了解他人的情绪变化，我们就能够与他人之间建立友好的关系。相反，那些总以为自己是宇宙中心的人，很难感知他人的情绪改变，因而也无法及时体察他人情绪，顺势而为，做出相应的改变。这样的关系一旦陷入僵局，无疑是非常尴尬的。因而每个人都应该学会管理自己的情绪，也做到体察他人的情绪，这样才能把人际关系的发展把

握在自己的手中，从而如愿以偿建立人际关系，拥有好人缘。

大学毕业后，贾婷来到这家公司工作，并且把自己大学时期的好朋友豆豆也介绍进入公司。两个好朋友在同一家公司工作，按理说应该是非常快乐的，毕竟对于职场新人而言她们有很多不懂的东西，两个人一起正好可以共同学习，共同进步，也相互督促。

贾婷和豆豆都在销售岗位上，因而她们需要学习的东西都很多。直到一个月之后，她们才开始渐渐了解和熟悉工作，也走上了岗位展开工作。也许是因为每个人对于工作的悟性不同吧。又过了一个月，贾婷居然签单了，这让豆豆心中妒火中烧。她暗暗想：贾婷是个马大哈，还傻乎乎的，连她都能签单，我一定不能落后于她。想到这里，豆豆脸上的笑容似乎僵硬了，恭喜贾婷的话也说得言不由衷。贾婷敏感地意识到豆豆的情绪改变，因而马上收敛自己的喜悦，说："我其实也就是瞎猫碰上死耗子，运气好而已。要讲用功，肯定是豆豆更努力，我要向豆豆好好学习。"后来，贾婷又签了一单，她非常小心地控制自己的喜悦，不想给豆豆施加太大的压力。然而，豆豆的妒忌心理却越来越严重，贾婷也更加小心地照顾豆豆，帮助豆豆在工作上努力上进，直到豆豆开单，贾婷悬着的心才落下来。

贾婷是个很好的朋友，她并没有一味地沉浸在自己签单的喜悦之中，而是能够照顾到豆豆的情绪，因而时时处处照顾豆豆的心情。正是在贾婷的努力之下，她与豆豆的友谊才能地久天长，始终常青。

人与人的交流是相互的，交流不仅仅限于语言的表情达意，也涉及情绪的诸多细微之处。要想更加深入地了解他人的心理，我们就必须在面对他人时更加认真敏感，细致入微。唯有体察他人的情绪，我们才能及时调整自己的情绪，也才能提升自身的情绪管理能力，使我们与他人之间的交流更加顺畅通达。

晓之以理动之以情，才能打动人心

人是感情动物，任何人在与他人交往时，都会投入感情，这一点是不可避免的。只不过，随着关系的亲疏远近各不相同，人们对于他人的感情投入也是完全不同的。比如对于陌生人，人们付出的是客套之情，维持表面上的友好；对于亲密的朋友，人们付出的是真诚的友情，彼此之间心意相通，惺惺相惜；对于亲人，人们付出的是血浓于水的亲情，即便相隔遥远，也割不断血脉相连……每个人每天都会与形形色色的人打交道，对于这些不同身份、亲疏各异的人，我们必须区别对待，才能做到打动人心。

人们常说，困难像弹簧，你强他就弱，你弱它就强。困难的确如此，往往与我们背道而驰，需要我们付出智慧和心血去征服它。但是对于人呢？可不能如此执拗。很多时候，我们要想说服一个人，必须对其晓之以理动之以情，才能彻底打动他的心，使他心服口服。和那些畏惧权势或者强势而做出的被动改变不同，当人们心甘情愿地改变自己时，这种力量就会变得很强大，也更持久。因而，我们必须学会让人们发自内心地改变，这才是一劳永逸解决问题的好办法。

1940年末，英国因为与德国交战，导致国库亏空，不管是财力还是人力上，都非常紧张。为此，丘吉尔只好向罗斯福求助，拜托罗斯福一定要努力说服美国参议院，给他武器装备上的援助。对此，罗斯福很为难，因为美国的中立法明确规定不允许向没有还清第一次世界大战债务的国家提供贷款，而且任何交战国要想购买武器装备，必须提供现金。如此一来，似乎根本不可能为英国提供援助。但是罗斯福很清楚唇亡齿寒的道理，因而他决定努力争取为英国提供援助。

当年12月17日，罗斯福在华盛顿召开了记者会。会议上，他公开表示："我想在座的每一位都很清楚，英国眼下再也没有财力购买武器装备。那么，我们为何不给他们提供援助呢？我们都知道，英国如果能够打败德国，也就解除了德国对于美国的威胁。但是在现在的情境下，英国已经没有与德国抗衡的实力，又该怎么办呢？”议员们和在场的记者都沉默不语，罗斯福当然知道中立法的规定使他们无话可说，因而罗斯福继续说：“假如有一天，我的邻居家里着火了，最可怕的是火势只要蔓延一百米，就会烧到我的家里来。我家的花园里有个水龙头，邻居只要把水龙头接上水管，就能有效扑灭火灾。那么在这种千钧一发的时刻，我到底是让邻居先用我的水龙头救火呢，还是告诉他我的水管价值20美元，并且等到他拿来20美元之后，我再把水龙头借给他用呢？”罗斯福的话惹得在场的人都忍俊不禁地笑起来，罗斯福继续追问：“我到底该怎么办？”台下有人喊道：“既然如此，不就20美元么，送给他用吧！”罗斯福担忧地说：“但是天知道他还会需要向我索要什么，也许今天是水管，明天就是汽车或者房子呢！这和国家与国家之间的道理是一样的！”台下又有人喊道：“那就先拿钱来，再给东西。”罗斯福继续质疑：“如果他没钱呢？难道我们就眼睁睁地等着火势烧到家里来吗？能不能这样，先借给他用，如果还了就不要钱，如果损坏了再照价赔偿，如何？”“这个主意不错！”“好主意！”台下的叫喊声此起彼伏，就这样，罗斯福以一个日常生活中的例子轻而易举就说服了那些冥顽不化的人们。最终，国会经过一番激烈的辩论之后，顺利以占优势的多数选票通过了租借法案。从此，美国多了一条能够帮助邻国的适用法律，领导人再也不用为是否帮助邻国以及如何帮助邻国而发愁了。对此结果，丘吉尔也非常满意。

罗斯福之所以能够顺利说服美国的议员们，就是因为他对其晓之以理，动之以情，还以现实生活中常见的情况举例，最终使大家意识到于情于理都应该帮助英国打败德国，这其实也是在帮助自己。为此，他们之中的大多数都同意向英国提供援助，这也是因为罗斯福还提出了著名的租借规则，使得美国对英国的帮助有法可依。最终，罗斯福得到了让丘吉尔满意的结果。

在说服他人的时候，千万不要强迫他人接受我们的观点，每个人都有自己的想法和观点，这一点无可厚非。当发现他人的观点和想法与我们不同时，我们首先应该以道理说服人心，也以真情感动人心。否则，强迫之后也许他人会

暂时接受我们的观点，但是其心底里必然还是很不服气的。唯有动之以理晓之以情，我们才能彻底解决问题。

交往之前做足准备，更利于掌控全局

从关系的远近亲疏来划分，我们与他人之间的关系可以分为陌生与熟悉。再按照熟悉的程度来划分，又可以分为一般的熟悉和非常亲密无间的熟悉。当然，和熟悉的人交往我们是得心应手的，因为我们已然了解了对方的脾气秉性和兴趣爱好，因而交往水到渠成，也令人愉悦。但是如果和陌生人打交道呢？为了让这种交往也水到渠成，使人愉悦，我们在与陌生人打交道时，如果是有计划地与陌生人见面，一定要首先做好准备工作。诸如，有些人因为工作原因与客户见面，那么完全可以在见面之前先了解与客户相关的信息等，这样见面时就会更加熟悉，也能够根据客户的脾气秉性，调节交往的节奏和频率。

作为一名保险推销员，豆丁的业绩在公司里始终名列前茅，而且对于很多其他同事搞不定的大客户，他也能够马到成功，最终顺利签约。豆丁到底掌握着怎样的绝密武器呢？同事们都很纳闷，但是每当他们问豆丁，豆丁总是谦虚地笑笑，因此豆丁的秘密武器也就成了谜。

随着业绩的节节攀升，豆丁最终得到提拔，成为销售部门的主管。为此，他新官上任三把火，刚刚上任的第一天就召集下属们开会。在会上，豆丁与下属们分享了销售的秘密："其实，大家一直以来都想知道我是如何搞定那些看似难以接近的大客户的，也是因为工作忙碌吧，始终没有机会和大家好好分享。现在，我就借此机会把撒手锏分享给大家，希望大家都能以此打开销售的新局面。"

"众所周知，越是大客户越难以接近，尤其是我们的生活与他们的生活根本不在一个水平面上，因而如果仅靠见面之后瞎猫碰死耗子去聊天，是基本

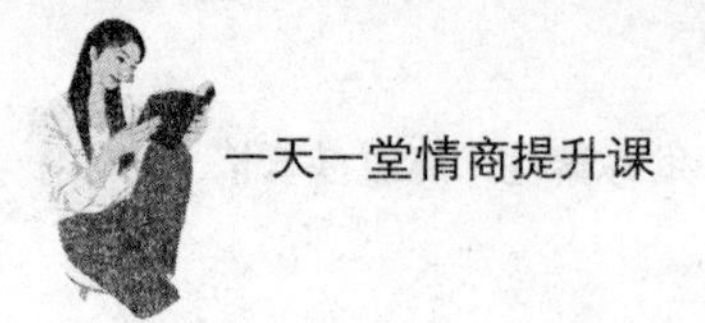

没有共同语言的。我的秘诀就是提前了解他们。这些大客户都是有头有脸的人物，或者是大企业的负责人，或者是一家创业公司的老板，总而言之，只要我们想打听，总是能够通过各种渠道搜集到有关他们的信息。如此有的放矢，还害怕不能成功签下他们吗？比如我有一次与一个大老板打交道，在正式见面之前心里也是发怵的，后来我通过他们公司的前台知道这个大老板喜欢打高尔夫，因而决定深入研究高尔夫，就从高尔夫下手。在此之前我从未打过高尔夫，为了以防万一，我还专门花钱去一个球场练习了呢！果然，见面之后这位大老板态度冷漠，但是当我说起他在某个高尔夫球场的惊人成绩时，他马上对我亲近起来，甚至后来还与我称兄道弟。借助于高尔夫，我走进了他的生活，也打开了他的心扉。任何人都有自己的兴趣爱好，我们最好从这一点提前准备，有备无患。”

听了豆丁的分享，下属们全都觉得如同拨开云雾见月明，感到受益匪浅。果然，在豆丁的调教下，大家对于客户情绪的把握越来越好，自然签约也就水到渠成了。

人是感情动物，每个人都是有感情的。在与陌生人接近的时候，假如你想打开他的心扉，就一定要说些让他感兴趣的话。唯有如此，才能感动他，让他感受到你的用心和真诚，从而对你的态度也变得友善。就像事例中的豆丁，恰恰是从大老板的兴趣爱好入手，再加上准确说出大老板此前的骄人成绩，因而马上就消除了大老板对他的戒备心理，使得接下来的交流变得非常融洽。

朋友们，人是群居的，我们每个人每天都要与形形色色的人打交道。尤其是作为职场人士，更是需要在奔波忙碌之中与他人搞好关系，为自己事业的飞黄腾达奠定基础。不妨也学着豆丁的样子，在正式接触之前首先做好关于“陌生人”的功课吧，这样一定能够使交往事半功倍，也使得自己的人际关系越来越好。

设身处地，才能换位思考理解他人

所谓“画虎画皮难画骨，知人知面不知心”。人与人之间隔着千山万水，即便跨越了千山万水，还隔着一层肚皮呢，因而人们彼此之间很难真正做到肝胆相照，绝对信任。然而信任又是人们交往的基础，如果没有信任，交往就如同在冰上行走，举步维艰。在这种情况下，如何才能尽快打开他人心扉，走进他人心里，与他人友好相待呢？凡事都没有捷径，如果说人和人拉近距离有什么好方法的话，那就是设身处地为他人着想。

生活中，我们常常美其名曰为他人着想，殊不知，我们所谓的“想”都是从自身出发的，根本没有真正从主观跳脱出来，站在他人的立场上思考问题。所谓的设身处地，就是要设想自己处于对方的情境中，把自己想作对方，再扪心自问自己会怎么做。“如果我是他，处在他的处境，我会如何做？”尽管这么问也许无法真正设身处地，但是却能够尽量摆脱主观。

有的时候，别人所经历的事情对于我们而言是完全陌生的，因而我们再怎么设身处地，也无法感受到对方的心情。在这种情况下，我们不妨假设情境，也能起到良好的效果。总而言之，人们总是本能地从主观出发，从自己的角度出发，来考虑问题的。要想接纳他人，理解他人，我们就必须站在他人的角度，为他人着想，以他人的利益为出发点，这才是真正的设身处地。

对于爸爸的选择，梦瑾是很难理解的。梦瑾的妈妈刚刚去世一个月，梦瑾和妹妹还沉浸在失去母亲的痛苦之中，爸爸就开始在乡人们的介绍下相亲了。据说对方是个寡妇，比爸爸小六岁，有一个儿子一个女儿，都已经结婚成家了。所以这个寡妇现在也是单身生活，爸爸还比较心动。

远在北京的梦瑾从电话里得知爸爸相亲的消息，心如刀绞。妈妈才刚刚去世一个月啊，爸爸就这么迫不及待吗？明明看到爸爸在妈妈即将离开人世的时候，也是百般不舍啊，为何短短的时间内就变了呢？梦瑾又痛哭了一场，还向老公诉说了心中的委屈。老公听了梦瑾的讲述，说：“你不觉得这一个月对于

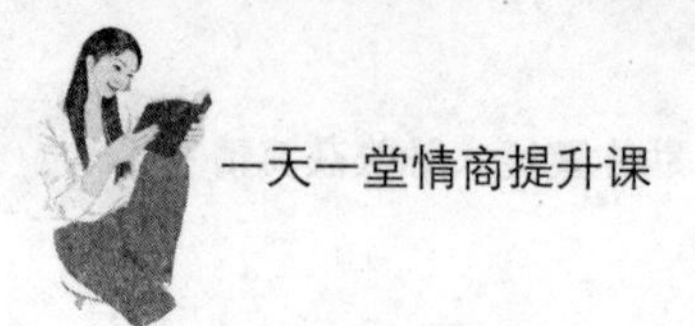

爸爸而言更是难以忍受的孤独和痛苦吗？妈妈去了，就在他们日日夜夜一起生活了三十多年的房子里。那个房子，必然每一个角落，就算是院子里老树的树影下，都有妈妈的身影啊，他该是多么孤苦地度过了难熬的这一个月。儿女们都大了，虽然他还有你和妹妹，但是你们都有自己的家，有自己的生活，他根本不愿意来打扰你们。我想，他着急续弦，一则是为了自己摆脱孤苦，二则也是为了咱们不牵挂和惦念他。毕竟少年夫妻老来伴呢，你说呢！”老公的话让梦瑾陷入沉思，的确，爸爸曾经那么坚强，任何时候都不愿意拖累儿女，现在又怎么会来到北京给他们增加负担呢！想到这里，梦瑾尽管万分思念妈妈，也还是无奈地接受了事实。

对于亲生的爸爸，梦瑾也有很多的不解，殊不知，对于她和妹妹而言的确失去了最疼爱她们的妈妈，但是对于和妈妈朝夕相处的爸爸而言，就像是失去了生命。此时此刻，孤苦的他也像是一个溺水的人那样，着急地想要抓住一些什么，让家里空荡荡的院子不再死气沉沉。在老公的启发下，梦瑾站在爸爸的角度考虑，最终想明白了这个问题。

生活中，无论我们再怎么设身处地，也无法真正地体会到他人的感受。因而所谓的设身处地，只不过是帮助我们更加理解他人罢了。当我们真正放下自己，不再从主观的角度来揣度他人，理解他人就会变得更加容易一些。唯有理解，我们才能发自内心地接纳他人，也才能与他人建立亲密友好的信任关系。

适当“示弱”，反而能够扭转局面

现代社会强势的人越来越多见，能够从容示弱的人却少之又少。人们已经习惯了在这个熙熙攘攘的时代里，为了赢取自己的一席之地，不停地与他人争夺抢占，似乎一旦示弱，就会因此而失去整个人生。殊不知，如此忙忙碌碌、睚眦必报，最终得到的是什么呢？除了一颗劳累的心，我们一无所有。从这个

角度来看，强势并不意味着真正的坚强和强大，更多的时候反而是内心脆弱的表现。

事实上，真正的强者都是很善于示弱的。因为他们无需通过各种各样的事情展现自己的力量，显示自己的强大，因为他们有足够的自信，坚信自己很强大，所以他们对于强大的态度非常坦然，无须伪装也无需强调。有的时候，他们非常擅长运用示弱的方式扭转事情的局面，掌控事情的发展，这恰恰也是他们强大的表现之一。

春秋时期，魏国和赵国强强联手，一起集中兵力攻打韩国。韩国势单力薄，只好求救于齐国。齐国的国君任命田忌作为主帅，带领将士们直奔而去，援救韩国。得知此消息之后，魏国的主帅庞涓马上下令撤兵，并且当即率领大军折返魏国。

这个时候，齐国的军队已经进入魏国国境，继续向西行进。孙膑审时度势，对田忌说："魏国的军队一向骁勇善战，根本不把齐国看在眼里，我们恰恰可以利用这一点，诱杀他们。"为此，齐军在第一天进入魏国的国境之后，只造了十万灶开火做饭；第二天，他们把灶减少到五万；第三天，他们把灶减少到三万。如此一来，跟在齐军后面穷追不舍的庞涓欣喜若狂，说："齐军一向胆小如鼠，没想到居然如此露怯，才刚刚进入我国的国境，丢盔弃甲逃跑的人就如此之多，居然高达半数。"为此，庞涓产生了轻敌心理，急于求胜，居然丢下步兵，亲自率领骑兵马不停蹄地追赶齐军。孙膑精心谋划，预估魏军当天晚上应该能够赶到马陵。恰恰马陵的地形特殊，道路非常狭窄，两侧都是复杂的崇山峻岭，足以埋伏下千军万马。为此，他提前安排士兵砍掉附近的树皮，在白花花的树干上写道："庞涓死于此！"随后，他又安排一万名箭术高超的弓弩手埋伏在道路两侧，告诉他们一旦看到火把的光亮，就万箭齐发，杀庞涓个措手不及。将士们全都摩拳擦掌，恨不得生擒活捉了庞涓。

果然，夜幕降临之际，庞涓率领将士来到此处，看到白花花的树干，他不由得拿起火把凑上前去想要看个仔细。看到树干上的字之后，他心惊胆战，才意识到自己中了埋伏，此时齐军万箭齐发，魏军将士仓皇溃逃，庞涓眼见大势

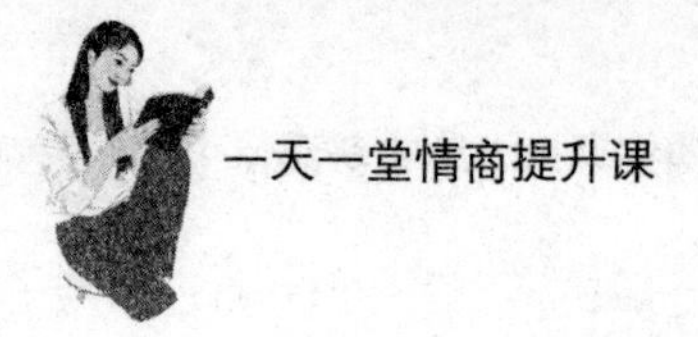

已去，不得不在树下拔剑自刎。

原本，齐军是无法与庞涓的军队抗衡的，幸好孙膑深谋远虑，最终以“示弱”法不断减少灶的数量，使庞涓误以为齐军因为胆小怕事，逃亡过半，因而才产生轻敌心理，甚至丢弃步兵，只率领日行千里的骑兵继续追赶齐军。最终，他在地势复杂的马陵中了孙膑的计谋，果真命丧于此。孙膑正是利用示弱的方法迷惑敌人，最终才获取胜利的。

生活尽管不是战场，但是我们也应该学会示弱。示弱，并非是怯懦无能的表现，有的时候是一种计谋，有的时候是一种宽容，有的时候是博大的胸怀，有的时候更是待人处事的态度。学会示弱不但能够给他人留足面子，也能够表达我们对他人的尊重和敬意，更可以让我们表现出虚怀若谷的胸怀，关键时刻还可迷惑敌人，扭转不利于我们的局势，可谓好处多多。

打破僵局，让交往更顺利

人与人的交往过程中，难免会出现言语不合的现象，如何面对突发的僵局，也就成为人际高手们必然面对的难题。尤其是多人在场的情况下，假如人人都沉默不语，则更显得尴尬和难堪。作为一个交际高手，一定要有打破冷场的高超技能，才能在社交场合如鱼得水，游刃有余。偏偏生活中总有些人说话从来不过脑子，他们想说什么就说什么，丝毫不考虑他人的感受，更不在乎他人是否生气。如此一来，情绪上的冲突难以避免，人与人的关系也剑拔弩张。不可否认，人际关系是非常敏感而又脆弱的。也许今天大家还是称兄道弟的好朋友，次日就会因为一句话而相互装作没看见，真的看不见倒好了，见面了却是更尴尬。

倘若你身边的两个人突然就僵掉了，你作为第三者，是旁观者清，事不关己高高挂起呢？还是马上给他们打个圆场，把事情周全过去，让大家日后还能

哈哈笑着相见？聪明人当然会选择后者，这可是顺水人情，对于擅长打圆场的人而言也就是几句话的事情，就能赚得个人情，何乐而不为呢！

清朝末年，陈树屏聪明机智，才华横溢，因而总是能够在遇到尴尬冷场时，以简单的几句话就解开人们心头的疙瘩，从而帮助人们恢复友好关系，因而受到很多人的赞誉。

有一次，陈树屏特意在黄鹤楼设宴，宴情张之洞和谭继询两位大人，他们一个是督抚，一个是抚军，但是关系一向不太融洽。寻常人根本不敢把这两个人请到一起，只怕发生矛盾时候不知道如何处理才好，偏偏陈树屏不怕。当天，还有几个陪客，当大家无意间说起江面宽窄问题时，谭继询说江面有五里三分宽，张之洞却故意与谭继询违拗着来，偏偏说江面是七里三分宽。眼看着两个人争执得面红耳赤，互不相让，在场的人都很紧张，生怕他们因此反目，不想陈树屏从容不迫地说："其实，张大人和谭大人所说的并不相冲突。张大人说的是涨潮时江面的宽度，谭大人说的是落潮时江面的宽度，这根本无须争辩啊！"听了陈树屏的话，原本都因为对对方心怀不满而故意争辩的张、谭二人，赶紧就坡下驴。

对于张之洞和谭继询，陈树屏谁也不愿意得罪，谁也得罪不起。为此，他只好灵机一动打圆场，让他们二人谁都再也说不出"不"字来。看到一场风波平息于无形，在场的人悬着的心也才能放下来，宴席也才能继续友好欢乐地进行下去。

尽管社交场合中常常需要庄重严肃的气氛，但是人与人之间总是需要润滑剂，才能更加和谐。假如我们能够成为尴尬冷场时的润滑剂，让人们的关系变得缓和起来，也许就能给他人留下良好的印象，也因此广结人缘。

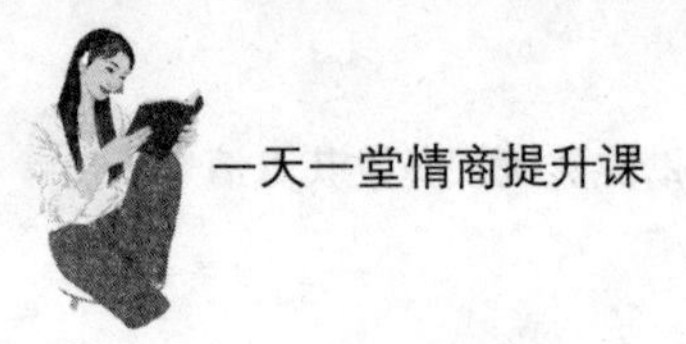

第15章 职场之上高情商，助你如鱼得水表现完美

现代职场，竞争激烈，压力巨大，几乎每个职场人士都处于高压之下，导致如今有很多职场人士都因为长期承受压力而使身体处于亚健康状态。然而，让职场人士头疼的远远不止纯粹工作的问题，还有职场上复杂的人际关系，也时时刻刻困扰着他们，使得他们寝食难安。只有运用高情商的艺术，我们才能更好地调节工作的压力，也才能在职场的人际关系中如鱼得水，游刃有余。

带着快乐工作，工作也会变得快乐

当你做一件自己感兴趣的事情，你一定会觉得时间过得非常之快，那是因为你的心中怀着欣喜，也从不抱怨做事的劳累。与此恰恰相反，假如你做着自己并不喜欢的事情，并且为此付出了极大的心力和劳累，也付出了大量的时间和精力，那么如果有好的结果，尚且能够慰藉你，倘若结果很坏，你只怕会怨声载道，悔不当初。遗憾的是，现代的职场上大多数人都做着并非自己感兴趣的事情，或者是为了维持一份工作，也或者是为了养家糊口，维持生计。所以才会有人说，假如能够以自己的兴趣爱好作为工作，就是莫大的幸运和幸福。没错，兴趣既是我们最好的老师，也是我们成功的动力。那么如果我们并不喜欢自己的工作，又该如何呢？很多时候，客观存在的外界是没法改变的，既然如此，我们不如调整心态，改变自己，适应外界，这样一来，我们就能够改变心情，带着快乐去工作。

在面对爱情的时候，人们常说选我所爱，或者爱我所选。如果不能那么幸运地遇到两情相悦的人，不如就选择后者，爱我所选。对待工作，也是如此。

既然没有条件从事自己喜欢的工作，不如就爱上现在这份也并非那么让人讨厌的工作，用心地发现和发掘工作中的乐趣，从而渐渐让自己爱上工作。凡事都怕用心，一旦我们用心，也许就会情人眼里出“西施”呢？总而言之，带着快乐工作才是王道。

丽娜是一家公司的打字员，每天都要为公司处理大量的文件。在日复一日机械地敲击键盘中，她越来越觉得工作乏味，甚至产生了辞职的念头。然而，当时正值金融危机，很多大学毕业生都找不到工作，更何况丽娜还是个小小的中专生呢！为此，丽娜只好硬着头皮继续干下去，每天都度日如年。

一天，百无聊赖的丽娜测算了自己的打字速度，突然想道：我为何不提高自己的速度呢？反正每天都要打字，就把它们当成是提高打字速度的练习好了！想到这里，丽娜赶紧整理出第二天需要打印的文件。次日早晨来到公司之后，丽娜因为有了目标，非常积极地坐到打字机前开始打字。这一天，因为知道自己要超越前一天的目标，所以丽娜丝毫没有觉得工作枯燥乏味，反而始终兴致盎然。她每当看到自己的速度有所下降，就会马上激励自己提高速度，从而争取超越昨日的原始记录。就这样，在半年多的时间里，丽娜的打字速度不断进步，最终她突然发现自己居然超越了去年全国打字比赛冠军的速度。为此，等到这一年的打字比赛开始报名时，丽娜毫不犹豫地报名参赛，最终夺得了亚军的好成绩。为此，还有一家专门生产的打字机的厂子邀请丽娜作为形象代言人呢，这让丽娜欣喜若狂。

在没有目标和方向的时候，丽娜仅仅把工作当成是自我谋生的工具。后来，她无意间为自己找到了目标，即每一天都要超越前一天的纪录，居然在半年多的时间里把打字速度提升到了前一年打字冠军的水平，不得不说这是有心栽花花不开，无心插柳柳成荫啊！也许，丽娜的人生都会因此而改变，因为她已经爱上了自己的选择，并且做出了让人瞩目的成绩。

只有少部分幸运的人能够从事自己感兴趣的工作，并且将其作为终生的兴趣深入钻研和发展。对于大多数人而言，与其抱怨工作的枯燥乏味，不如从现在开始就努力发现工作中的乐趣，引导自己爱上工作，由此进入良性循环之

中，最终必然在工作上有所建树，有所成就。

拥有好人缘，你才有贵人相助

在人际交往中，好人缘能够帮助我们得到更多的帮助，从而使我们在生活和工作中都如鱼得水，偶尔遇到难以迈过的坎，也能在贵人的帮助下渡过难关。其实，好人缘不仅仅对于我们的生活有莫大帮助，对于我们的工作也益处多多。任何时候，我们都要为自己扩展人脉，建立良好的人际关系，这样才能在需要的时候得到贵人相助。

人际关系的建立无疑是很难的，任何情谊都需要在日常生活中用心维护，才能在需要的时候派上用场。有些人对待朋友等平日里很少联系，只有等到需要的时候才突然向许久未联系的朋友求助，可想而知朋友自然不愿意帮忙。任何人际关系都需要用心维护，不管是朋友、同学，还是亲人、同事。感情之树要想常青，就必须时常浇水施肥，利用生活和工作的闲暇之余常常见面，或者即使相距遥远，如今的信息传递如此便捷，也可以多多发微信、短信，打电话等，常常联系。不爱读书的人总觉得书到用时方恨少，不长与他人联系的人则是人情关系到用时方恨少，却恶补不得。

尤其是在职场上，我们千万不要带着有色眼镜看人。很多时候，看似无用的人也许就会成为我们的贵人，因而我们必须与每个人都交好，友好往来，也尊重他人，这样才能得道多助，失道寡助，为自己在职场上的发展如虎添翼。

自从进入公司之后，小辉对每个同事都非常友善，即便是扫地的清洁工张妈，小辉只要遇到也会真诚地问好，这使张妈感动不已。要知道，张妈在这家公司工作三年了，这还是第一次得到他人的尊重和礼待呢！

有一次，张妈在打扫总裁办公室时，无意间听到总裁和经理正在商议派几个职员去美国进修学习的事情，当时，总裁特意叮嘱经理要留出一到两个名

额给新进职员，并且说他们是新鲜血液。尽管对这个消息听得真切却不甚理解，张妈隐约觉得这对于小辉而言也许是个好机会。为此，张妈赶紧找了个机会告诉小辉："小辉，总裁正和大经理商议，要派出一些职员去美国学习，也要派刚刚进入公司的新职员。我也不知道这个消息对你有没有用，不过我听得真切，还是告诉你早做准备。"小辉欣喜不已，连连感谢张妈，自己也马上抓紧时间开始复习英语，甚至还报名参加了英语速成班。其实小辉在大学期间英语就考过了六级，所以他现在重点复习和业务相关的专业词汇，也要提高自己的口语能力。小辉想：不管消息是否真实可靠，反正我好好提高英语能力也没坏处。

一个多月过去，公司突然发布公告要挑选六名老职员和两名新职员去美国进修学习，为期半年，为了保证学习效果，以英语水平高者为优先。此时，小辉的口语水平已经大大提高，而且对于专业英语的学习，也使他在专业方面的英语水平突飞猛进。就这样，小辉取得了很好的成绩，顺利为自己争取到了去美国的好机会。

在这个事例中，如果不是因为小辉对张妈也很尊重，张妈怎么可能留意到这个消息，并且特意通知小辉呢！平日里看似不起眼的张妈，在这件事情中恰恰成为小辉的贵人，让小辉能够先于同事们恶补英语，从而提升了自己的口语水平和专业英语水平。不得不说，小辉的表现让公司领导对他刮目相看，而刚刚大学毕业开始工作的小辉就得到如此千载难逢的好机会，等到学成归来之后事业发展必然更加一帆风顺，与今日又是不可同日而语。人生的转机就此出现，积极主动的小辉也必然能够让自己得到更好的发展。

只有好人缘，才能让我们在工作中与他人相处更加顺利，也才能让我们建立丰富的人脉资源关系，从而帮助大家取得更好的成果。一个人如果想在职场上飞黄腾达，只凭着专业能力是远远不够的。现代职场分工越来越细致，必须更好地与他人合作，才能真正做出一番成绩。由此可见好人缘能够让我们在职场上如虎添翼，是必须引起足够重视的，聪明的朋友一定要赶快建立丰富的人脉关系啊！

了解同事的脾气秉性，才能让交往更顺利

现代职场已经过了个人英雄主义的时代，分工越来越细致，职位之间的合作也越来越密切。一个人要想在工作上有所成就，仅凭一己之力是根本不可能实现的，必须与团队合作，与其他部门合作，才能在团体的成功中奉献个人的力量。在这种情况下，同事之间的合作也更加密切，关系也必然要更加亲密，才能促进同事之间更好地交流与合作。

如何与同事更好地相处呢？舌头有时候也免不了被牙齿咬到，更何况是原本陌生的人因为工作聚到一起呢？每个人都有自己的脾气秉性，也可能并不完全认可他人的很多观点和意见，这就注定了我们和同事之间的关系是彼此合作，也就是不停地交流碰撞，最终才能实现观点的相互融合和同事之间的融洽与认可。要想与同事更好地相处，我们首先应该了解同事的脾气秉性，理解和宽容同事待人处事的很多做法，这样才能促进与同事的和谐共处。对于同事发出的不同声音，我们当然可以坚持自己的观点，但是却不能一味地强迫同事接受我们的意见和建议。归根结底，每个人都有自己的思想，因而观点和意见不同也是情有可原的，求同存异应当是同事相处的王道。

难以避免的是，有些同事会有独特的个性和习惯喜好，如果他们没有影响到我们，我们必须尊重他们的独特。举个最简单的例子，假如你的某个同事在处理工作的时候就喜欢按照自己的方式处理，那么只要他不影响你接下来的工作安排，你不应该强迫他必须按照你的逻辑去做。再如，有的同事也许因为人生经历的原因，对于他人总是心怀戒备，在这种情况下只要正常工作可以展开，你完全没有理由要求他必须信任你。总而言之，每个人对于自己的人生都有自由选择的权利，对于自己对待生活和工作的态度和方式也可以根据喜爱进行选择，别人都无权干预。我们理应尊重每一位同事，也包容和理解他们，才能让同事之间的关系更加和谐融洽，友好相处。

作为山东人，小军向来都是直脾气，有什么说什么。因为作为主管，他的

管理方式未免有些僵硬，也招致很多下属的不满。随着时间的流逝，下属们渐渐摸清楚小军的脾气秉性，再遇到被小军直言不讳地批评时，也就对此不以为然，坦然接受了。不过最近部门里新来了个小姑娘，叫小敏，刚刚大学毕业，还没有什么工作经验。

有一天，小敏处理一份文件时因为粗心，写错了小数点，险些给公司造成重大损失。为此，小军毫不客气地狠狠批评了小敏，而且还是当着办公室很多人的面。小敏刚开始时还努力忍着，不停认错，但是到了后来实在忍不住了，居然嚎啕大哭起来。看到小敏的样子，小军尴尬极了，恼火地说："你这个小丫头，我只是批评你两句，又没有揍你，你哭什么呢？我不把你的错误指出来，你下次如何避免犯错呢！"看着小军的模样，小敏伤心地说："我从来没有这样被批评过啊，你太吓人了！"其他同事看到小敏和小军的样子，全都在心里忍俊不禁。为了给小军解围，办公室里的张大姐赶紧劝说小敏："别哭了，咱们领导是山东大汉，喜欢直来直往，你等习惯了就好了。"在张大姐的劝说下，小敏才渐渐止住哭声。事后，张大姐也劝说小军："你呀虽然年轻但是却是领导，所以还是应该照顾到不同下属的脾气秉性呢。小敏初来乍到，也不知道你的行事风格，而且她之前在家里都是娇娇女，你这样毫不客气地来一通，她肯定受不了，都需要磨合才能适应呢！"小军连连点头，说："下次注意，下次注意，我真没想到会这样。"

虽然小敏刚刚进入公司就被小军来了个下马威，但是小敏嚎啕大哭显然也把小军吓住了。幸好有张大姐在其中周旋，给小军解围，否则小敏继续哭下去，小军只会更尴尬。人与人之间都是需要磨合，才能彼此渐渐适应。不仅仅朋友之间如此，同事之间、上下级之间更是如此。试想，除了周末之外我们几乎每个白天都要与同事相处，由此可见同事在我们宝贵的生命时光中也占据了重要的地位，这就像爱人、夫妻之间需要磨合的道理是一样的。

对于任何人，都只有先了解，才能更好地相处与交往。尤其是人在职场，必须处理好同事之间的关系，才能使彼此的合作更加顺畅，才能加深同事之间的感情，对于工作起到很好的辅助作用。

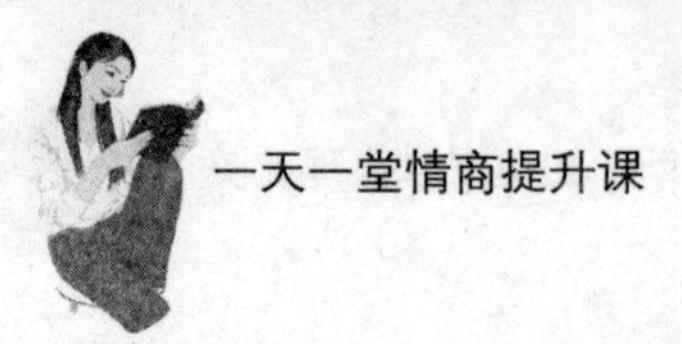

拒绝负能量，远离消极悲观的同事

每个人对于生活的理解都是不同的，有的人即便遭遇坎坷挫折，却依然对生活满怀积极，积极乐观，但是有的人却总是对生活有太多的奢望，即便生活对于他们已经非常优越，但是他们依然不知道满足，只会一味地抱怨生活，以贪得无厌的心想要奢求更多。这样的人不仅在日常生活中如此表现，在工作中也依然如此。

工作难免会遇到各种艰难险阻，甚至还会因为遭到误解而受到委屈，在这种情况下是消极放弃呢，还是勇敢面对，勇往直前呢？强者对此会给予不同的选择，弱者除了怨天尤人之外，毫无他法。因而，我们只有远离那些消极悲观的同事，才能避免自己工作的兴致被打扰，从而动力减弱，影响工作。现代社会是非常提倡正能量的，每个人都希望自己能够吸收正能量，传播正能量，那么不如调整心态吧！要知道，当你成为负能量的传播源，就会被其他人孤立。当然，我们自身也会毫不犹豫地远离那些传播负能量的同事，这是无可指责的。所谓人往高处走，水往低处流，进步是人的本能，也是人心所向。

最近，公司里正在进行绩效改革，即改变原有的绩效方式，以更加严厉的方式进行绩效考核，但是如果能够圆满完成工作任务，即可以得到比以前更加优厚的待遇。对此，几家欢喜几家愁，有些同事摩拳擦掌，恨不得马上实行新的绩效制度，这样自己就可以得到更好的待遇。然而有些同事呢，则愁眉紧缩，已经吃惯了大锅饭的他们很清楚，改革之后如果不竭尽全力地工作，收入就会大幅度缩水。

小马所在的办公室里，只有他和小丁两个人。对于这次绩效改革，小马当然是热烈欢迎的，因为他始终工作认真勤奋，从来不会偷奸耍滑。但是小丁则不同，小丁原本就是凭借关系进来的，工作上当一天和尚撞一天钟，每天都过得很滋润，但是工资一点儿都不少拿。小马暗暗窃喜：实行新的绩效改革，看那些混吃混喝的人还怎么办！小丁却牢骚满腹，抱怨连天：“小马，你说咱们

新领导是不是有病啊，好好的绩效制度非要改，改出乱子来看他怎么收场。”小马笑而不语，他可不愿意和如此消极的同事打交道，他还卯足了劲要在新绩效下让工资翻倍呢！

谁动了你的奶酪？任何改革，总是要触动一部分人的利益，然而改革是大势所趋，是不可避免的。在这种情况下，我们如果聪明，就必须调整自身的思想和状态，以积极的态度迎接新制度的到来。相反，对于那些抵触改革的同事，与其和他苦口婆心，还不如保持沉默呢！千万不要让他们把消极思想传递给你，否则负面情绪一旦传染开来，就会影响你们的心绪，使你们也变得非常悲观，由此影响工作的发展。

其实不仅是在职场上，即使在生活中，我们也应该尽量接近正能量的同事。归根结底，人生需要不断吸收正能量才能保持持续发展。倘若被负能量的人传染悲观绝望的情绪，那么做任何事情都提不起兴致来，就会得不偿失，人生也会变得萎靡不振。

一分耕耘，一分收获

生活中不乏有人抱怨自己付出得太多，得到的太少，殊不知，种瓜得瓜，种豆得豆，也许你不会马上得到回报，但是如果你不付出，就一定没有任何回报。是的，每一份付出未必有回报，有的付出仅仅是为我们争取到了成功的可能性，积累了成功的经验，看似没有明显的回报，实际上回报已经非常丰厚。任何事情，我们只有经历了体验了，才能有发言权，也才能获得切实的进步。因而，所谓的一分耕耘一分收获，千万不要把这句话看得过于死板和僵硬，唯有将其放在更开阔的背景下看，你才能看到自己的收获。

收获，当然不仅仅限于实实在在的获得，收获既有物质上的，也有精神上。物质上的收获无须多言，必定是看得见摸得着的，精神上的回报则有很多

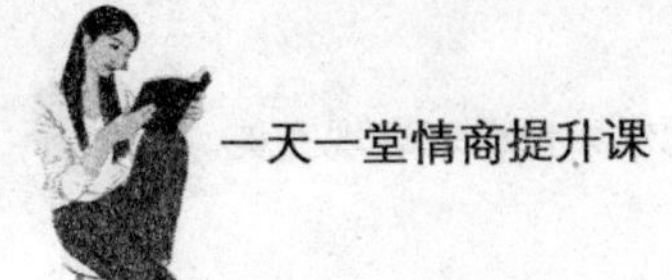

种形式，或者愉悦的心情，或者是幸福的感受，也或者是经验的丰富和充实，还有可能是因为失败对心智产生的磨炼。总而言之，只要我们做个有心人，就一定会有所收获。

在职场上，付出和收获更加明显地呈现出正比关系。有很多工作，没有付出是不可能有回报的，付出了才有可能得到回报，而且是必然有回报。尤其是在市场经济条件下，市场发展遵循客观规律，用人单位更是从来不养闲人。倘若你整天在单位都觉得无所事事，那么你一定要小心了，因为也许你的无所事事，正象征着你的职业生涯即将结束。现在已经不是计划经济时代，既没有大锅饭可吃，也没有日子可混，每个现代人都承受着巨大的压力，必须瞪大眼睛不遗余力地付出，才能在工作上有所收获，也才有希望获得充实丰富的人生。

美国电话电报公司的总经理威尔，原本只是一个名不见经传的小小邮递员。在他以前，大多数邮递员都是凭借着模糊的记忆分发邮件，然后分别递送。由于这种投递方式错误率很高，所以很多邮件都被耽误了，往往需要几周的时间才能送到收件人的手中。威尔觉得这种投递方式的效率太低了，因而他绞尽脑汁，找出了一种汇总邮件的好办法。这种办法能够在投递的时候就帮助邮件进行分类，从而使送往某个地方的邮件都汇聚在一起，统一送达地方，然后再由邮递员分别送达。实现这种简便易行的方法需要制作表格和图表，为此，威尔非常努力地去钻研，最终研究出合理的图表和表格制作方法。果然，使用威尔的方法后，邮件投递的效率大大提高，也节省了大量的人力。

后来，上司们知道威尔的表格之后，全都对威尔刮目相看。在一次晋升的机会中，威尔轻轻松松地得到提拔，后来又升为副局长、正局长，最终成为电话电报公司的总经理。

在这样一份普通而又平凡的工作中，威尔并没有像大多数人那样沿袭旧的方法，而是非常用心地对待工作，最终找出了提高工作效率的好方法。当然，他的付出不但给自己的工作带来了极大的便利，也对整个邮局系统的工作进行了改革。为此，他得到了领导的赏识，所以在未来的工作中才能平步青云，扶摇直上。

人在职场，千万不要把工作仅仅当成是谋生的手段。当你对待工作怀着热诚，也能够积极努力地发掘工作，改进工作，你距离出头之日也就不远了。所谓“一分耕耘一分收获”，任何时候，收获都在付出之后。因而我们必须主动付出，才能等到收获的那一天。

做得好不如说得好，学会与领导打交道

很多时候，我们一整天辛苦努力的工作，也许就因为一句话说得不好，就导致前功尽弃，功劳全无了。因而有人曾经说过，即便努力工作一整天，也不如一句话说得恰到好处效果显著。虽然这种说法未必能够放之四海而皆准，只在特别情况下能够应验，但是这句话也告诉我们，职场上说得好不如做得好，我们既要做得好更要说得好，如此双管齐下，才能在职场上出人头地，得到领导的赏识和认可。

身在职场，很多人都害怕和领导打交道。或者是担心一言不合招致领导厌烦，或者是害怕说得不对导致功劳尽失，也或者因为紧张到了在领导面前根本就说不出话来……其实，领导不是大老虎，我们根本没有必要如此紧张和害怕。只要我们掌握与领导说话的技巧，把话说到领导心里去，这些话就能起到积极的推动作用，帮助我们与领导更好地相处，甚至还能给领导留下好印象呢！

近来，张骞所在的公司正与另外一家公司争夺一个大的广告项目。一旦顺利谈下这个项目，至少半年的营业额就会收入囊中，当然成功拿下项目的人也会成为公司的大功臣。此时此刻，张骞的领导就在努力成为这样的大功臣，从而让自己的晋升更快一些。作为领导的左膀右臂，张骞自然也感到压力倍增。

一连几天的时间里，张骞都在领导的带领下，和同事们一起奋战到深夜。最终，在今天下午，项目的准备工作已经全部做完，只等着竞标了。看着同事

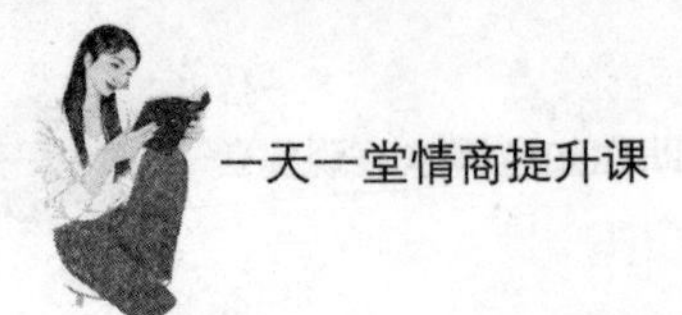

们一个个带着黑眼圈，领导也于心不忍，因而邀请大家一起去楼下的饭店好好吃喝一顿。席间，领导当然少不了说些客套话："最近辛苦大家了，咱们是一条船上的战友，相信我们每个人的付出都会得到回报。"听了领导的客套话，很多同事都心照不宣，只是稍微笑了笑而已。张骞却一本正经地举起酒杯敬领导："领导，您说这些话就见外了。咱们都是一个战壕里的战友，领导能够飞黄腾达，我们才有出头之日。我们都愿意忠心耿耿地追随领导，等领导带着我们创造更多的辉煌呢！"虽然张骞这几句话说得意味很浓，但是领导却笑得合不拢嘴，对他而言下属的忠诚是最重要的，他当然也愿意一切都如同张骞所说的那样，大家能够万众一心，把他扶上马再送一程。

俗话说，会说说得人笑，不会说说得人跳。张骞在宴席间说的几句话尽管未必都是出于真心，也许还有客套的成分，但是在领导耳中听来却是美言。也因此，领导一定会对张骞印象深刻，再有好事情的时候又怎么会不想起张骞呢！凡事都要审时度势，我们也必须学会说好话，博得领导的好感和赏识，工作上才能更加顺利，也更容易做出成就。

需要注意的是，在有机会和领导打交道的时候，千万不要胆怯。一个人要想得到领导的赏识，必须先能借机会进入领导的视野，然后才能以巧妙的语言得到领导的赏识和认可。其实，只要有心，工作的过程中经常有机会和领导打交道，诸如向领导汇报工作、与领导交流工作心得等，都是展现自己的好机会，千万不要错过。

毛遂自荐，才能抓住机会展示自己

很小的时候，我们就学过《骄傲的公鸡》这篇课文，每个人都深深记住了要谦虚的道理。然而几十年的光阴流转，现代社会已经不再提倡盲目谦虚，很多时候，谦虚非但对于我们的发展没有好处，还会让我们惨遭埋没，因而错

失很多机会。在这种情况下，适当的认可自己，展示自己，成为主流的教育思想。尤其是在现代社会，很多父母在教育孩子的时候都注重孩子综合素质的提高，也希望孩子能够成长得落落大方，而不是看到别人就害羞。

的确，虽然你很优秀，但是这个世界上伯乐并不常有，假如你不能主动地展现自己，又如何让伯乐从熙熙攘攘的人群中一眼就发现你的存在呢？很多人都知道毛遂自荐的故事，假如毛遂当初不是主动自荐，只怕他继续再当三年门客，也依然无人知晓他的存在，更别说认可他的才华了。现代的职场竞争尤其激烈，要想在职场上出人头地，我们也要学会毛遂自荐，这无疑是效率最高的进步途径之一。

通过《正大综艺》这个经典栏目，人们认识了杨澜，可以说，杨澜的人生也是从《正大综艺》扬帆起航的。对加盟《正大综艺》的经过，杨澜始终没有忘记，记忆犹新。当时，泰国正大集团不再与地方台合作，而是开始与中央电视台合作。为此，他们急需一位女大学生作为主持人，在他人的推荐下，杨澜也得到了试镜的机会。

现实的情况是，很多人并不看好杨澜，只是因为觉得杨澜气质还不错，因而侥幸进入决赛。根据当时也参与其中的一位导演说，尽管杨澜也被视为最佳人选之一，但是却并不是板上钉钉的。直到到了最后确定人选的时刻，电视台的好几个大领导都在正大现场，他们将会最终拍板，从杨澜和另一个面容姣好的女孩子中选择一人作为主持人。杨澜无疑很忐忑，但是这样残酷的抉择也恰恰激发了她的好胜心，她默默想道：就算我会落选，我也必须展现自己的实力。考官给出考题：1.你准备如何主持这档节目；2.自我介绍。杨澜落落大方，侃侃而谈："我觉得，要想成为一名合格的主持人，容貌倒在其次，最重要的是看她能够流畅自如地与观众沟通。我很想成为这档节目的支持人，因为我本身就特别喜欢旅游，喜欢在大自然中欣赏巧夺天工的天然景色，感受各地不同的风土人情，当然，我更愿意把自己的见闻和感受与观众分享……我的名字里有个'澜'字，这是父母对我寄予的深切期望，他们希望我拥有大海般宽阔的胸怀，希望我勇敢独立，自信坚强，我的确如同父母所期望的那样……"杨澜

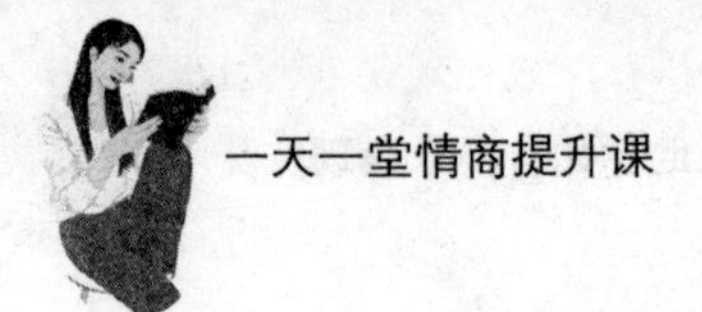

口若悬河地讲了半个小时，行文流畅，思路清晰，从未出现颠三倒四或者磕磕巴巴的情况。这完全征服了在场的领导们，更何况他们还从杨澜的侃侃而谈中发现了她熠熠闪光的思想。就这样，自信的杨澜表现出了自己的才华，因而以较佳的气质战胜了那位面容姣好的竞争对手，成功应聘主持人。

假如从气场的角度来看，容貌上比另一位选手略显劣势的杨澜，显然是气场震慑住了在场所有的领导和导演。正是因为不气馁不放弃的思想，让杨澜在面对呈现劣势的竞争时，丝毫没有胆怯，而是怀着破釜沉舟的想法，尽情展示自己的优秀和出色，最终博得了满堂彩，赢得了所有人的认可和赞赏。

对于现代人的人生而言，能够恰到好处地展示自己，表现出自己的出色和优异，对于人生的发展将会起到决定性的作用。为了赢得更多的好机会，也为了给我们的人生增光添彩，我们每个人都要更加积极主动地表现自己，千万不要过度谦虚哦!

悦纳竞争，让你动力十足提升自己

现代社会，尤其是在职场上，竞争越来越激烈，几乎每个人都要面对竞争。有的人在激烈的竞争中脱颖而出，最终成就了自己，有的人在竞争中却黯然无光，虽然非常努力，却不见成效。记得曾经有位名人说，人与人先天的条件相差无几，那么为何同样是面对竞争，结果却迥然不同呢？排除客观的因素之外，仅从主管的角度来看，人与人之所以在竞争之中表现迥异，就是因为他们对待竞争的态度不同。强者总是欢迎竞争的到来，甚至他们与对手也惺惺相惜，因为他们觉得竞争恰恰能够帮助他们更好地表现自己的能力，证明自己的实力，因而他们悦纳竞争。与强者恰恰相反，弱者却很惧怕竞争，他们害怕竞争会让自己原形毕露，更害怕自己在竞争之中惨败。为此，弱者和强者在竞争中的表现也是截然不同的，其结果也相差悬殊。

对于每一个普通人而言，既然竞争无可避免，为何不能改变自己的心态，把排斥竞争变为悦纳竞争呢？只有当我们发自内心地接受竞争的存在，而且也怀着积极的态度面对竞争，甚至感恩竞争帮助我们提高自己，我们才能更加坦然接受竞争，也在竞争中爆发出强劲的动力，获得竞争中的胜利。

张经理和李经理都是公司的部门经理，虽然级别相同，但是张经理负责华东大区的销售工作，工作覆盖范围广，经营也更加火爆。相比之下，李经理负责华西地区的销售工作，营业额与华东大区根本不能相提并论，为此，李经理从来不觉得自己与张经理是平起平坐的，而是自觉矮人三分，营业额也萎靡不振。

每次公司开会，各个大区的经理都要轮流发言。看到老总，张经理总是意气风发，使人感受到无穷活力，也倍感希望。李经理呢，则因为业绩排名倒数，总是蔫头耷脑，似乎自己欠了老总的钱没还一样，心里发虚。等到轮流发言的时候，张经理总是当仁不让排第一，李经理呢，总是不断拖延，直到会议快要结束，所有大区都发言完，他才小声说几句。有的时候老总感到疲劳，也就宣布会议结束，李经理甚至没有发言的时间。一年时间过去了，绩效考核的时候，李经理毫无悬念地在公司排名倒数第一，张经理则是销售冠军。根据末尾淘汰制，李经理被开除职务。这时，老总有意提拔张经理成为副总，因而特意把华西大区的销售工作也交给张经理打理。不想，张经理上任之后，把满怀热情的工作态度和积极向上的工作状态也带入了华西大区，短短三个月过去，华西大区的营业额提高了很多，再也不是垫底的倒数第一了。为此，老总感慨地说：“看来不是大区不好，而是管理的人水平参差不齐。张经理的能力大家有目共睹，想来没有人会表示不服气吧！”对此，张经理笑着说：“有竞争才有动力，倒数第一也不怕，因为倒数第一提升的空间更大啊！”

现代社会，有多少工作是不存在竞争的呢？如果一个人在竞争中失败，就一蹶不振，甚至信心全无，最终也是无法在竞争中获胜的。面对竞争，唯有采取积极的态度，爆发出强劲的动力，才能更加勇往直前。这个事例中，张总非但没有因为接受了倒数第一的大区而懊恼，反而动力十足，意识到倒数第一的

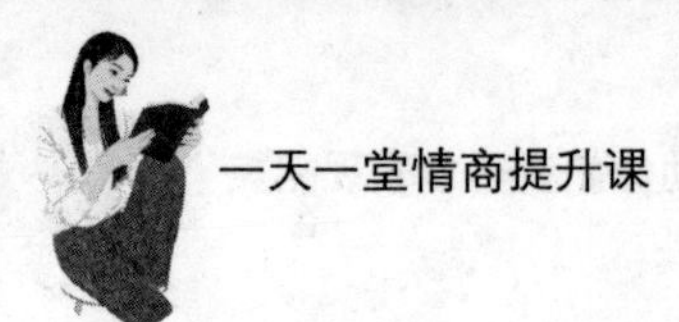

大区拥有更大的提升空间，因而也更具竞争力。如此对待竞争的态度，注定了张总在竞争中必然脱颖而出。

朋友们，现代社会的竞争无处不在。即便是小小年纪的小学生，在学习的过程中也同样需要竞争，老师的排名次不就是竞争的表现之一吗？难道他们能够因为害怕竞争就放弃学习？或者是因为竞争中一时的失利就对竞争失去希望，信心全无？当然不是。越挫越勇，勇敢面对竞争，决不放弃的人，才是真正的强者，才有可能从竞争中脱颖而出。记住，即使竞争失败也没有关系，既然失败是成功之母，就让我们从失败中总结经验和教训，踩着失败的阶梯奋勇向前吧！

第16章 好领导的高情商，助你团结下属步步高升

作为下属，虽然在工作中凭借真才实学说话，但是与领导搞好关系也是很重要的，否则能力再强，如果没有领导的赏识，就会让拼搏奋斗之路无限延长。相比之下，作为领导也不仅仅需要领导才能和管理能力，更需要拥有高情商，与下属打成一片，搞好关系，让下属对自己死心塌地，才能在工作时更加顺利，得心应手。归根结底，管理工作的对象就是形形色色的下属，唯有明确这一点，领导的上升之途才能更加顺利。

打好人情牌，让下属对你感激不尽

一个真正的好领导首先拥有超强的沟通能力，唯有与下属之间实现无障碍的沟通，并且把每句话都说到下属的心里去，才有可能搞好与下属之间的关系，从而得到下属的忠诚相待。毋庸置疑，作为领导者，最在乎的就是得到下属的忠心。然而，千金易得，一将难求。下属的忠心却并非那么轻而易举地就能得到。人是感情动物，凡事都讲究一个情分，虽然领导和下属之间的关系是工作关系，但是倘若领导能够打好感情牌，就能得到下属的忠心拥护和忠诚追随。

从这个角度而言，领导者的工作就是沟通，以沟通为方式进行感情的铺垫和积累。当领导者对下属有情分，也得到了下属的真心拥戴，那么领导者的工作必然水到渠成，几乎无需费力，就能轻而易举地做好。当然，领导和下属打感情牌的方式是多种多样的，诸如恩威并施，在平日里对下属严格要求，一旦看到下属遇到困难却有毫不犹豫地伸出援手，也许正因为有了平日里的严格苛刻，所以才能让下属感受到加倍的温暖。再如，还可以经常和下属交流，了解

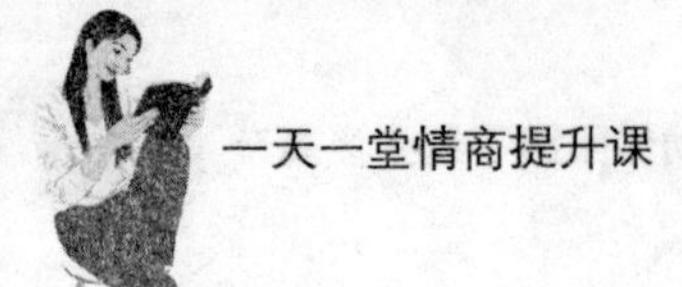

下属的脾气秉性以及生活情况，成为下属的知心人，这样下属自然对你服服帖帖。当然，有些领导还经常请下属一起吃饭，摆脱办公室里严肃的环境和下属轻松交谈，倾心交流，这也是不错的选择。总而言之，我们唯有让下属感动，才能得到下属的真心。

公司里的这次内部竞聘，是需要职员们投票的。在销售部门，是由一直以来担任销售主管的马丁和一名业绩突出的销售员杜磊展开竞争。原本，马丁胜券在握，毕竟他几年来都是销售部门的主管，和下属的关系也很好。但是没想到，杜磊在群众中的基础也非常扎实。正所谓棋逢对手，他们俩都开始拉选票，想与同事们打好感情牌。

这不，杜磊周末的时候才刚刚请完小伙伴们吃饭，现在又买来很多甜品，给大家消暑降温。马丁呢，因为在竞聘结果没出来之前依然是销售主管，所以并不好意思公开贿赂大家，为自己拉选票。为此，他私下里经常与下属交流，对他们嘘寒问暖，一改往日严厉的模样。在得知销售队伍里的大姐大丽娜家里父亲突发脑溢血之后，马丁赶紧通过自己的关系联系了省立医院，并且为丽娜的父亲安排了最好的病房。对于丽娜而言，这无疑是雪中送炭，因而丽娜感动极了。虽然马丁什么也没有说，但是丽娜却正式通知几个平日里与她交好的好姐妹，让他们关键时刻都把宝贵的一票留给马丁。就这样，马丁顺利得到了忠心耿耿的好几票，这都是丽娜的功劳。也因为看到马丁对待下属如此真诚，还有很多人也都把票投给了马丁。最终，马丁虽然在担任销售主管的几年里没少得罪人，但是却以绝对优势的选票成功竞聘。不得不说，马丁的感情牌打得炉火纯青，恰到好处。

在这样的情况下，杜磊可以公开为自己拉选票，正在其位的马丁却不能。为此，他默默地打起了感情牌，尤其是当得知丽娜父亲生病之后，他更加用心表现，最终不但赢得了丽娜的心，也使很多的下属把他的行为看在眼里，把宝贵的一票投给了他。

在很多影视剧中，观众朋友们都对霸道总裁情有独钟。这是因为霸道总裁虽然霸道，但是大多数情商都很高，尽管他们在平日的工作中对下属严格要

求，但是实际上他们的内心是很温柔细腻的。为此，他们总能够出人意料地打动人心，也赢得下属的真心拥护和爱戴。总而言之，要想成为一个好领导，必须首先做好感情工作，这样才能以情感动下属，使下属们都紧密团结在自己的周围。

绩效与情商之间，不得不说的秘密

从事销售行业的人每天都要承担巨大的压力，业绩不但是月月清零，甚至还会日日清零，这也就意味着每一天都是绝对全新的开始，必须坚持不懈地努力，才能保持良好的业绩，也才能让自己在工作上获取一席之地。也许你作为一名销售行业的管理者，经常为员工士气低沉、信心全无感到烦恼。的确，销售工作就是对人的工作，销售行业的管理者最重要的工作就是管理好销售人员，这样才能避免员工流失。要知道，只有稳定的人员才能保证业绩稳步上升，这一点是永远不会改变的。由此一来，如何留住人，管好人，就成为每个销售管理者必须面对的问题。

通常情况下，影响团队绩效的原因很多。首先，一个团队只有精诚合作，团结一致，才能最大限度地发挥能量，创造佳绩。如果一个团队里有很多个人英雄主义者，那么这个团队必然如同一盘散沙，导致无法凝聚成一股力量，一股绳子。其次，团队成员之间的感情越深厚，团队之间的凝聚力也就越强，战斗力也会变得更强。关系和谐融洽的团队，成员之间必然友好往来，整个团队的氛围也会更好，尤其有利于团队成员的良性竞争。最后，任何人之间的交往都要以相互尊重和信任作为前提。团队成员之间彼此尊重，相互信任，才能推动良好的合作关系不断发展，这样员工们也才能更加自律。总而言之，一个人的情绪总是受到种种方面的影响，也很容易受到他人的诱导。在这种情况下，作为管理者一定要提高自身的情商，改善团队里的气氛和氛围，从而才能给员

工创造良好的工作环境，最大限度地激发员工们的自主性和积极性。作为管理者，尤其需要和下属搞好关系，唯有管理好下属，团队的整个精神面貌和绩效才会相应提高，使大家皆大欢喜。

作为一名90后的销售主管，小马显然是很多下属的后辈。他的下属们大多数比他年纪大，而且也经验丰富。小马呢，刚刚进入公司三年，因为业绩稳定，节节攀升，所以才被提拔为销售主管。对于这些经验丰富的下属，小马还是很有一套方法的。

比如，小马手下有个张姐，是整个部门年纪最大的老大姐，已经三十六岁了。和那些90后的小年轻相比，张姐的年纪虽说是姐，也可以是阿姨，为此大家都很尊重张姐。张姐的孩子正在读小学四年级，每天晚上都要辅导作业。然而小马他们工作的性质是销售，别人下班之后也正是他们最忙的时候，因而整个团队经常加班到晚上十点。有的时候情况特殊，还会到深夜或者凌晨。鉴于张姐的情况，小马特批张姐可以每天八点下班，这样还可以及时赶回家里检查和辅导孩子的作业。对此，张姐感激不尽，对小马是非常认可和赞许的。后来，当团队里有其他人对小马表示不满时，或者小马要颁布新的管理规定而遭到抵触时，张姐总是站在小马的立场上给大家做工作，因为有了张姐的帮助，小马的工作开展得很顺利。

在这个事例中，小马无疑是个情商很高的管理者。根据张姐的实际情况，他非但没有强求张姐和大家一样值班，反而酌情考虑，允许张姐提前到八点下班。这样一来，他无疑为张姐解决了大问题，张姐怎么会不感激他呢！也因为对小马心怀感激，张姐在平日的工作中总是率先支持小马，也使得小马的工作开展更加顺利，可谓投桃报李，彼此协助。

成功的企业管理者，必然有着很高的情商，也许他们在专业技能方面并不出色，但是在处理与下属的关系以及协调整个团队方面，一定有着过人之处。对于任何企业而言，恶性竞争也许能够暂时让团队爆发力量，但是长久的可持续发展必然要依靠良好有序的企业环境和竞争机制。我们一定不能竭泽而渔，更不能透支发展。假如你也是一名管理者，那么请赶快提高自己的情商吧！一

旦情商得到提高，你就会有意外惊喜的收获！

了解下属才能用人唯“长”

每个人都既有自己的优点，也有自己的缺点，一个人不可能绝对的十全十美，当然也不可能毫无可取之处。作为领导者，首先要做的就是了解下属的长处和短处，从而根据下属的实际情况，为下属安排最合适的岗位和工作，这样才能使下属最大限度地发挥自身的能力，不至于因为岗位不合适而导致能力无法发挥出来。古人云任人唯贤，我们说除了任人唯贤，还要发现和了解下属，才能任下属唯“长”。

除了发现下属的特长之外，倘若领导者深入了解下属，还可以激发下属的特长。很多时候，人们对于自己也往往是陌生的，下属对于自身的优点也未必能够完全了解。所谓不识庐山真面目，只缘身在此山中。作为领导，也可以以客观的角度观察下属，深入发掘下属的特长，从而帮助下属更好地了解自身，也激发出下属无穷的潜力和斗志。诸如有些下属心直口快，巧舌如簧，那么可以安排他们从事销售的工作；有的下属性格内向，心细如发，则可以让其整理报表，成为后勤人员；还有的下属做事情很胆大，但是总是捅娄子，那么不如让他从事招聘工作，也许因为敢想敢说，会为公司招来合适的人才……总而言之，如果下属不太了解自己，那么作为领导者除了要知人善任之外，还要帮助下属发现自身的特长，也激发下属发展自身的特长，从而做到用人所长，也能够更好地发展。

作为一名合格的管理者，张明总是能够发现和激发下属的特长，从而知人善任，任人唯长。在他的管理下，每一个下属都有自己擅长的领域，又因为如果不与他人合作，特长就无法充分发挥出来，所以他的下属们彼此关系和谐融洽，大家都很积极主动地与他人合作，最终也实现了自己的目标。

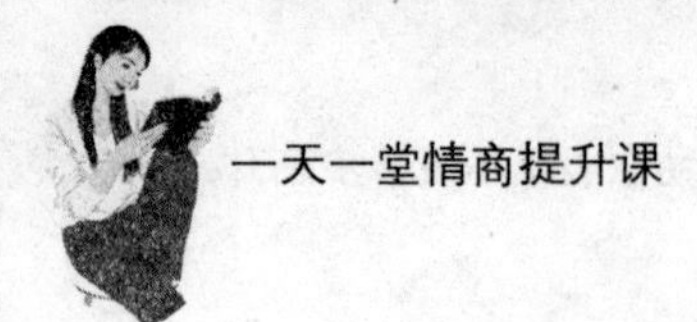

作为一家二手房销售门店，张明的店面里每天都要进行带看的工作。当然，二手房的销售流程是很复杂的，诸如业主来报盘，需要详细登记房源的相关信息；客户来到门店买房，必须深入了解客户需求，才能准确为客户找到房子；在签约之前，还需要进行斡旋工作；在签约之后，还有很多烦琐的后续手续需要处理完成……一个人怎么可能面面俱到，把每个流程都把握得恰到好处呢？为了显得更专业，张明特意根据下属们不同的脾气秉性和行事风格，给他们安排了各自最擅长的工作。诸如，李娟心细如发，而且说起话来轻言细语，最适合做房主的工作，因而主要负责和房主沟通，了解房子情况，也为后期的斡旋做准备；李强心直口快，专业知识非常扎实，对于客户的任何疑问都能够圆满解决，为此李强主要负责带客户看房，为客户答疑解惑、计算税费等；马伟是个很有耐心的人，被张明分派负责后续工作，处理各种琐碎复杂的问题……由此一来，在张明的安排下，每个下属都做着自己的擅长的事情，因而效率倍增。也因为各有所长，他们把工作做得都非常出色，也因为都很热爱自己的本职工作，彼此之间亲密合作，和谐融洽。

如果没有张明作为大家的首脑，督促大家从事自己擅长的工作，也许事情就会完全变了样。试想，一个人从事自己擅长的工作和从事自己不擅长的工作相比，哪个效率更好，心情更好？当然是前者。快乐工作，一定要从源头抓起。

正如一位名人所说，这个世界上绝没有两片完全相同的树叶，也绝没有两个完全相同的人。就像一块美玉，即使质地再好，也总会有些许瑕疵一样，一个人即使能力再强，也总会有自身不擅长的地方。在这种情况下，作为领导者唯有帮助下属扬长避短，才能最大限度地发挥下属的长处，避开下属的短处，从而让下属在工作上事半功倍。

下属与上司人格平等，只是角色不同

很多上司自以为身居高位，就对下属颐指气使，根本不能做到尊重下属，平等对待下属。其实，所谓上司和下属无非是工作中的分工，也许是因为各自所擅长的领域不同，也许是因为各自进入公司的时间不同，因而上司的资历更丰富，所以在下属面前便有着深深的优越感。当然，上司有优越感也是无可指责的，毕竟他也是依靠多年的打拼才坐到如今的位置上。但是，上司千万不要觉得自己就高出下属一等，任何情况下，上司和下属之间从人格上都是平等的。即使面对一个刚刚进入公司还对工作一无所知的年轻人，上司也只能从专业和能力的角度多多提拔和点拨对方，而不能对对方颐指气使，不以为然。

作为上司，一定要尊重下属。倘若上司对下属总是瞧不起，不以为然，则下属必然有所觉察，日久天长也会对上司产生相应的恶感。所谓“种瓜得瓜，种豆得豆”，民间还有句俗话，叫“要想好，大敬小”，意思就是说，要想搞好人际关系，地位高的可以先尊重地位低的，这样才能得到相应的回报，也会使对方感激不尽，因而关系也更好相处。当然，每个人在工作中都难免出现错误，一旦下属犯错，上司免不了要批评下属，甚至还会做出相应的责罚。需要注意的是，工作上的责罚是一回事，千万不要因此而侮辱下属的人格，或者毫不留情地给下属贴标签，否则就会使下属自暴自弃，对上司失去信心。当下属犯错的时候，作为上司应该设身处地，换位思考。毕竟作为下属也不想在工作上出错，也是想要努力工作，有所表现的，因为这样才能赢得上司的认可和赞赏。只要能理解和体谅下属，上司处理问题时就会更加冷静理智，得到圆满的结果。

最近，刚刚进入公司几个月的南安，因为工作上出现重大失误，给公司造成了一定的损失。为此，他的顶头上司张总还受到牵连，也被公司通报批评，处以罚款。看到自己无端牵连张总，南安原本就紧张不安的心更加忐忑。他很清楚，张总是公司里的元老级人物，却因为自己这个新人被通报批评，经济上

有损失不说，面子上也过不去。为此，南安马上负荆请罪，去张总的办公室赔礼道歉。

听了南安言辞恳切的道歉，张总笑了，说：“作为一名领导者，下属犯了错误受到牵连，承担连带责任，是很正常的。公司之所以愿意聘用应届毕业生来工作，也是考虑到即使付出一定的代价，也能够培养出真正属于公司的人才。我的想法和公司当初招聘你们进来时一模一样，你就像是我的兵一样，我愿意为你的成长交学费。我想，从此以后你再也不会犯同样的错误，这样我们的目的也就达到了。”听了张总的话，南安感动不已，连连保证：“张总您请放心，我一定非常努力地工作，尽快提升自己的能力，成为您的骄傲，再也不当您的累赘。”张总豁达地笑了，说：“有你这句话，我的付出就是值得的。别那么紧张，该怎么干就怎么干。我也是从你这样的年纪过来的，知道你的战战兢兢。”从此之后，南安成为张总忠心耿耿的追随者，再也没有犯过如此严重的错误。

在这个事例中，张总之所以能够得到南安的忠心追随，就是因为他非常宽容豁达，也愿意为了南安的错误承担相应的责任。他很理解南安刚刚大学毕业，缺乏工作经验，因而能够宽容南安的错误，即使被责罚也无怨无悔。恰恰是在这样的关键时刻，张总的态度就像是给南安吃了一颗定心丸，让南安感到非常踏实。经历过这次错误之后，南安哪怕不是为了自己，为了张总，也会把工作尽量做好，处理得更周全。

离开职场这个环境，上司和下属之间就是平等的人际关系，没有上下等级之分，人格完全平等。因而，作为上司，不管你的职位多么高，能力多么强，都不要对下属颐指气使，不以为然。归根结底，再高强的上司也是从一无所知的下属做起的，再伟大的成就也是踩着错误的阶梯不断攀升才得到的。因而作为上司必须拥有高情商，才能更合情合理地处理下属的失误或者错误，从而也得到下属的真心拥戴。

掌握批评的艺术，尤其需要高情商

每个人在工作之中都难免犯错误，这也就注定了作为上司，必然要经常为了下属的错误埋单，甚至是承担连带责任。如此一来，上司对下属的批评也就成为必然，至少该让下属吃一堑长一智，才能避免再次给上司惹麻烦。老师批评小学生的时候还要讲究方式方法，更何况是上司批评已经成人的下属呢，更需要照顾到下属的自尊心和自信心，要始终牢记批评的目的是提高下属的工作能力，而不是把下属的信心打击得体无完肤，让下属信心全无。否则，批评就会起到相反的效果，作为上司也不可能如愿以偿。

其实，批评也是要讲究艺术的。只有高情商者，才能把批评的艺术发挥得淋漓尽致，虽然完全达到了自己批评的目的，却丝毫不会因为批评而损伤自己与下属之间的关系。真正高超的批评，不但能够达到目的，而且还能让被批评者心服口服，下次再也不会犯同样的错误。这是批评的最高境界。反之，倘若上司在批评的时候不讲究方式方法，则非但会让下属心生抵触，甚至还有可能让下属产生逆反心理，导致他们故意与上司对着干，不得不说这样的批评可谓得不偿失。

作为老师，刚刚大学毕业的晓雪拿那些个子甚至比她还高的初三学生们毫无办法。这些孩子们学业很重，学习的压力非常大，但还总是喜欢在课间嬉笑打闹。有的时候晓雪已经走到教室门口了，还有的学生在教室里窜来窜去，这样如何能够静下心来学习呢？思来想去，晓雪决定找个机会点拨这些学生。

有一天，晓雪正在朝教室里走，正当她进门的时候，突然看到马玉从课桌上翻腾过去，又踩着板凳一跃而起，才坐到自己的座椅上。看到这个惊险的动作，晓雪心有余悸，倘若摔伤，后果不堪设想。为此，晓雪不动声色地走到讲台上，突然没头没脑地说："我突然发现班级里有人天赋异禀，让我们都热烈鼓掌恭喜他吧！"同学们全都丈二和尚摸不着头脑，不过既然老师让鼓掌，他们还是不加思索的给出热烈的掌声。直到掌声渐渐停息，晓雪才说："我们

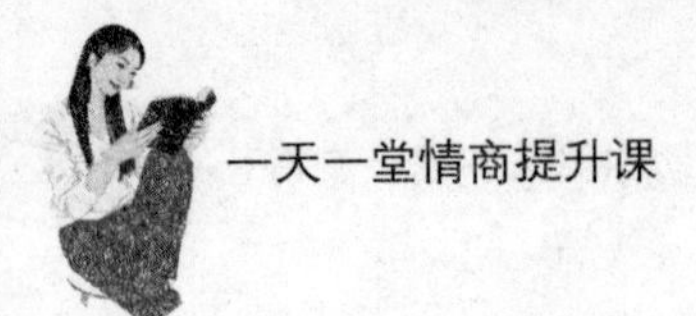

恭喜的这个人就是马玉。也许中国新一代的跳马王，竟会从我们班里产生。不过，跳马还是具有一定危险性的，眼看中考在即，建议马玉同学还是小心注意安全，等到考试结束之后再放心大胆地练习也无不可。”听了晓雪不动声色的这番话，马玉的脸上红一阵白一阵，羞愧不已，恨不得找个地缝钻进去呢！

对于马玉的批评，晓雪采取了表扬的方式，看似是赞许，实则是讽刺。当然，马玉虽然调皮捣蛋，也并不傻，因而马上从老师的话里听出了弦外之音，想必一定会有所收敛，不再故伎重演。不得不说，晓雪是深谙批评艺术的行家，所以才能避免严厉批评的尴尬，也起到了更好的批评效果。

情商低的人很难掌握批评的艺术，因为批评的艺术需要我们控制好情绪，成为自身情绪的主宰，也能够提升自身的综合素养，所以才能在用到的时候顺手拈来，根据实际情况，最大限度地发挥批评的能力，使批评看起来没有那么声色俱厉，反而还能起到出人意料的效果，又能照顾到当事人的脸面，使其不至于破罐子破摔，可谓一举数得。

得理也要饶人，才能更得人心

生活中，很多人都讲究一个“理”字，似乎只要抓住了“理”字，自己就真的走遍天下也不怕了。他们忘记了，法不外乎人情，连法律都要考虑到情的因素，更何况是东家长西家短的理呢！倘若讲理之人也遇到讲理之人，理字还能讲得通，但是如果讲理之人遇到了不讲理的人，只怕是秀才遇到兵，有理讲不清了。所以，讲理还要看人，有的人讲得通理，有的人讲不通理。大多数情况下，我们既要讲理也要讲情分，才能真正打动人心，彻底解决问题。

偏偏有些人总是喜欢得理不饶人，他们一味地讲理，最终把情分都讲没了，非但不能圆满解决问题，还会导致事情更加恶化。假如是真正的聪明人，就会在得理之后饶人，从而帮助自己赚取人心，由此一来解决问题还不是水到

渠成的事情么！

在第二次世界大战期间，有一支队伍势单力薄，却不幸遇到了敌军，最终双方进行了殊死搏斗。在激烈的战斗中，有两名战士不幸与部队失散，他们是来自同一个地方的老乡，俩人只能相互扶持，一起寻找队伍。

森林茂密无边，他们在树木丛生的丛林里不停地走啊走啊，艰难地行走了十几天，直到随身携带的干粮都吃完了，也没有找到部队的踪迹。幸好有一只鹿在他们身边出没，他们猎杀了鹿，仅靠着少量的鹿肉维持生命。然而，战争使得森林里的动物也消失殆尽，从此之后，他们再也没有遇到任何动物。其中一名战士把仅剩的鹿肉背在身上，依然毫不放弃地四处寻找队伍。有一天，他们不幸再次遭遇敌人，经过一番激战，他们才从敌人的枪口下死里逃生。就在他们以为已经安全时，走在前面的战士突然听到一声枪响，他觉得肩膀一热，鲜血顺着衣服流淌下来。不知道从哪里来的敌人，又给了他一枪。这时，后面的那个战士惊恐地跑过来，悲痛地抱着战友的身体，并且撕扯自己的衣服给战友包扎。此后的好几天，虽然他们都很饿，但是没有人动那块鹿肉，直到奄奄一息他们才找到部队。

时间一晃过去了三十年，当时被枪击的战士说："当他跑来抱着我，我感受到他枪口的灼热。我知道他想独占鹿肉，维持生命，但是我一直假装不知道。直到过了三十年，他才跪在我的面前请求我的原谅。我原谅了他，我们还是朋友。"

在战争的残酷条件下，人的本性受到极大的挑战。面对死亡，每个人都想要活下去，这是人之常情。遗憾的是，那个开枪射击同伴的战士因为强烈的求生意志，失去了理智，最终朝着战友开了枪。幸好，枪打偏了，战友才得以活命。这件事情也许像根刺一样扎在他的心里，后来他知道跪下请求原谅，得到原谅，他的灵魂才得以救赎。

很多时候，人们都喜欢得理不饶人，因为他们是占理的呀。殊不知，这个世界上除了道理之外，还有无处不在的人情。要想让他人心服口服，我们就必须以理服人，但更要以情感人。尤其是人在职场，作为上司如果想得到下属的

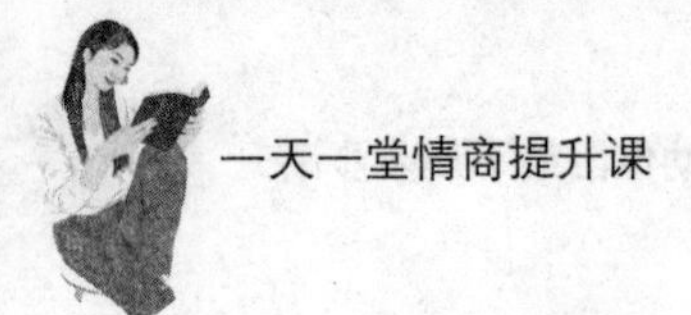

忠心追随，就必须紧紧把握情分。感情到位，很多事情就可以水到渠成，很多难题也会迎刃而解。

赞美，让下属成为你所期望的样子

当你期望一个人变成你心目中的样子时，你是喋喋不休地抱怨和指责，还是不停地赞美他？也许有朋友会说，他原本就表现得不如我意，我干嘛还赞美他，怎么可能呢！没错，大多数人都是选择前者，整日喋喋不休地抱怨，恨不得把自己对他人的要求和期望都贴在脑门上，日日呈现给他人看，提醒他人一定要变成你希望的样子。殊不知，江山易改，禀性难移。任何人都不愿意接受他人的改造，而只想随心所欲成为最真实的自己，这样才是最自在的。然而，有的时候我们又偏偏需要改变他人，这可如何是好呢？无数事实证明，不停地抱怨和提醒、警示，只会让他人与你的所思所想背道而驰，怎么也不可能让你如愿。其实还有一种方法可以改变他人，而且让他人心甘情愿地做出改变，那就是赞美。

曾经有位名人说，假如你想要一个人变成你所期望的样子，那么就按照你所期望的样子去赞美他。只要你坚持不懈，持之以恒，你终有一日会惊喜地发现，对方越来越接近你的标准了。这是为什么呢？首先，没有人会拒绝赞美，每个人都希望自己能够得到他人的认可和肯定。在这种潜意识的影响下，人们得到了名不副实的赞美，必然会让自己逐渐符合你的期望和赞美。如此一来，改变也就潜移默化地发生了，而且是对方心甘情愿地主动改变的哦！

在职场上，上司倘若一味地批评下属，只会让下属不知所措，信心全无，甚至还会为此放弃这份工作。一个明智的上司，从来不会一味地批评下属，而是采取鼓励和赞美的方式，让下属更加贴近自己的要求，从而也得到大幅度提升，变得更加接近于完美。当自己亲手调教的下属已经能够在工作上独当一

面，那是怎样的成就和荣耀啊！

有一天，卡耐基安排秘书莫莉为他次日要进行的演讲准备演讲稿。当时已经快到下班时间了，莫莉急急忙忙地准备好演讲稿，将其放在卡耐基的桌子上之后，就回家了。次日下午，莫莉正在悠闲地看报纸，卡耐基演讲回来，夹着公文包走进办公室。莫莉问："卡耐基先生，演讲一定非常成功吧？"

"当然，特别成功，掌声快要把屋顶都掀翻了！"

"那可真是太好了，祝贺你！"莫莉真诚地说。

看着眼前满脸无辜的莫莉，卡耐基接着说："莫莉，你知道我今天演讲的主题吗？"莫莉点点头，卡耐基接着说："我的主题是'怎样摆脱忧郁创造和谐'，但是你为我准备的演讲稿却是一则关于怎样让奶牛产奶的新闻。"说着，卡耐基满脸笑容地从公文包里取出稿件，递给莫莉看。

莫莉内疚得满脸通红，小声说："对不起，卡耐基先生，你一定因此丢脸了。我实在是太粗心了。"

"哦，没关系。因为你的失误，我才有机会进行即兴演讲，感受一下自由发挥的感觉。说起来，我还得感谢你呢！"卡耐基不以为然地说。

自从发生这件事情之后，莫莉以严肃认真的态度对待工作，再也没有犯过类似的错误。即便已经到了下班的时间，她也坚持做好手里的工作，并且经过再三检查之后，才上交给卡耐基。

在这个事例中，卡耐基没有严厉地批评莫莉，而是以感谢的方式，让莫莉深刻认识到自己的错误，从而主动反省自身，再也没有犯同样的错误。不得不说，卡耐基的赞美让莫莉无地自容，也给莫莉留足了面子，如此一来，莫莉怎么会不认真细致地对待工作呢！

任何情况下，都不要以批评下属作为自己的撒手锏，因为越是严厉的批评就越是有可能让人失去尊严，变本加厉地对错误习以为常，漫不经心。相反，赞美和鼓励反而能够让犯错的下属觉得愧疚，主动检讨自己是否认真工作，能否值得他人给予赞许和赞美。这种发自内心的改变，恰恰是彻底解决下属工作问题的灵丹妙药。

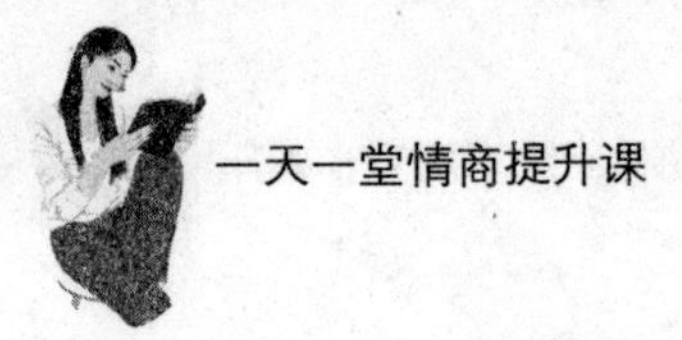

第17章 成功路上的高情商，助你稳步向前迈向辉煌

任何人要想获得成功，仅仅依靠专业和能力是不够的，还要拥有高情商，待人处事之间表现出自身的独特魅力，才能更具备成功的条件和潜质。对于一个平庸的人而言，假如想要获得成功，创造属于自己的人生辉煌，就必定要提高自身的情商。唯有如此，人生才能变得更加顺遂如意，也才能带领我们通往成功的彼岸。

有责任感的人，才能担当大任

近几年来，江苏卫视的《非诚勿扰》让人们的业余时间多了一项选择，那就是看人找对象。毋庸置疑，找对象也是一件大事，关系到人们一生的幸福，因而站在台上的女嘉宾们对于男生都有各自不同的要求。但细心的观众朋友们一定会发现，大多数女嘉宾都要求男嘉宾必须要有“责任感”。不得不说，这些女嘉宾的眼光还是很犀利的，她们考量男嘉宾各个方面的情况，也对男嘉宾提出各种问题，无非就是为了考察男嘉宾是否符合她们的要求。那么，责任感对于一个男人果真如此重要吗？答案当然是肯定的。

一个没有责任感的男人，往往很难承担起家庭的重任，在繁重的压力面前，也无法做到尽心去抚养孩子，赡养老人。因为缺乏责任感，他们还往往会推卸责任，把原本属于自己的责任推到他人身上，从而使自己一身轻松，他身边的人因此根本没有安全感。为此，大多数女嘉宾在寻找一生伴侣时，都会把责任感放在首位。当然，并非说女性朋友们就不需要责任感。现代社会，女性朋友已经不仅仅是在家里相夫教子，大多数女性朋友都走出家门，走入社会，也承担起社会角色，拥有自己的工作和事业。在职场上往往不分男女，不管是

男人还是女人，都必须有责任感才能把工作做好，也才能得到领导的认可和赏识。举个最简单的例子，倘若一位女性朋友在承担老板分派的工作之中，如果到了预定的完成日期也没有开始，这就是缺乏责任感的典型表现。在这种情况下，老板下次肯定不敢再把工作交给她做了，又谈何得到重用呢！

一个人有责任感，表现在生活中的各个方面。他们意志力坚强，为了承担起责任，从不怕吃苦受累，还会主动提升自我。有责任感的人也特别勤奋，因为要想完成既定目标，勤奋是必不可少的先决条件。尤其是在挫折面前，有责任感的人才能担当大任，不抛弃，不放弃，直到完成使命。

1920年，有个美国男孩正在和小伙伴们一起踢球玩。突然，他飞起一脚，球砸在邻居家的窗户玻璃上，玻璃应声而碎。原来，他情急之中没有看清方向，居然把球踢到邻居的窗户玻璃上了。当时，玻璃算是奢侈品，一块玻璃的市价是12.5美元。那个年代，买125只下蛋的鸡也就需要12.5美元，不难想象这块玻璃价格不菲。

男孩没有逃避责任，而是主动向父亲承认了错误。父亲说："你是男子汉，应该为自己的错误负责。"男孩羞愧极了，为难地说："但是我没有钱。"父亲提出建议："这样吧，我可以把这笔钱先借给你，拿去赔偿邻居，但是借钱的期限只有一年。一年之后，你必须把这笔钱还给我。"男孩接受了父亲的建议，从此之后，他开始勤苦地四处打零工，积攒钱款赔偿给父亲。只过了半年时间，他就攒够了12.5美元，结清了向父亲借的钱。后来，这个勇敢承担责任的小男孩，成为了美国总统，他就是里根。

如果没有这件事情发生，里根未必能够成为美国总统。恰恰是父亲借助于这件事情教会里根一个道理，即勇敢地承担责任，才对里根的一生产生了深远的影响。任何时候，我们都要牢记，只有勇于承担起属于自己的责任，才能成为顶天立地的人。即使这份责任非常沉重，我们也绝对不能逃避或者退缩。

人字一撇一捺，就像大山一样顶天立地。可以说，有责任感这样的品质才能成为人的脊梁，让人们在天地之间傲然屹立。越是在沉重的责任面前，我们越是应该拥有责任感，勇敢地肩负起自己该负的责任，也只有勇于担当的人，

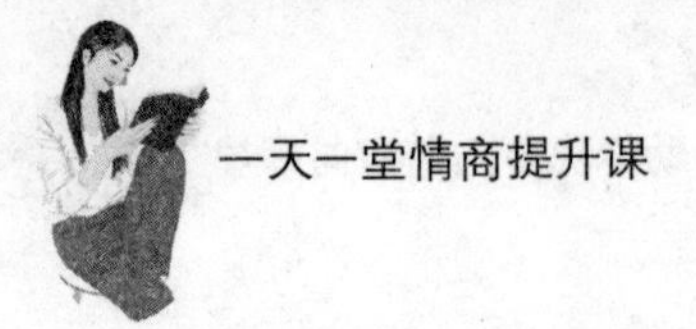

才能迎来灿烂辉煌的人生。

坐前排，你才能耀眼夺目

通常情况下，那些有所建树的成功人士，都是处于人生前列的人。他们不管做什么事情都标新立异，走在时代的潮流浪尖上，从来不甘心落于人后。他们更像是一个时代的引航者，是整个时代的风向标。他们的行动能力很强，绝不是一个只会空谈的人。他们还很擅于亲自动手解决问题，因而才能在尝试的过程中有所发现，也推动自身朝着前进的方向奔去。他们是耀眼的明星，他们从不畏惧改变，他们一直都坐在前排。

在20世纪30年代，玛格丽特出生于英国一个偏僻的小镇里。谁也想不到，这个小姑娘未来将会改写英国的历史，成为举世瞩目的伟人。玛格丽特的父母从小就对她严格教育，尤其是父亲，虽然玛格丽特是个女孩，但是父亲却总是告诫她："不管你做什么事情都要敢为人先，都要力争一流。即使是坐座位，你也必须坐在别人前面，包括坐公交车。"在父亲长期的争先教育观念的影响下，玛格丽特在成长的过程中勇往直前，从不退缩和畏惧。她虽然是个柔弱的小姑娘，但是不管面对多么艰难的事情，都不会说"我做不到""这太难了"之类的话。

看似过高的要求，铸就了小小年纪的玛格丽特钢铁般的意志。事实证明，玛格丽特接受的这种残酷的"争先教育"，对她的整个人生都起到了深远的影响。长大成人之后的玛格丽特，拥有积极的信心和绝不屈服的决心。她就像一颗子弹那样，在学习、生活和工作中冲锋在前，毫不畏缩。她用自己的实际表现告诉父亲，她一直都在"坐前排"。记得玛格丽特在九岁时曾经获奖，当校长祝贺她拥有好运气时，她毫不犹豫地为自己正名："我不是幸运，而是当仁不让。"玛格丽特的话让校长不由得对她刮目相看。的确，在玛格丽特的一生之中，她都在践行着"坐前排"的人生理念，不管是学习期间回答问题，还是

从政之后与人谈判，她都毫不胆怯，一定要先发制人。为此，人们称呼她这个英国首相为“铁娘子”。

一直以来，铁娘子“撒切尔夫人”都是以励志的形象出现在各种书籍之中，的确，她的“坐前排”人生理念成就了她辉煌的一生。正是因为她如此坚强勇敢，也从不退缩怯懦，她的一生才能成为传奇的一生。倘若我们每个人都能像撒切尔夫人一样勇敢地表现自己，勇敢地争先，那么我们的人生也会变得与众不同。

朋友们，假如你们所追求的就是平淡如水的生活，你们当然可以墨守成规，根本无须一刻不停地折腾，超越自己，突破自己。假如你们追求的是与众不同的人生，你们对于人生也有很多热切的渴望，那么，就不要落在他人的身后吧！当你冲锋在前时，一定能够看到他人所看不到的独特风景。

处境艰难，勇敢超越才能成功

在这个世界上，有谁不曾经历过失败的磨难呢？面对失败，有的人越挫越勇，最终成为生活的强者，有的人却一蹶不振，再也提不起任何信心和勇气面对未来。前者成为生活真正的强者，后者却只能在平庸之中默默无闻度过一生。由此可见，一个人最终能否成功，很大程度上取决于他们对待失败的态度和面对失败的心态。

古人云，天将降大任于斯人也，必先苦其心志，劳其筋骨，饿其体肤，空乏其身，行拂乱其所为，所以动心忍性，增益其所不能。这句话的意思是说，苦难能够磨炼人们的心智和毅力，使人能够担当大任。对于失败，也恰恰如此。正如温室里的花朵从未经历风雨，所以无法傲然挺立于风霜之中一样，人如果从未经受过挫折和磨难，也必然不堪一击，脆弱无比。真正的强者不会在挫折和磨难面前自暴自弃，而只会借此机会提升自己，让自己变得强大起

来。毕竟人生不如意十之八九，一味地退缩或者抱怨，对于事情根本没有任何好处。只有在逆境中创造辉煌，才是强者所为。从这个角度而言，面对失败的诸多表现，也恰恰是我们证明自身实力的好机会之一。宝剑锋从磨砺出，梅花香自苦寒来，如果没有寒冬腊月，顶风傲雪，我们哪里能闻到梅花的清香扑鼻呢！如果没有千磨万击，又哪来宝剑锋利的剑刃呢！一切的成就和收获，必然是在辛劳的付出和艰难的跋涉之后才能得到。

对于这家大公司，有很多年轻人都想进入其中大展宏图，王强当然也不例外。不过他很清楚，自己并非所有面试者中实力最强的，学历也并非最高，那么如何才能凸显自己，争取得到一个好结果呢？看到自己被排在第三十一位参加面试，王强不由得动起了脑筋。他思来想去，决定给老板递一张纸条。

王强向前台文秘要了一张纸，用随身携带的笔在纸上写了一行字，然后拜托文秘一定要将其递交老板。文秘对于文质彬彬的王强印象很好，因而爽快地答应了，并且当即走进老板办公室。结果，王强如愿以偿地得到了这份工作，而且还得到了老板的重用。他在纸上到底写了什么呢？原来，他在纸上写道：“尊敬的领导您好，我排在第三十一号进入面试，在面试我之前，请先不要决定聘用任何人。”这句话看起来很温柔，但实则蕴含着坚强和坚定不移的信念。为此，老板未见其人，先见其字，对这个男孩充满了好奇。等到真正见到男孩时，老板早已先入为主，觉得这个自信乐观的男孩就是他要找的人，可想而知，男孩的面试非常顺利。

在这个事例中，男孩先以一张纸条表现出自己的强大气场，让老板对他充满好奇。在面试前三十个人的过程中，很有可能老板会时不时地想起这个男孩，甚至想象着这个男孩究竟是何方神圣，居然能够如此对他说话。在老板潜意识的期待中，男孩闪亮登场，轻而易举就得到老板的认可和赏识，也打破了自己面试排在后面的劣势。

越是在艰难的处境中，我们越是不能放弃。因为既然还没到最后一刻，谁能说得清楚胜利到底属于谁呢？其实，胜利就属于那些坚持不懈的人，就属于那些能够在危难之中临危不惧的人，就属于那些能够打破逆境困顿突破自我

的人。朋友们，假如你们也想拥有与众不同的表现，就一定要抓住困境中的机会，证明自己的实力给所有人看！

不识庐山真面目，只缘身在此山中

很多人都曾经游览过著名的庐山，对于庐山的风景难以忘怀，在离开庐山以后一草一木皆历历在目。然而，即便亲身游览过庐山，他们也并不能对于庐山的全貌有一定的印象，究其原因，不识庐山真面目，只缘身在此山中。当人们对某个地方身临其境时，必然因为距离和视角的原因难以窥得全貌；当人们对于某件事情参与其中时，又因为也是事件的一个角色而难以跳脱出来，对事情以观全貌，或者保持客观和中立。人总是情不自禁地从主观的角度出发看待问题，这一点无可厚非。在待人处事的过程中，我们要做的就是尽量摆脱主观，从而帮助自己客观公正地处理事情，赢得好人缘。

人生在世，难免会遇到各种各样的困惑，毕竟谁也不是无所不能，只有走过这些困惑，才能更加明智。然而，人生的清明并不是轻而易举获得的，无论什么时候，我们只有跳脱出来，才能更加清醒和理智，才能更加豁达从容。

有一天，负责管理动物园的马师傅发现袋鼠从笼子里跑出来了，因而马上召开紧急管理会议。经过商量，动物园的负责人一致认为应该马上加高笼子的高度，以免袋鼠再次从笼子里跑出来。后来，他们把袋鼠的笼子高度从十米增加到二十米，想要一步到位，永绝后患。然而，没过几天，马师傅又看到袋鼠在笼子外面悠闲地散步，因此他气急败坏，心想：万一哪天跑丢了可算是谁的责任呢！为此，动物园的负责人再次召开会议，最终决定把笼子加高到三十米，心想：这样袋鼠无论如何也跳不出来了。可让马师傅气急败坏的是，只隔了一天，他就看到袋鼠居然又逃出笼子，来到了长颈鹿的笼子外，正与长颈鹿耳鬓厮磨呢！马师傅和动物园的管理人员一合计，决定把笼子加高到五十米，

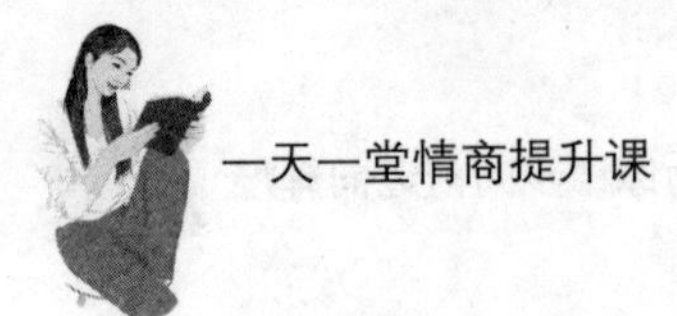

这样纵使袋鼠插翅也难逃了。不想，袋鼠听到他们的话却暗自窃喜，和长颈鹿说：“哎，要是他们继续忘记锁门，难不成还把笼子加高到一百米吗？！”长颈鹿笑着摇摇头，无奈地说：“这可不一定！”

虽然这只是一个寓言故事，但是却为我们揭示了一个深刻的道理。作为管理员，马师傅只想着袋鼠高超的弹跳能力，却没有改变思路，想一想问题是否出在其他方面。最终，即使他们无限制地加高笼子，假如不能摆脱思维的局限，客观地看待问题，袋鼠肯定还会再离开笼子。不锁门的情况下袋鼠当然想要出来，到更广阔的空间里散步啦！

很多时候，局限我们的并非是客观外物，而是我们墨守成规的思维。所以无论什么时候，假如我们不能摆脱主观臆断，总是一味地从主观认为会出问题的方面思考问题，那么最终就会导致思维被禁锢住，无法突破自身制造的障碍。不识庐山真面目，只缘身在此山中。朋友们，假如你们也不小心被自己的思维局限了，不如敞开心扉向事外之人多多讨教，也许他们的那一句话就会触动你的心灵，使你茅塞顿开呢！当然，假如你在看完这篇文章之后对于自身的局限有了一定的了解，愿意挣脱樊笼，开阔思维，突破自我求得发散性思维，当然就很受益了。

兴趣，是人生永恒的快乐源泉

兴趣，是生活的调味剂。每个人都有属于自己的兴趣爱好，正是这些兴趣爱好，使人们在紧张忙碌、压力倍增的生活和工作中，得到充分的休息，使身心放松。倘若一个人没有兴趣爱好，则生活不但会变得枯燥无味，巨大的压力也会无处宣泄，最终导致自己不堪重负。由此可见，兴趣是人生永恒的乐趣源泉。尤其是对于那些工作忙碌的职场人士而言，在紧张的工作之余如果有兴趣可以寄托情思，感受乐趣，则是再好不过的。曾经有位名人建议每个人至少应

该培养一种兴趣，这样，才能使身心得到健康发展和快乐幸福，而且也是一种排解忧愁苦闷的好办法。

从心理学的角度而言，所谓兴趣，无非就是人们对此表现出强烈好奇心且愿意花费时间和精力从事的事情。当兴趣发展到一定程度，变成人们投入的喜爱，也可以称之为爱好。通常情况下，人们感兴趣的事情都属于自身的爱好范畴，可以说兴趣与爱好是紧密相连、密不可分的。兴趣越是强烈，人们做某件事情的动机也就会随之增强，当遇到坎坷和困境的时候，也能排除万难，不遗余力地解决。由此可见，兴趣也是人们在事业上不断攀升的源源动力，因而人们才说从事自己的感兴趣的工作是人生的一大幸事。

1915年，大学者黄侃在北京大学工作，是国学教授，为学生们讲解国学。当时，他就住在位于白庙胡同的大同公寓，因为对“国学”兴趣浓郁，他每天都认真钻研“国学”，甚至已经达到了废寝忘食的地步。因为读书入神，他经常不去食堂吃饭，而是在书桌上提前摆好辣椒酱、馒头等简单食物，以便饿的时候垫垫肚子。就这样，他每天都全神贯注地看书，偶尔饿了就随手拿起冷馒头蘸着辣椒酱吃。他时而看书，时而吃馒头，居然神游物外，每当看到精彩的片段，还会大呼“太妙了”。有一次，他看书入神，居然不知不觉把馒头伸到盛满墨汁的砚台里，蘸完之后连看也不看，就塞进嘴巴里吃。此时，恰巧有位朋友前来拜访他，看到他满脸墨汁的模样，不由得捧腹大笑，他却不知所以地看着朋友，丝毫不知道朋友为什么事觉得如此可乐。

对于很多人而言，读“国学”都是枯燥的。但是黄侃恰恰喜欢“国学”，因而每天都沉浸在国学的书籍里，甚至连吃饭睡觉都舍不得。他为了节省时间，多多阅读国学的书籍，还特意提前在书桌上准备好冷馒头和辣椒酱。读书读得实在饿了，就吃一口冷馒头，所以才会闹出蘸着墨汁吃馒头的笑话，也恰恰从侧面说明了他读书的投入和专注。

兴趣，向来是人类最好的老师。对于自己感兴趣的事情，人们总是情不自禁地投入其中，再也不觉得时间难熬。假如你对现在的生活或者工作已经感到厌倦，已经无法做到发自内心地热爱现状，那么不如当机立断，从现在开始努

力寻找自己感兴趣的工作和生活，这样才能拥有源源不断的动力，也才能在自己感兴趣的事情上有所建树。

梦想，助你的人生长出翅膀

伟大的毛主席曾说，星星之火，可以燎原。相对于人生的广阔草原，梦想，也恰如一粒火种，能够让人们生发出强烈的愿望，从而爆发出伟大的力量，创造属于自己的辉煌人生。正是因为梦想，和平年代的人们才能创造出一个又一个星火燎原的奇迹。

假如没有梦想，人生就会失去方向，在荒芜的原野里漫无目的地行走；假如没有梦想，人们不管做什么事情都会缺乏动力，因为他们不知道等待在前方的是怎样的未来，也就少了几分期许和热望；假如没有梦想，人生将会变得枯燥乏味，唯有梦想才像是浓重的水彩给人生增光添彩；假如没有梦想，我们就无法展翅翱翔，在宇宙之间尽情释放激情和能量……假如没有梦想，人生的一切都会黯然失色。

在几十年前，正在读一年级的塞尼拥有两个梦想。有一天，老师问起每个学生的梦想，全班大多数同学都说出了自己的梦想，也包括塞尼。那时，小小年纪的塞尼的两个梦想：一是拥有一头属于自己的小奶牛；二是去埃及旅行，亲眼看一看金字塔。可是当老师问到杰克时，杰克却没有梦想。为此，老师建议杰克向塞尼购买一个梦想，最终，杰克和塞尼达成协议，塞尼以三美分的价格把自己去埃及看金字塔的梦想卖给杰克，当时，塞尼实在是太想拥有属于自己的小奶牛了。转眼之间，几十年过去了，如今的塞尼已经人到中年，而且小有所成。在这几十年的时间里，他去过全世界的很多地方，唯独没有去过埃及。他从未忘记，他已经把这个梦想卖给了杰克。

在2002年的感恩节即将到来之际，塞尼计划和妻子一起出行，就去非洲。在

进行线路规划时，妻子理所当然提到要去金字塔观光。此时此刻，塞尼再也忍俊不住，他决定买回之前的梦想。善良诚实的他认为，只有当他赎回这个梦想，他才能心怀坦荡地踏上埃及的土地，看一看自己梦寐以求的金字塔。最终，联邦法院裁定，他必须花费3000万美元，才能赎回那个梦想。为此，塞尼提出了上诉。他下定决心哪怕付出再大的代价，也要成功赎回梦想，如愿以偿地去金字塔观光。

这件事情虽然听起来不可思议，但却是真实发生的事情。在这个事例中，为了赎回梦想，完成梦想，塞尼付出了很大的代价。每个人都应该有梦想，梦想对于孩子而言也许就是一个简单的心愿，但是对于一个成人而言，却是心底里始终无法释怀的梦。当一个人失去梦想，结果必然是可怕的，也是遗憾的。为此，我们每个人都应该坚定不移地坚持自己的梦想，即使历经辛苦也决不放弃。

梦想，可以说是人类有史以来最伟大的创造，它彻底改变了人们的命运，也使人们拥有了非凡的人生。倘若没有梦想，人生必然变得平淡无奇，也会使人颓废沮丧，失去永恒的动力。朋友们，就让我们坚持梦想，就让我们的梦想星火燎原吧！

幸福的滋味，只在于我们热爱万物的心中

这个世界有很多人都满怀抱怨，从不感恩。他们不知道幸福只存在于感恩的心中，误以为只有不停地抱怨才能得到心中的所愿。事实恰恰相反，抱怨的人心中总是满怀苦楚，很难得到幸福的青睐。相反，当我们满怀欣喜地感恩这个世界，对于自己得到的一切都心怀感激，发自内心地热爱万物，我们才能感受到幸福的滋味。

每天，我们按部就班地生活，似乎已经失去了感受幸福的能力。我们整日忙忙碌碌，天不亮就起床，奔波一两个小时，赶往遥远的工作单位，晚上天黑了才下班，披星戴月回到家中，不但没有心情欣赏沿途的风景，甚至也没有心

情和家人好好聊聊天。在这样日复一日枯燥乏味的忙碌之中，我们的心渐渐变得粗糙，甚至不知道如何填补那份空虚寂寞和荒芜。面对生活的诸多烦忧，何不抽出时间来多多亲近大自然呢！当你置身于绿草莹莹的原野时，当你遥望远处起伏不平的山脉时，你一定会对生命有新的感悟。

乘坐的汽车在一望无际的原野上奔驰，小马感到心旷神怡，似乎无尽的烦恼都被远远地抛在脑后，心也瞬间变得和蓝天一样清澈澄明。这时，小马看到坐在他前排的一个姑娘正在从背包里取出东西往外撒，不由得纳闷地问："你在做什么呢？"姑娘笑了，说："我一直梦寐以求来到草原和旷野，也许今生今世只此一次。我随身带着花种，想把鲜花留在这片我热恋的土地。"看着姑娘如花的笑靥和纯净的眼睛，小马感动极了，说："你一定会得到幸福的，因为你是如此热爱万物，上天一定会给予你丰厚的回报。"

姑娘的话让小马陷入深深的思考之中，原来，小马是因为人生中的不如意，所以才千里迢迢来到草原散心的。看着窗外的一切，小马不由得反思自己：到底是我得到的太少，还是我索求的太多？假如我也能对万事万物怀着热爱和感恩，也许内心就会变得更加豁达和从容。

曾经有一位著名的哲人说，感悟幸福是一种不可多得的能力。通常情况下，高情商的人总是能够从世界上的万物之中感受到幸福的滋味，他们情商很高，因而总能处理好人生中的一切艰难坎坷，不管是在顺境还是逆境，都始终心怀感恩，从不放弃。相反，那些情商低的人则总是容易感到悲观绝望，尤其是很容易放弃。他们一旦遭受小小的挫折，就会马上消极起来，心灵无比脆弱。不得不说，活着本身就是一件很美好的事情，我们至少还能享受温暖的阳光，呼吸新鲜的空气，也能看到一切美好的事物。只有活着，我们所有的梦想才能成真。

心怀感恩，才能做到热爱万物，哪怕是生命中的坎坷挫折，和一切不够美好的事物，甚至是曾经伤害过我们的人们，都是我们生命中不可错过的经历和体验。让我们学会以美的眼光看待这个世界吧，只有我们自身的心灵变得美好，我们才能发现世界上万事万物的美好，从而发自内心地热爱它们，感恩它们，也给自己的生命带来质的飞越和突破。

第18章　爱情中的高情商，助你两情相悦幸福保鲜

自古以来，爱情都是人类得到的最美好的馈赠，在爱情的长河中，无数的男男女女徜徉其中，尽情享受爱情的美妙。然而，在感受爱情美好的同时，他们也有无尽的烦恼。或者是因为所爱的人不爱自己，或者是因为爱自己的人不是自己的所爱。即便两情相悦，他们也会有很多的烦恼，毕竟男人来自金星，女人来自火星，要让这两种来自不同星球的人类相互包容、理解，的确是个很大的难题。在爱情之中，同样需要我们拥有高情商，才能两情相悦，也才能给爱情保鲜。

男人来自金星，女人来自火星

曾经有位名人说，爱情是两个人的利己主义。的确，两个原本陌生的人彼此相识、相知、相恋，在爱情达到鼎盛时期时，他们甚至堪比一个人，彼此毫无嫌隙，心心相印。对于爱情，从未有人感到厌倦，即使到了迟暮夕阳，人们也依然为爱情痴迷沉醉。由此可见，爱情的独特魅力。然而，与爱人相处却并非一件容易的事情，不管是现实生活中还是影视剧中，我们都经常看到心爱的人因为爱之深，也往往责之切。越是相爱的人仿佛越是难以和谐共处，总是不停地发生纷争矛盾。这就是刺猬原理。假设两只刺猬在一起相互依偎着取暖，离得近了，它们难免会被对方身上的刺扎伤；离得远了，又因为寒冷而瑟瑟发抖。其实爱人之间的关系也是如此，离得近了，就会因为过于亲近而矛盾不断，离得远了又迫切想要亲近彼此。所以很多人都意识到，即使再怎么相爱，也依然需要与对方之间保持距离，唯有如此，爱情才会成为有情人的天堂。

不可否认，男人和女人在生理上和心理上都是存在巨大差别的，这也直接

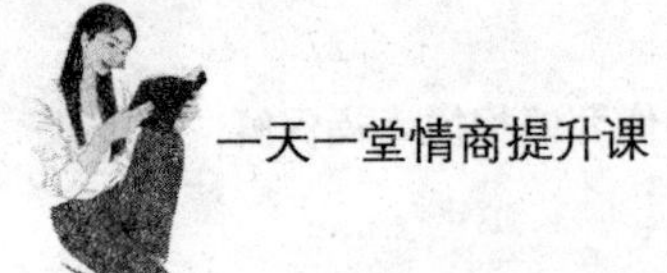

导致男人和女人相处时总是困难重重。很多情况下，男人和女人根本不在一个频道上，这也给交流带来了巨大的障碍。既然认识到这一点，不管是男人还是女人，都应该处处留心，以高情商尽量理解和体谅对方，也不要对对方过于吹毛求疵。这样，两性之间的交往才会更加顺利。总而言之，爱是男人和女人在一起的原动力，但是宽容、理解和信任、体贴，才是男人和女人和谐相处的保障。

很久以前，麦克和娜娜是非常甜蜜的一对恋人。然而自从他们在爱情的驱使下走入婚姻殿堂之后，就开始矛盾不断，渐渐疏远，最终甚至变得像是仇人一样。难道婚姻真的是爱情的坟墓，而不应该是爱情的延续和升华吗？对此，娜娜很困惑。

无奈的她感到非常苦恼，因而特意找心理咨询师求助。她向心理咨询师倾诉："其实我不知道麦克是怎么了，自从结婚之后，他就像变了一个人一样。以前我说什么他就听什么，现在他却总是对我的话充耳不闻。"咨询师笑了，说："爱情和婚姻是两种完全不同的模式，每个人最初走入婚姻殿堂的人都需要好好适应。"娜娜继续说："我们最近的一次争吵，实际上完全不是重大问题。我新买了件衣服，商场打折的时候买的，当我兴致勃勃地穿给他看时，他却不以为然地说'不错不错，真的便宜吗？'，他甚至连头都没抬一下。这句话是什么意思呢，嫌弃我乱花钱了吗，还是对我的美丽再也视而不见，这都是我无法忍受的。有的时候，他宁愿对着冷冰冰的电脑，也不愿意多和我说一句话。我受够了这样的日子，没有任何爱情的气息。"咨询师理解地看着娜娜，说："我也是女人，我完全理解你的感受，我知道你感受被冷落和漠视，这一定与你曾经感受到的爱情大相径庭。"娜娜重重地点头，咨询师说："其实男人和女人的性格以及行为模式、心理都是有很大不同的。他觉得既然把你娶回家，你就成为他的妻子，他也就无需战战兢兢、如履薄冰地讨好你了。但是你呢，恰恰对婚姻有着无限的憧憬，因而导致心理落差巨大。实际上这并不意味着男人不再爱你，而是他换了一种方式爱你，你也要学会习惯。"咨询师的话让娜娜茅塞顿开，细细想来，其实麦克还是非常爱她的，她默默想道：也许我真的要学会适应婚姻生活和我全新的丈夫。

在这个事例中，娜娜和麦克对于爱情的理解，对于婚姻的延续，有着完全不同的理解。正是因为心理上的大不同，才使得他们对于婚姻的经营也做出了不同的模式。显而易见，仅仅让麦克妥协和改变是不可能的，娜娜在控诉麦克的同时，也应该反省自身，从而与麦克一起努力，达到和谐融洽，这才是最重要的。

既然男人和女人对于爱情有着截然不同的理解，那么不管是男人还是女人，都应该多多关注自己的爱人，这样才能更加了解异性的心理，从而为更好地与爱人相处铺垫基础，创造便利的条件。归根结底，一个人能在人生之中邂逅爱情也并非容易的事情，我们要怀着珍惜的态度对待爱人，珍视爱情，渐渐成为爱情的专家，让我们的爱情开出绚烂之花。

情商对于两性关系的影响不容小觑

恋爱中的男女如果有一方情商很高，那么爱情关系的处理就会显得更加圆滑融洽。当然，如果双方的情商都很高，则爱情的领地一定会春暖花开。与此恰恰相反，假如恋爱中的男女情商都很低，则爱情关系一定剑拔弩张。可以想象，在爱情中，两个原本陌生的男人和女人关系变得无比亲密，在这种情况下，他们必然相互依靠，好得如同一个人一样。问题也接踵而来，过于亲密的关系给爱人之间的相处带来了更大的难度，就像嘴唇和牙齿的相互依存一样，也会时不时地牙齿咬到嘴唇，更何况是原本陌生的爱人之间呢！他们不但脾气性格迥异，而且成长经历、教育背景等也都截然不同。在这种情况下，相处怎么会完全融洽呢？矛盾和纷争是必然的，磨合的过程也是不可避免的。因而我们说，情商对于两性关系的影响非常大，不容小觑。

有人说恋爱就像重感冒，也有人说恋爱就像在天堂和地狱之间徘徊。要想维持好两性关系，我们必须提高自身的情商。诸如当爱人有些小小的不如意，与其一味地否定和拒绝，不如换一种方法委婉地改变恋人的想法，这样一来，恋人也能保留面子。再如，当你与爱人遇到观念意见不统一的时候，不如寻找说服的好方法，切勿强迫爱人一定要接受你的观点和态度。毕竟每个人都有自己的主见，谁也不要过于强迫谁，求同存异，这才是爱人相处之王道。此外，与爱人相处时还应该保持一颗同理心。所谓同理心，就是能够设身处地地站在爱人的角度考虑问题，为爱人着想，哪怕是要否定爱人的观点，也可以先肯定，再否定，给爱人一个缓冲的时间。当然，人与人之间的相处总是状况百出的，尤其是爱人之前因为关系亲密，遇到的问题也就更加琐碎复杂。我们唯有随机应变，坚持与爱人相处的和谐融洽原则，才能最终圆满处理各种问题，使爱情变得更加深厚甜蜜。

丽丽和张骞已经恋爱一年多了，如今已经到了谈婚论嫁的阶段。为了双方儿女的婚事，两家的老人也进行了正式会面，商讨孩子们的婚姻大事。丽丽的妈妈按照自家的风俗，提出了要十万元彩礼。听到丽丽妈妈的这个要求，张骞妈妈当然不愿意，她觉得丽丽妈妈就是无理取闹，想要乘机卖女儿。为此，她们之间产生了矛盾，第一次见面虽然表面上很和谐，其实双方妈妈都很不满意。

张骞也的确知道父母在为他购置婚房之后，已经没有多余的钱给彩礼了。为此，他对丽丽好言好语：“亲爱的，你也知道我父母都是工薪阶层，为了给咱们买房子已经倾尽所有。我是这么想的，你妈妈要彩礼当然也无可厚非，毕竟这么辛苦养大的闺女就这样给我当媳妇了。你问问妈妈，看看彩礼问题是否可以缓一缓，毕竟咱们现在的头等大事就是先把小家安置好，让每个参加婚礼的人都羡慕你有个美好的家，也有个完美的婚礼。至于彩礼嘛，咱们结婚以后我慢慢挣，不管什么时候只要丈母娘张嘴，我绝不赖账。”听了张骞的话，丽丽也陷入深思：毕竟结婚的所有事宜都是张骞父母出钱操办的，的确也没有理由再要这么多的彩礼。丽丽决定还是做自己妈妈的工作，归根结底，女儿的终生幸福不比彩礼更重要吗？

后来，丽丽主动去给妈妈做工作，把其中的道理细细讲给妈妈听，妈妈也就释然了：“傻闺女，我要彩礼还不是为了你，难道我和你爸爸还真穷得借着闺女结婚的机会乘火打劫吗？既然你这么说，那就不要了，你和张骞把日子过

好，就比什么都强。”得到这个皆大欢喜的结局，丽丽高兴极了，张骞妈妈心里的疙瘩也解开了。

毫无疑问，张骞的情商还是很高的，他不愿意因为彩礼的问题导致双方父母心中郁结，因而主动承担起给彩礼的重任，在这种情况下，如果丽丽和妈妈还不理解，那只能说她们不识大体了。也正因为张骞对问题的圆满解决，他和丽丽的婚姻大事才圆满幸福。

朋友们，你的情商如何，是否也曾在爱情和婚姻中遭遇难题呢？其实，任何问题都有相对圆满的解决方案，只要相爱的人多多用心，彼此体谅，最终能够让爱情之花常开不败。

了解彼此的情感诉求，才能让爱更如意

很多人都抱怨自己一直找不到心灵相通的爱人，也找不到让自己满意和欢喜的爱人，这是为什么呢？难道不是在爱情面前人人平等吗？难道爱情不是对每个人都一视同仁吗？其实，要想得到使自己满心欢喜、两情相悦的爱情，也很简单。首先，我们要了解自身的感情诉求，扪心自问：我想要找到怎样的爱人？我对我的爱人有何需求？我希望我的爱情是怎样的？其次，我们还要了解对方的情感诉求，内容同上。毋庸置疑，唯有当你的需求与对方的需求相吻合时，你与对方的相处才会和谐融洽，你们才能产生心有灵犀一点通的感觉，你们之间也才会更加彼此珍惜和珍视对方。举个简单的例子，如果一个男人喜欢追求刺激和冒险，但是找到的爱人却只喜欢宅在家里，享受生活的宁静和安详，那么他们必然缺乏共同语言，也会因为思想和行动上完全不合拍，导致彼此漠视，关系渐行渐远。反之也是如此，假如一个女人只追求金钱和物质上的享受，而不喜欢柏拉图式的爱情，那么她只适合找个富豪在一起，而根本不适合与注重精神恋爱的男性长期交往。

生活中，人们常说一个萝卜一个坑，意思就是说每个人都应该找到最适合自己的人生伴侣。否则，一旦人生观、价值观等不同，即便勉强在一起，为了恋爱而恋爱，最终也会貌合神离，导致爱情半途而废，或者造成人们终生的痛苦不安。

自从结婚之后，露娜觉得自己就像鱼儿搁浅岸边一样，越来越没有自由呼吸的空间。诸如，有天晚上露娜和闺蜜相约一起去吃小龙虾，刚吃到一半，也就八点多吧，露娜老公林峰就把电话打来了："宝贝，你在哪儿呢？快点儿回家吧！"当着闺蜜的面，露娜只要搪塞："亲爱的，我们正吃着呢，你乖乖在家哈，我不用你接，现在天也不晚。"挂断电话之后，没过半个小时，林峰的电话又打来了，虽然林峰努力压抑着焦急，露娜却不耐烦起来，接电话之后说了句"别烦"，就直接挂断了电话。露娜没想到，这才仅仅是开始，等到她回家之后，林峰更是追问和谁聚会，有没有男的等种种无聊的问题。露娜忍耐不住，和李峰吵了起来。

有一次，露娜和同事们一起去青岛出差，因为担心露娜红杏出墙，林峰居然在没有告诉露娜的情况下，也来到了青岛，还住到露娜和同事们入住的酒店。就这样，原本计划和同事们一起去看青岛夜景听海浪声的露娜，不得不陪着林峰，被要好的同事狠狠地笑话了一通。为此，露娜和林峰又是一番唇枪舌战。后来，露娜实在无奈，只得给林峰下了最后通牒：虽然我嫁给了你，但是我依然需要自己的空间，假如你总是这样咄咄逼人，我只能选择彻底自由。林峰痛定思痛，意识到或许还是需要给丽娜空间的，因而极力收敛自己，这样才最终维持了和丽娜之间良好的关系，获得了婚姻的幸福。

如果林峰不改变，原本和露娜感情很好的他，一定会因为对露娜看得太紧，导致露娜最终离他而去。所谓生命诚可贵，爱情价更高，若为自由故，两者皆可抛。尽管我们都追求美好的爱情，但是自由对于每个人而言都是不可失去的。即便两情相悦，也依然需要彼此的空间和自由，幸亏露娜与林峰及时沟通，才避免了婚姻关系的进一步恶化。

不管是爱情还是婚姻，都要以彼此尊重、相互平等为基础。倘若爱情变成了自私的占有，那么爱情的魔力也会消失殆尽。毕竟，很少有人为了爱情而失去自由，只有自由的人生才能更加畅意。朋友们，要想与爱人水乳交融，就要从现在开始努力读懂爱人的情感需求，也可以多多与爱人沟通，了解爱人的情感诉求。凡事只有有的放矢，才能事半功倍。

读懂恋人的肢体语言，洞察恋人的心

在人与人交往的过程中，除了借助于语言进行交流和沟通之外，面部微妙的表情、无意识的肢体动作，也都是语言的另一种形式。尤其是在语言无法明确表达出来的情况下，我们更要善于捕捉他人的这种微妙语言，从而深度解读他人的内心。不仅普通的人际关系如此，爱人之间的相处也同样如此。而且因为爱人之间的关系相较普通的人际关系更加亲密无间，还有一些肢体接触，因而爱人之间的肢体语言往往更加丰富且微妙，我们必须非常用心观察，才能准确洞察爱人的心思。

在彼此相互爱慕却没有明确挑明心意的情况下，人们的肢体语言会有不自觉的倾向性，诸如看似无意的指尖触碰，漫不经心地拍拍打打，这些都能表明当事人的好感，帮助我们揣度当事人的心思；再如，假如彼此已经情投意合，那么对方的欢喜你自然能够看出来，有的时候对方却也因为不好意思或者羞涩，无法明确表达自己的心意，这时也可以从对方嗔怪的神情中读懂对方心思，或者对方还会非常埋怨地推搡你，实际上却是好感的表示。总而言之，爱人之间肢体语言是非常丰富且细致入微的，我们唯有用心，才能准确解读爱人心思，也使得彼此的关系更加推进一步。

第一次带平平回家，小风是很紧张的。因为平平并不是普通的女孩子，而是大城市里富贵人家的娇娇女，小风家却在农村，且家境贫寒，因而小风很担心平平会因此而不高兴。没想到，去到农村的准婆家之后，平平一改大小姐娇

气的作风，居然还主动给小风妈妈打下手。当天晚上，小风妈妈拿出了当年小风奶奶给她的传家宝——一对古朴的金镯子，想要送给平平。原本小风担心平平不会把这对镯子看在眼里，没想到当看到镯子且细细把玩之后，平平又不舍地把镯子还给准婆婆，说："阿姨，这么贵重的东西，您还是自己留着吧，我不能接受，实在是太贵重了。"看到平平忸怩的样子，小风就知道平平肯定是喜欢的，因而从妈妈面前的桌子上拿起镯子，给平平戴上，说："这是妈妈给儿媳妇的，你就拿着吧，戴上可就跑不了啦！"平平笑靥如花，对准婆婆千恩万谢。

事后，小风问平平："平平，你难道真的喜欢那对镯子吗？你有很多铂金的镯子啊，样式也比这个新颖得多。"平平撒娇地说："当然。这对镯子虽然古老，也不时尚，但是意义非同寻常。你妈妈把它送给我，就说明她认可和接受我了。我相信，我会成为她的好儿媳的。"听了平平入情入理的话，小风激动地把平平拥抱在怀里，喃喃自语："遇到你是我的幸运！"

在这个事例中，小风看出来平平是真心想要接受镯子的，因而没有顺着平平的话推辞妈妈的礼物，而是亲手为平平戴上了传家之宝。虽然平平与他还未结婚，但是这恰恰意味着平平已经接受了婆婆，也得到了婆婆的认可和宠爱，可谓皆大欢喜。

彼此真心相爱且心意相通的爱人之间，哪怕是一个微小的眼神，也能够深深读懂对方的心思。这样的感觉无法用语言形容，是不言而喻的。朋友们，让我们也更加细致入微地观察爱人，了解爱人的心思吧。当有一天你们不再需要凡事都说出口，你们之间的爱情一定是已经到了最佳的火候。

两情相悦时，连缺点也会变得可爱

俗话说，情人眼里出西施。这句话的意思是说，两个人如果真心相爱，情投意合，即使并非俊男靓女，在爱人眼中也是非常可爱的。哪怕是显而易见的

缺点，一旦到了爱人眼中，也会变成可爱的缺点，让人不胜怜惜。尤其是热恋中的男女，似乎都变成了瞎子和聋子，对对方的缺点视而不见，视若无睹，最终把对方看在眼里，记在心里，再也不愿意放手。这就是爱情的伟大魔力，它比最伟大的化妆师之手更加神奇，能够使每一个相貌平平的人都变成爱人眼中的天仙美女、潇洒男子。由此逆向思维不难得出一个结论，假如一个人还在恋爱时期就对你横挑鼻子竖挑眼睛，那么不如果断放弃这段口是心非的爱情，因为对方一定不是真的爱你，否则当爱情发挥魔力为你装扮，他的眼睛也只会看到你所有的缺点，而对你的优点视而不见。

作为一家企业的基层人员，晓菲工作上勤奋努力，非常踏实，一步一个脚印，从来不敢有丝毫懈怠。不过，在晓菲进步神速的同时，她的男朋友却一直在原地踏步。虽然男朋友是晓菲的大学同学，与晓菲可谓彼此了解，心心相印，但是渐渐地他们之间有了巨大的悬殊。直到晓菲通过努力已经成为公司的行政主管，她的男友却依然毫无进步，毕业五年了，依然是单位里名不见经传的小小办事员。

看着男朋友，晓菲越来越瞧不上眼，总是不屑一顾地说：“人家都是情场得意商场失意，我看你呀情商也未得意，商场接连失意。几年前还算是个帅小伙，如今却体态臃肿，别人五年磨一剑，成为公司中层管理者，还有的成为高层管理者，你却只收获了一个大肚腩。”晓菲的话里充满不屑，让男友也很惭愧。然而，他的能力就只有这么大，因此他对晓菲说：“既然你现在看我什么都不顺眼，咱们就分手吧，我也不想拖累你的似锦前途。”晓菲几乎不假思索就接受了男友的建议，很快就与男友分道扬镳了。

在这个事例中，不能说晓菲未曾爱过男友，只是因为她曾经的爱在自己的神速进步中渐渐消退，而男友却没有跟上她进步的步伐，因而最终无法持续激发她的爱，导致爱不在了，情人眼里出西施的爱情效应也不在了，所以晓菲越看男友越不顺眼。其实，也许晓菲最初和男友恋爱时，男友就是现在的样子，只不过因为彼时的他们正处于热恋的时期，因此把对方的缺点也看得非常可爱，正所谓情人眼里出西施。由此可见，爱情的魔力很大，保鲜期也非常短

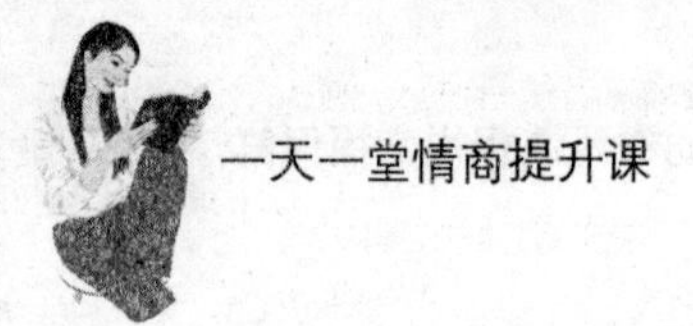

暂，每一对相爱的人都只有努力经营爱情，才能使爱情之花常开。

每个人的爱情都只有短暂的保鲜期，作为相爱的双方必须保持同步节奏一起奔向人生的目标，才能彼此尊重、欣赏。否则一旦一方突飞猛进，另一方却原地踏步，如何还能彼此看得入眼呢！当爱情不在了，爱情的魔力也就全都消失了，还何来情人眼里出西施呢！

适当的挫折，让爱情历久弥坚

自古以来就有一种奇怪的现象，即当爱情遭遇外来的阻力时，往往会变得非常牢不可破，甚至爆发出巨大的力量，使得原本并不那么相爱的两个人转眼之间就像磁石一样紧紧地吸引在一起，密不可分。在这种情况下，爱情也变得历久弥坚，甚至圆润如玉。这到底是为什么呢?

在真正相爱之前，一男一女也许就是陌生人。机缘巧合让他们相遇相识相知，也让他们最终倾心相爱。这可以归结为人与人之间的缘分，也可以看成是人力所为，但是当爱情一旦产生，除非他们自愿，就很少有人能把他们分开。越是家人的反对或者亲朋好友的劝阻，就越是能够让他们彼此紧密团结，瞬间由松散的爱情关系变成亲密无间的爱情关系，如此一来，甚至爱人间原本存在的生疏嫌隙也都不存在了。究其原因，他们由彼此独立的个体，在外力的挤压下，因为共同一致的愿望，变成了紧密团结的整体。真的就变得心意相通，意念坚强，必须在一起，只能在一起，绝对不可分开。在这种思想的不断暗示下，也因为强烈的逆反心理，使他们的感情越来越深厚，爱情越来越牢固，而使那些反对他们的人事与愿违。在心理学中，这种现象被称为“罗密欧与朱丽叶效应”。在中国古代，崔生和张莺莺，也是棒打鸳鸯而不散的典型事例。其实，这种现象在生活中非常常见，尤其是父母到了子女谈婚论嫁的年纪，常常因为子女不听从他们的意见或者建议，与他们违拗，导致父母子女间的关系恶

化。倘若作为父母知道这个独特的效应，也知道棒打鸳鸯而不散，那么还不如放开心胸，把主动权交给孩子们。也许这桩不被父母看好的姻缘，在没有走入婚姻殿堂之前，孩子们就自己散了。退一万步而言，即使孩子们最终走入婚姻的殿堂，父母又何须以对抗的方式疏离与子女间的感情呢！

阳阳最近正在和单位里的一位女同事恋爱，这位女同事是湖北人，身材非常娇小，身高也就140公分，体重才70多斤。当阳阳兴高采烈地把女友带回家给父母看时，父母马上表示坚决反对，父亲甚至以死相逼，说："假如你坚持和她恋爱，我就死给你看！"对此，阳阳不以为然，说："是我找媳妇，又不是你找媳妇，你管我呢！我和她过，不关你的事！"父亲被气得七窍生烟，在整整半年多的时间里都为此耿耿于怀，但是直到半年之后，他才惊讶地得知，阳阳居然背着他和母亲，与那个女同事领取了结婚证。对此，父亲一声长叹，再也无计可施，却因此很少与儿子往来。父亲总是说："我一看到那个矮小的儿媳妇，就觉得心里堵得慌，喘不过气来，不见也罢。"

在这个事例中，父母想要儿子找个身材高些的儿媳妇，也是人之常情，毕竟父母思量更多，还会考虑到子孙后代的问题。但是，父亲的以死相逼，在半年时间里和母亲同仇敌忾拒绝准儿媳妇，恨不得马上拆散儿子的爱情，却使得儿子更加义无反顾，居然瞒着父母亲和女朋友领取了结婚证，不得不说这就是"罗密欧和朱丽叶效应"在发挥作用，父母的反对恰恰推动了他们更快地走入婚姻殿堂。

现代社会提倡自由恋爱、婚姻自主，作为父母实在无权干涉孩子们的婚姻。与其自讨没趣，说了话非但没人听还起到反作用，不如采取放任自流的态度，把婚姻的决定权交给子女。从子女的角度而言，也不要因为婚姻遭到父母反对，或者不被他人看好，就因此而沮丧绝望，甚至放弃。只要作为爱人的你们心思一致，坚持爱情，你们最终一定会让爱情获胜，也会让彼此的爱情在经历坎坷挫折之后更加深厚坚定。

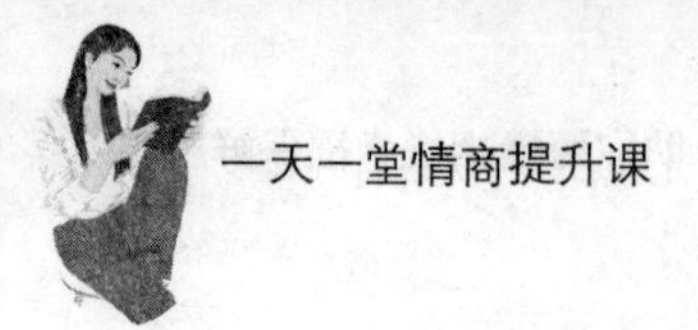

第19章 婚姻中的高情商，助你家庭生活美满和谐

情商，既然对我们的人生影响深远，也必然影响每个人人生的重要组成部分——婚姻生活和家庭生活。只有高情商者，才能妥善解决婚姻生活中遇到的各种棘手问题，也把很多不期而至的危机化解于无形，从而使我们拥有家庭生活的幸福美好与和谐。

情商高，婚姻危机能化解于无形

正如没有人的人生一帆风顺一样，也没有人的婚姻生活会是一帆风顺，波澜不惊的。即便是感情再好的夫妻，相处的过程中也难免会有各种危机不期而至，突如其来，使人措手不及。在婚姻生活中遇到危机的时候，快刀斩乱麻显然是行不通的，因为感情总是千丝万缕，很难让人们慧剑斩情丝。大多数时候，人们沉迷于感情纠葛之中，无法自拔。然而，即便再怎么劳累，也依然要努力化解婚姻危机。婚姻，就像是我们的孩子一样，尽管不尽完美，却渗透了我们的很多心血在其中。对于婚姻生活，即便不尽如人意，也依然要努力修补和完善。否则，如果遇到一点点小小的问题就放弃婚姻，只怕一生之中再也无缘觅得美好的姻缘。

毋庸置疑，夫妻双方的尊重、理解和包容，是让婚姻生活更加顺遂如意的良方。尽管这六个字说起来轻飘飘的，但是做起来却很难。首先相互尊重就需要极强的毅力去维持，因为婚姻并非是等价交换或者买卖，在爱情的驱使下，人们总是忽视那些不平等的条件，以为有爱情就能战胜一些是非恶俗的观念。而一旦进入婚姻生活，爱情渐渐褪色，这些因素未免会浮出水面，给予人们更多的感悟，也使人们如同大梦初醒，恍然见到那些早已存在却因被爱情蒙蔽双

眼而忽略的一切。在这种情况下，只有发自内心地尊重对方，才能让婚姻关系进入良性循环的轨道。其次，理解。说起理解，每个人都似乎有一肚子的大道理，诸如设身处地为对方着想，任何时候都把对方的需求放在第一位，等等，都是堂而皇之的。遗憾的是，生活并非因为这些堂而皇之的借口和理由就不与人们计较，它还是会时不时地捉弄人们，让平凡的夫妻在琐碎的日子里因为各种各样的原因发生纠葛，甚至导致误解渐深。这是因为所有人都会出于本能地从自己的角度出发考虑问题，这一点永远也无法避免。说到最后，婚姻生活中最难的还是包容对方。试想，你明明知道对方是错的，却不得不容忍对方的缺点，包容他有意无意犯下的错误，如果没有博大的胸怀和如同海水般深沉的爱，就很难做到。总而言之，任何夫妻在婚姻生活中都要遵守相处之道，唯有更好地理解宽容和体谅对方，我们才能拥有幸福和谐的婚姻生活。

此外，信任也是夫妻之间不可缺少的润滑剂。倘若没有信任，只怕人世间所有的夫妻都无法顺利过完一生，更有很多夫妻不得不在猜忌中结束婚姻。因而，我们必须意识到婚姻不是囚牢，我们每个人都必须信任爱人，才能让夫妻生活风平浪静，即便有暗礁，也能化解于无形。

昨天晚上，小敏从丈夫李刚的衣服口袋里发现了一个情趣避孕套。对于这个避孕套，小敏不动声色，并没有马上揪住李刚兴师问罪，而是保持和往日一样神情自若。这并非因为小敏有多么宽广的胸怀，即使李刚犯了错误，她也能完全包容。而是因为小敏非常信任李刚，她想李刚一定是有所计划，也或者是想给她一个惊喜。

就这样，小敏度过了漫长的等待。直到半个月后，李刚才讷讷地问小敏："亲爱的，明天就是咱们的结婚纪念日，我准备了个小玩意，但是放在哪里忘记了，你有没有看到啊？"这句话看似平淡无奇的话，让小敏欣喜若狂，原来李刚没有辜负她的信任。小敏指了指枕头下面，又说："明天咱们去吃西餐吧，喝点儿红酒。"李刚笑着说："真是知我莫若妻啊，我也是这么计划的呢！"

次日，小敏提前在西餐厅定位，早早下班，和李刚一起度过了一个难忘的

结婚纪念日。

在这个事例中，假如小敏在第一眼看到情趣避孕套之后，就对丈夫开展审问，那么丈夫原本的好心情和兴致一定要消失殆尽，也许会因为妻子的猜忌而导致对妻子心怀芥蒂，如此一来，怎么还可能拥有尽情尽兴的结婚纪念日呢！

夫妻之间，从原本的全然陌生，到相识、相知、相恋，一定是有缘分的。常言道，百年修得同船渡，千年修得共枕眠。夫妻之间的缘分之深，由此可见一斑。为此，不管是作为丈夫还是作为妻子，我们一定要非常信任生命的伴侣——我们的另一半。唯有如此，原本就需要经历很多坎坷的夫妻生活，才能顺利度过各种危机。当然，要想做到这一点，是离不开高情商的。从现在开始，就让我们努力提高自身情商，也尽量拥有幸福美好的生活吧！

小小错误不起眼，影响幸福问题大

常言道，牙齿还会咬到舌头呢，更何况是夫妻之间呢！众所周知，牙齿与舌头唇齿相依，谁离开了谁也不行，正如夫妻之间公不离婆，秤不离砣，当然这指的是情分在的情况下。夫妻之间说起来也可如同大海一般深，但是一旦情分破裂，缘分已尽，很有可能顷刻间就变成陌路人。在这种情况下，我们每个人都要用心维系夫妻关系，维护夫妻感情。爱情，既可以说是这个世界上最牢不可破的感情，有时候甚至能够超越生死，也可说是这个世界上最脆弱的感情，常常一不小心就变成碎片。

夫妻生活是非常琐碎的，两个原本完全陌生的人在一个屋檐底下生活，也难免发生各种争执。这些都是不可避免的，除了坦然面对之外，别无他法。任何幸福完美的婚姻，都曾经有过暗流涌动，也曾经遭遇过惊险万分的暗礁，都是因为妥善处理，及时修复，才能保证婚姻之船顺利地航行在人生的大海上。需要注意的是，夫妻之间无小事，很多夫妻原本感情深厚，爱得死去活来，却

在漫长的婚姻生活中感情渐渐消耗殆尽。究其原因，就是因为他们忽略了婚姻生活中的很多小问题，以为那些都是不值一提的，最终却导致幸福受到影响，甚至为此与幸福失之交臂。这一点，不但现实生活中屡见不鲜，影视剧中也经常作为桥段。无数的甜蜜夫妻因为一个小小的误会，导致发生蝴蝶效应，产生一系列连锁反应，最终反目成仇，变成陌路。由此可见，夫妻生活无小事，即便是小小的错误也不要轻易放过，否则就会成为影响幸福婚姻的大问题。

作为90后夫妻，自从结婚之后，豆豆和邵岩之间就有了无穷无尽的烦恼。原本，他们各自住在宿舍里，每天只需要处理好自己的生活，偶尔约会也是甜蜜如饴。现在呢，他们虽然有了共同的家，但是很多问题也随之而来。诸如，豆豆不喜欢做家务，即便已经嫁作他人妇，也依然像在宿舍里一样随意。为此，他们新婚燕尔的家整日乱糟糟的，甚至还不如宿舍呢，最起码宿舍里还要人轮流值日。豆豆还不愿意做饭，她始终认为做饭会使她皮肤暗黄，为此他们结婚半年多来除了中午在单位食堂解决，其他时间都是出去下馆子。长此以往，婆婆不愿意了。记得有一次婆婆前来他们的小家突击检查，发现二百多升的冰箱里除了几盒牛奶，几乎空无一物，不由得很生气地说："谁家媳妇不会做饭呢，要是连做饭都不会，先别说伺候老公了，以后如何养育孩子啊！"豆豆不以为然地说："现在也没人规定必须女人做饭了，很多疼爱媳妇的男人都会主动做饭，谁愿意自己的如花娇妻被油烟熏成黄脸婆啊！"婆婆简直无话可说，只得愤然说道："鞋子合脚不合脚只有脚知道，不合脚的鞋子早晚会被淘汰的。"在婆婆几次三番的数落下，邵岩也开始抱怨豆豆从不做饭，更不做家务，弄得家不像家。不想，豆豆这个女权主义者也不甘示弱，每次都为此和邵岩争执不休。如此一年多过去了，俩夫妻之间的甜蜜消失得无影无踪，他们每天都在为了谁做家务的小问题斗嘴、争执，没完没了。

在这个事例中，豆豆和邵岩对于家庭生活的烦恼都负有责任。毋庸置疑，当两个人结合为一个整体，作为这个社会的一个单元面对生活，自然有了可以相互依靠的人，但是与此同时，生活的重担也成为双倍的。别的且不说，仅就维持一个家的日常家务事，就足以忙碌操持了。因而他们彼此抱怨毫无用处，

因为这并不能使家务活减少任何一分一毫。与其抱怨伤感情，不如彼此协调和分配好，相互配合完成家务事，共同为家庭的美好与和谐建设贡献力量。

一旦步入婚姻的殿堂，再美好的爱情也会落到柴米油盐酱醋茶之中，充满了市井气息和油盐味道。一对夫妻要想经营好家庭，必须彼此包容和体谅，也能够多多为对方着想，否则一味地推三阻四，谁也不愿意干家务事，最终只会导致两个人的家庭如同一盘散沙，更别提等到有了孩子之后家务事会成倍增多了。婚姻无小事，要想让婚姻生活更加和谐美好，每个人都必须在婚姻之中多多用心，精心经营。

夫妻相处要学会适时让步

尽管现代社会中有很多夫妻把婚姻生活变成了战场，每个人都守着自己的利益寸步不让，导致原本应该甜蜜幸福的夫妻关系也变得剑拔弩张，似乎双方的战争一触即发，所以，就不得不改变夫妻相处的基本原则和首要技巧，那就是适时让步。不可否认，尽管现代社会的离婚率节节攀升，这个世界上依然有很多模范夫妻，他们相敬如宾，举案齐眉，尽管偶尔也歇斯底里，大吵一通，发泄对对方的不满，但是这并不影响他们的感情。究其原因，就是因为他们深谙夫妻相处之道，也懂得适时让步的道理。

夫妻之间是不会有深仇大恨的，通常导致夫妻关系恶化的，都是那些日常生活中的琐碎小事。诸如现在的很多90后夫妻，自己原本就是还未成熟的孩子，也根本无法挑起婚姻生活的重担，他们彼此之间争吵很多时候都是为了谁做家务。这听起来未免有些好笑，但是现状的确如此。也许有些深谙夫妻之道的人会说，做家务谁做还不一样呢，谁有时间谁做呗，总不能把家务留着给那个深夜才回家的人吧。不得不说，这样的老夫妻是已经渐入佳境的，对于很多刚刚步入婚姻生活的小夫妻而言，家务活的分配是一个无法回避的严肃问题，

甚至还有些小夫妻为此吵架无数，也制定了家庭方针，却依然整日为此喋喋不休。倘若连最基本的家务活都无法协调，那么夫妻生活的前景也的确堪忧。其实，夫妻之间携手一生，何止仅仅需要面对家务活呢！很多时候，生命中的灾难和打击会突如其来，让人措手不及，如果没有深厚的感情基础和超强的抗压能力，只怕夫妻真的会如俗语所说的那样，“夫妻本是同林鸟，大难来时各自飞”。

纵观无数前辈的幸福婚姻，很难看到从未吵架的夫妻，大多数夫妻都是吵吵闹闹。正如俗话说的，“不打不闹不到头”。很多时候，适当的争吵反而是夫妻间感情的宣泄，吵架之后夫妻感情非但不会减弱，反而有所加深。但是实现这一点的前提是，夫妻都深谙相处之道，都能在适当的时候做出让步，给对方留足面子，让对方感受到自己的尊重和爱。任何感情都是相互的，你付出了什么也必然收获什么，牢记这一点，我们的适时让步也就水到渠成。

最近，林倩一直计划着去娘家过春节。的确，自从结婚之后，林倩已经有三年都是在婆婆家里过春节，都没有回娘家好好陪伴自己的父母了。林倩是独生女，父母只有她这一个女儿，因而当听到林倩说要回家过春节时，父母简直乐得合不拢嘴。然而，眼看着还有半个月就要过春节了，林倩的老公边城突然说：“老婆，今年是我爷爷的八十大寿，他也想重孙子了，咱们还是回我家过春节了。”林倩马上变了脸色，说：“结婚三年来都是在你家过春节，今年我已经和爸妈说好了，如果突然改变计划，岂不是让他们整个春节都郁郁寡欢。”看到林倩严肃冷峻的表情，边城也意识到的确有些问题，因而他马上说：“也是，对不起，老婆，我考虑得不够周到。要不这样行不行，爷爷的大寿是腊月二十六。我可以休年假，咱们腊月二十二动身去我家，然后等到腊月二十六爷爷过完大寿，咱们马上从东北搭乘飞机回四川，好好陪你爸妈过个春节，如何？”尽管觉得这样有些太过折腾，但是看到边城这个大男子主义者已然做出让步，因此林倩马上答应，还笑着说：“嗯嗯，就是辛苦老公了，到时候让你的老丈人丈母娘好好给你做些好吃的，补一补哈！”

就这样，横亘在很多两家相距遥远的夫妻之间的过春节问题，在边城的

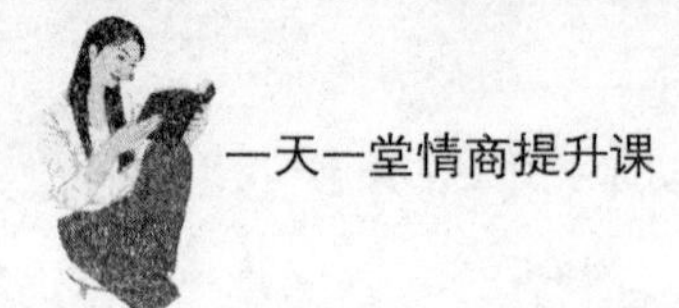

适当让步中得到了圆满解决。记得曾经在某社区论坛看到，很多家在两地的夫妻，每到春节就会争执不休，每个人都想回自己家过年，最终闹得整个春节都不愉快。其实，家家的老人都盼望儿女能够在春节时回到身边团圆，我们既要考虑到自己父母的需要，也要考虑到对方父母的需要，只有双方父母都兼顾到，才能圆满解决问题，也不至于影响夫妻感情。

当遇到的很多问题看似不可调和时，作为高情商者，一定会首先做出让步，从而换取对方的让步。如此一来，双方都是心甘情愿的，可谓皆大欢喜。

爱是无私的付出，不要斤斤计较

真正的爱是无私的付出，而不是有谋划的投资。倘若爱带着奢求的意味，就会导致爱情渐渐变味。对于现代的很多年轻人而言，他们恰恰缺少在婚姻中无私付出的精神，每当自己为婚姻生活做出小小的牺牲，就会不停地挂在嘴边上，恨不得让爱人把自己当成恩人。难道你们愿意纯粹的爱人关系变成恩人的关系吗？这就是爱情的变味。爱就是爱，掺不得假，也容不得沙子。假如一个人不管做什么事情都首先考虑自己，而且也仅仅考虑自己，不得不说，他是不配拥有爱情的。

相爱的人一旦结为一体，就成为真正的一家人，夫妻之间荣辱与共，休戚相关。如果还彼此计较，则婚姻生活必然寡淡无味，也使人对此毫无留恋。爱人之间，不管做什么事情甚至要把自己放在后面，而把爱人放在首位。所谓一荣俱荣，一损俱损，是对夫妻关系的最好诠释。也只有把家庭作为自己的第一位考虑，我们才能经营好婚姻，为家庭里的每一个成员创造美好幸福的生活。

现在的很多年轻夫妻，整日就盯着对方在婚姻生活中的付出。他们或者觉得对方做得太少，或者感慨自己做得太多。在这种情况下，还如何做到心甘情愿地付出呢？古人云，执子之手，与子偕老。要知道，夫妻一旦牵手，是要

注定一生一世不离不弃的。倘若为了谁付出的多、谁付出的少而争执不休，则注定夫妻关系无法长久。一个只知道索取的人，永远也不可能经营好自己的婚姻。相反，倘若婚姻关系中，每一方都在努力付出，从不计较回报，就像众人拾柴火焰高一样，夫妻生活也必然越来越幸福和谐。

结婚之后，张明挣钱负责养家，妻子琳娜挣到的钱则一直放在自己的小金库里，独自零花，张明从不过问。原本，张明是做销售工作的，市场好的时候收入很高，因而他独自承担车供、房供，还要养育孩子，孝敬双方老人，倒也毫无怨言。后来，市场受到政策影响越来越不景气，张明感到压力倍增。

有一个月，张明因为身体不适，请假半个多月，导致没有业绩，因而只拿到了几千块钱绩效工资，为此他和琳娜商议："亲爱的，我这个月经济紧张，可否由你暂为代缴月供。等到下个月业绩好了，就不用动用你的钱了。"不想，琳娜一口回绝："不行，我的钱还不够养活我自己的呢！你一个大男人，当然要负责养家，养活妻儿老小，这是你的责任。你必须自己想办法。"原本对于家庭付出无怨无悔的张明，听到妻子的话不由得感到心寒，原来妻子心里一直都斤斤计较，从未把他当成是荣辱与共的家人。

在这个事例中，张明显然做得非常好，他知道妻子薪水不高，因而独自承担家庭的所有开销。然而，一旦他入不敷出的时候，妻子却像陌路人那样，丝毫不愿意伸出援手。在这样的情况下，也难怪张明会觉得心寒，毕竟夫妻之间的关系不同于普通关系，倘若不能荣辱与共，又怎能白头到老呢！

家庭是一个密不可分的整体，每个人作为家庭的成员之一，都对于家庭负有不可推卸的责任。所谓"皮之不存，毛将焉附"，对于家庭的兴衰，每个人也都应该非常关注，绝不要因为计较个人付出的多少，而影响家庭生活的稳定。不幸的家庭各有各的不幸，幸福的家庭一定拥有无私付出的成员。

教育情商，让爱人和你统一战线

现代社会，生活节奏越来越快，工作压力也越来越大。残酷的竞争，使得本身承担巨大压力的父母们，更是把无尽的期望都寄托在孩子身上，也希望孩子能够从小就赢在起跑线上。为此，很多父母都望子成龙，望女成凤，恨不得把自己的所有心血都倾注到孩子身上，由此小小年纪的孩子们也背上了沉重的负担，有些孩子从幼儿园开始就不停地上兴趣班、特长班等，简直没有一刻停歇的时候。

由于每个家庭都把教育孩子当成家庭的头等大事，也把对孩子的教育问题列为家庭生活的重中之重，由此也带来了一系列的问题。诸如，有些父母在教育孩子的时候观点不一致，父亲认为应该散养，母亲认为应该娇生惯养，时时刻刻都盯着孩子，如此相悖的两种教育观念，必然导致孩子无所适从，成为父母双方拉锯战的牺牲品。再如，有的家庭里母亲比较焦虑，对孩子的学习成绩非常重视，父亲却认为应该培养孩子的综合能力，提升孩子的综合素质，这样也会导致矛盾的产生。其实，不管是哪种教育观念或者教育方法，对于孩子的成长都是既有好处也有坏处的，不可能面面俱到，全都兼顾到。在这种情况下，父母之间的意见相左才是对孩子最大的伤害，尤其是有的父母不能背着孩子探讨教育问题，就把教育观念的冲突摆到了孩子面前，这无疑会使孩子感到无所适从。对此，我们要说，作为和谐家庭里的父母，在教育孩子时一定要有教育情商。毋庸置疑，孩子一定要先成人，再成才，只要能在这一点上达成一致，至于怎么成才，则需要夫妻之间在背着孩子的时候不断商讨，取得一致。当父母一致了，孩子也就有了主心骨，也不会变成拉锯战的牺牲品。

近来，正在读四年级的小虎学习成绩有所波动。对此，爸爸和妈妈分析原因之后，一致认为是粗心导致的。为此，妈妈和爸爸商量："我是可以原谅他不会，因为不会的可以学，但是一旦粗心成为习惯，就必然导致成绩的下滑，而且粗心的习惯很难改掉。所以，我计划用惩罚的方法帮助他时刻牢记不要粗

心，诸如数学试卷因为粗心每错一道题，就必须惩罚做一张试卷，如此类推。虽然前期处罚力度会稍显过大，但是只要坚持下来，等到他不粗心的时候，也就无所谓惩罚了。”听到妈妈的建议之后，爸爸当即表示肯定，因为他也认为粗心是不可原谅的。

在爸爸妈妈的统一管教下，小虎受到好几次惩罚。不过，妈妈的办法果然管用，为了避免每次粗心都要做试卷，小虎粗心的毛病越来越减轻，最后终于彻底不再粗心了。看到小虎的进步，妈妈欣慰地说：“看到小虎不粗心了，妈妈简直觉得比小虎考满分更高兴呢！毕竟粗心是影响学习的坏习惯，必须坚决改掉，否则贻害无穷。”爸爸在一旁向妈妈竖起大拇指：“这都是老婆大人的功劳啊！”

在这个事例中，不管爸爸妈妈采取怎样的教育方法，小虎都会有进步。因为爸爸妈妈的教育情商都很高，而且他们也能够做到统一战线，不会给小虎造成困扰。世界上绝没有完美的人，因而每个父母视为心头肉的孩子们也存在各种各样的瑕疵。作为父母，我们自身本身就不完美，因而也不要奢求孩子十全十美。只要孩子能够努力上进，获得进步，就是父母最大的欣慰。

现代社会巨大的压力使得父母们对于孩子的教育也提心吊胆，生怕稍有偏颇就会耽误孩子的人生。其实，不管时代再怎么改变，也不管世事变迁，我们唯有坚定自己的原则，秉持自己的底线，才能以不变应万变，教养出真正优秀的孩子。作为父母，都应该提高自身的教育情商，给予孩子们更加广阔的空间自我发展。

教会孩子，成为小小社交王

现代社会，人际关系被提升到前所未有的高度，尤其是在职场上，拥有人脉资源的人就相当于成功了一半。在这种情况下，父母对孩子的教育也应该

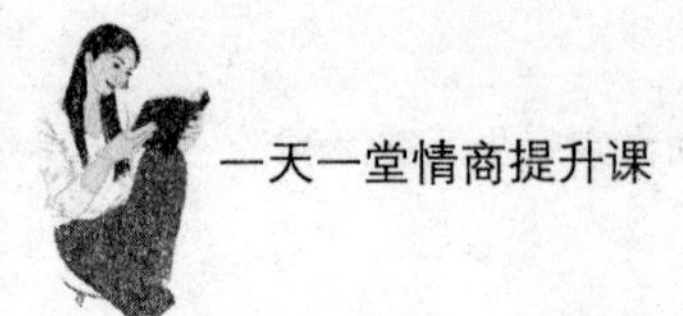

应时而变，从盯着孩子死读书、读死书，到帮助孩子树立正确的学习观念，也综合提高孩子各方面的能力，尤其是社交能力，才能为孩子未来的发展铺平道路，奠定基础。

其实，孩子就像一张白纸，对于这个世界还没有自己的判断。作为孩子的第一任老师，父母的言传身教无疑对孩子影响深远。所谓染之黄则黄，染之苍则苍，倘若作为父母能够承担起引导和教育孩子的重任，给予孩子积极正向的引导作用，则孩子未来的人生一定会更加顺遂。现代社会很多父母都意识到必须培养孩子与人交往的能力，否则孩子总是特立独行、孤独寂寞，必然也会导致发展受到局限。人是群体的人，是社会的一员，很多时候几个月的婴儿在看到和自己差不多大的小生命时，就已经能够表现出明显的喜悦，由此说明人是渴望与同类交流和共处的。在这种情况下，倘若孩子成长的过程中不能融入团体，则必然要遭遇孤独寂寞，心智的发展也会受到阻碍。

尤其是现代社会大部分孩子都是独生子女，既没有兄弟姐妹可以让他们学会相处，也与邻居等关系渐渐淡漠，因而很多孩子都是在爷爷奶奶和爸爸妈妈的宠爱中孤独长大的。如此一来，他们必然缺乏与人分享的精神，也不会和同龄人打交道。在教育孩子的过程中，父母完全可以有意识地让孩子学会分享，也为孩子创造更多的条件与同龄人交往。只要假以时日，必然收获良多。

张子轩是个非常内向的小孩，他从小由奶奶带大，然而奶奶不是看电视就是打麻将，很少与他互动。为此，张子轩语言能力发展相对滞后，与其他孩子也缺乏有效的交流和互动。眼看着张子轩到了入学的年纪，一直忙于工作的爸爸妈妈这才意识到张子轩与其他孩子格格不入，也因为孤独寂寞导致智力发展出现障碍。此时的爸爸妈妈焦急万分，恨不得停下手中的一切事情，只要能让张子轩恢复正常就好啊！

在参考教育专家的意见后，张子轩妈妈特意于每个周末都在家里举行Party。名义上说是让孩子们在一起乐呵乐呵，其实她特意做了很多美味的小零食，让孩子们都去她家陪伴张子轩玩耍。有的时候，她还会组织一些小游戏、小竞赛，给获胜的孩子们颁发奖品。功夫不负有心人，张子轩渐渐地从不和同

学们说话，到能够主动与同学交流，进步显而易见。当老师告诉张子轩妈妈孩子的进步时，张子轩妈妈激动地说："我以前一直忙于工作，忽略了孩子的成长，才导致今日的后果。未来的日子里，我会把陪伴孩子放在第一位，而把工作放在第二位。"

因为从小就生活在闭塞的环境中，张子轩不但语言能力弱，与人交往的能力也很差。看着沉默寡言独守自己世界的孩子，妈妈当然心急如焚，心痛不已。因而，她马上放下一切工作，专心陪伴孩子，而且在心理专家的建议下给孩子营造良好的交往氛围。可怜天下父母心，但愿每一个父母都不要错过孩子成长的过程，再艰难地弥补；但愿每一个孩子都能在健康的环境中成长，成为合格的社会成员，也拥有自己的人际圈子，当个小小的人际社交王。

当然，鼓励孩子与他人交往的方式还有很多，例如在其他小朋友需要帮助的时候，培养孩子乐于助人的思想；在孩子与小伙伴发生纷争时，引导孩子合理解决问题，能够宽容和理解小伙伴，不要得理不饶人，更不要睚眦必究……这些方法都是日常生活中能够做到的，只要坚持去做，就一定会有所收获。记住，提升孩子的社交能力，对于孩子的一生都有莫大的好处。

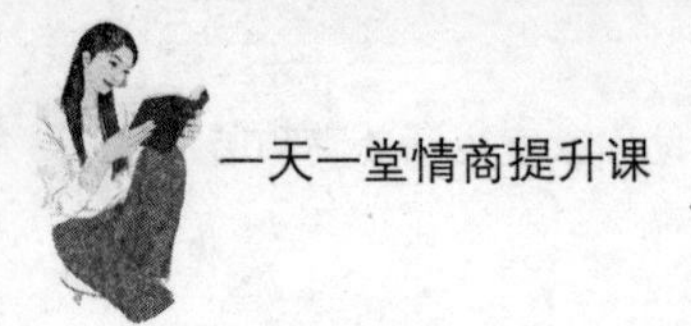

参考文献

[1]文柯.决定一生的情商课[M].武汉：武汉出版社，2012.

[2]柴一兵.一天一点情商训练[M].北京：北京工业大学出版社，2014.

[3]冠诚.巅峰情商：世界上最神奇的情商课[M].北京：中国铁道出版社,2011.